21世纪高等学校机械设计制造及其自动化专业系列教材

机械制造装备技术

主编　汤漾平

参编　张华书　邓建春　王君明

U0345688

华中科技大学出版社

中国·武汉

内 容 提 要

本书是根据教育部"机械设计制造及其自动化"专业教学指导委员会推荐的指导性教学计划而编写的,共分 6 章。本书将机械基础、加工装备、工艺装备、物流装备和机械加工生产线等内容按新的课程体系融会贯通,着重介绍机械制造装备技术的基本原理和方法,并反映国内外的先进技术和发展趋势。

本书依据的基础理论除传统的刚度、精度、抗振性、热变形、噪声、磨损和低速运动平稳性外,还包括柔性化、精密化、自动化、机电一体化、工业工程和绿色工程等。本书由教学经验丰富,工程背景与实践能力强的教授、专家编写,具有层次清楚、图文并茂、循序渐进和结合实际的特点。

本书可作为高等院校"机械设计制造及其自动化"专业以及相关专业的教材,也可供从事机械制造装备设计和研究的工程技术人员和研究生参考。

为了方便教学,本书还配有电子课件等教学资源,如有需要,可与华中科技大学出版社联系(联系电话:027-87544529,电子邮箱:171447782@qq.com)。

图书在版编目(CIP)数据

机械制造装备技术/汤漾平主编. —武汉:华中科技大学出版社,2015.2 (2024.1重印)
ISBN 978-7-5680-0681-1

Ⅰ.①机… Ⅱ.①汤… Ⅲ.①机械制造-工艺设备-高等学校-教材 Ⅳ.①TH16

中国版本图书馆 CIP 数据核字(2015)第 044283 号

机械制造装备技术   汤漾平 主编

策划编辑:万亚军
责任编辑:姚 幸
封面设计:李 嫚
责任校对:刘 竣
责任监印:徐 露
出版发行:华中科技大学出版社(中国·武汉)   电话:(027)81321913
         武汉市东湖新技术开发区华工科技园   邮编:430223
录   排:华中科技大学惠友文印中心
印   刷:广东虎彩云印刷有限公司
开   本:787mm×1092mm 1/16
印   张:19.75
字   数:517 千字
版   次:2024 年 1 月第 1 版第 9 次印刷
定   价:58.00 元

21世纪高等学校
机械设计制造及其自动化专业系列教材
编审委员会

21世纪高等学校
机械设计制造及其自动化专业系列教材

"衷心藏之,何日忘之",在新中国成立60周年之际,时隔"21世纪高等学校机械设计制造及其自动化专业系列教材"出版9年之后,再次为此系列教材写序时,《诗经》中的这两句诗又一次涌上心头,衷心感谢作者们的辛勤写作,感谢多年来读者对这套系列教材的支持与信任,感谢为这套系列教材出版与完善作过努力的所有朋友们。

追思世纪交替之际,华中科技大学出版社在众多院士和专家的支持与指导下,根据1998年教育部颁布的新的普通高等学校专业目录,紧密结合"机械类专业人才培养方案体系改革的研究与实践"和"工程制图与机械基础系列课程教学内容和课程体系改革研究与实践"两个重大教学改革成果,约请全国20多所院校数十位长期从事教学和教学改革工作的教师,经多年辛勤劳动编写了"21世纪高等学校机械设计制造及其自动化专业系列教材"。这套系列教材共出版了20多本,涵盖了"机械设计制造及其自动化"专业的所有主要专业基础课程和部分专业方向选修课程,是一套改革力度比较大的教材,集中反映了华中科技大学和国内众多兄弟院校在改革机械工程类人才培养模式和课程内容体系方面所取得的成果。

抚今这套系列教材出版发行9年来,已被全国数百所院校采用,受到了教师和学生的广泛欢迎。目前,已有13本列入普通高等教育"十一五"国家级规划教材,多本获国家级、省部级奖励。其中的一些教材(如《机械工程控制基础》《机电传动控制》《机械制造技术基础》等)已成为同类教材的佼佼者。更难得的是,"21世纪高等学校机械设计制造及其自动化专业系列教材"也已成为一个著名的丛书品牌。9年前为这套教材作序的时候,我希望这套教材能"加强各兄弟院校在教学改革方面的交流与合作,对机械工程类专业人才培养质量的提高起到积极的促进作用",现在看来,这一目标很好地达到了,让人倍感欣慰。

李白讲得十分正确:"人非尧舜,谁能尽善?"我始终认为,金无足赤,人无完人,文无完文,书无完书。尽管这套系列教材取得了可喜的成绩,但毫无疑问,这套书中,某本书中,这样或那样的错误、不妥、疏漏与不足,必然会存在。何况形势总在不断发展,更需要进一步来完善,与时俱进,奋发前进。较之 9 年前,机械工程学科有了很大的变化和发展,为了满足当前机械工程类专业人才培养的需要,华中科技大学出版社在教育部高等学校机械学科教学指导委员会的指导下,对这套系列教材进行了全面修订,并在原基础上进一步拓展,在全国范围内约请了一大批知名专家,力争组织最好的作者队伍,有计划地更新和丰富"21 世纪机械设计制造及其自动化专业系列教材"。此次修订可谓非常必要,十分及时,修订工作也极为认真。

"得时后代超前代,识路前贤励后贤。"这套系列教材能取得今天的成绩,是几代机械工程教育工作者和出版工作者共同努力的结果。我深信,对于这次计划进行修订的教材,编写者一定能在继承已出版教材优点的基础上,结合高等教育的深入推进与本门课程的教学发展形势,广泛听取使用者的意见与建议,将教材凝练为精品;对于这次新拓展的教材,编写者也一定能吸收和发展原教材的优点,结合自身的特色,写成高质量的教材,以适应"提高教育质量"这一要求。是的,我一贯认为我们的事业是集体的,我们深信由前贤、后贤一起一定能将我们的事业推向新的高度!

尽管这套系列教材正开始全面的修订,但真理不会穷尽,认识不是终结,进步没有止境。"嘤其鸣矣,求其友声",我们衷心希望同行专家和读者继续不吝赐教,及时批评指正。

是为之序。

中国科学院院士

2009. 9. 9

前 言

　　本书是根据教育部"机械设计制造及其自动化"专业教学指导委员会推荐的指导性教学计划而编写的。本书能满足高等院校机械类专业教学内容和教材改革的要求,可用作普通高等院校机械设计制造及其自动化专业的专业教材,也可作为普通高等院校机械电子工程专业的参考用书。

　　本着实践到理论、理论再到实践的路径,本书开篇即以现代加工生产线的实例导出机械制造装备的定义、分类、特点和方法。机械基础技术部分重点描述了主轴、主传动、导轨和进给传动等关键技术,可使读者充分了解基础机械部件的特点与创新,深刻体会现代机械设计由复杂到简单的发展过程。加工装备部分从金属切削机床原理入手,以精密机床、数控机床和专用机床为重点,兼顾特种加工和成形加工的相关设备,丰富的设计实例旨在培养学生的工程实践氛围。夹具和刀具等工艺装备部分的描述,充分体现了传统设计原理和现代科技理念的结合。物流装备中的各种各类的机构和装置,其中的巧妙和智慧值得反复推敲和回味。机械加工生产线部分既是全书内容的归纳和总结,又是各项技术的应用和实施。

　　本书注重基础理论的阐述,保留传统机械设计理论的精华,采用先进的设计手段,在理论与实践相结合的基础上培养读者分析问题和解决问题的能力。

　　本书由华中科技大学汤漾平担任主编,并编写第 1、2、3 章;湖北工业大学王君明编写第 4 章;华中科技大学邓建春编写第 5 章;华中科技大学张华书编写第 6 章。全书由汤漾平统稿。

　　本书大部分内容是编者多年的教学和科研实践的总结,但限于学术水平和编写时间,书中难免存在错误和不妥之处,敬请读者批评、指正。

编　者

2014 年 2 月

目 录

第 1 章

绪　　论

1.1　机械制造装备的定义及分类

1.1.1　机械制造装备的定义

制造(manufacturing)是利用制造资源(设计方法、工艺、设备和人力等)将材料"转变"为有用物品的过程。当今,人们对制造的概念又加以扩充,将体系管理和服务等也纳入其中。制造是人类所有经济活动的基石,是人类历史发展和文明进步的动力。

制造业是指以制造技术为主导技术进行产品制造的行业。

制造业已成为国家经济和综合国力的基础,成为社会财富的主要创造者和国民经济收入的重要来源,它为国民经济各部门,包括国防和科学技术的进步及发展提供先进的手段和装备。

制造业的先进与发达程度是国家工业化水平的表征。

现代制造技术不仅要重视工艺方法和装备,还要强调设计方法、生产组织模式、制造与环境和谐统一、制造的可持续性及制造技术与其他科学技术的交叉和融合。

先进制造技术的概念在 20 世纪 80 年代被提出来,比较被人们接受的定义是:"以人为主体,以计算机为重要工具,不断吸收机械、光学、电子、信息(计算机和通信、控制理论、人工智能等)、材料、环保、生物以及现代系统管理等最新科技成果,涵盖产品生产的整个生命周期的各个环节的先进工程技术的总称",它以提高对动态多变的产品市场的适应能力为中心,以实现优质、灵活、高效、清洁生产和提供优质、快捷服务,取得理想经济效益为目标。

制造装备是指实施和保障制造活动所需的工具、机器、设备、仪器、设施的总称。

图 1-1 所示为某汽车变速箱壳体自动化加工生产线。通过对该生产线的了解,可感受现代制造装备技术的内涵与魅力。

图 1-2 所示为变速箱壳体零件,其底面、前侧面、后侧面为主要加工面。

图 1-1　某汽车变速箱壳体自动化加工生产线

图 1-2　变速箱壳体零件

从图 1-3 看,生产线分为 5 个加工工段,生产节拍为 0.64 分钟/件。其加工工艺如下。

(1)工件毛坯由人工放入上料输送机 1 的托板上,链式输送机将载有工件毛坯的托板送到机械手上料位;停在上料位上方的机械手 1 下降,通过预制孔勾住工件毛坯,然后上升,越过安全门,送到工段 1 的步伐式输送机 2 上。

输送机 2 将工件毛坯依次送到工段 1 的各台机床上加工,此时工件毛坯底面朝下。

机床 1-1 和 1-2 为具有高度柔性自动化的高速卧式加工中心,通过自动换刀,分别粗镗、铣前侧面的轴承孔和相应端面。

机床 1-3 是立式专用机床,用于对工件毛坯的顶面进行加工。

(2)工件经工段 1 的 3 台机床加工后,由输送机 2 送到上转角处的翻转机 1 中,工件绕水平轴翻转 90°翻转,前侧面朝下;机械手 2(见图 1-4)首先下降,抓取工件,然后上升,向右运动,并持工件水平旋转 90°,底面朝前放入随行托盘上。

输送机 3 向前运动,将放入工件的随行托盘送到装夹工位,通过自动装夹机 1(见图 1-5)使得工件在随行托盘上准确定位、夹紧。

工件在随行托盘上定位夹紧后,由输送机 3 运至下转角处的翻转机 2 中,托盘连同工件绕水平轴翻转 90°,工件底面朝上。

(3)工段 2 内有 6 台机床,分别承担不同的工作。

机床 2-1 和 2-2 是有两个多轴箱的自动化转塔机床(见图 1-6),分别加工工件前、后侧面,工序高度集中。

机床 2-3 和 2-4 为多主轴组合机床,用于螺纹底孔的加工。

托盘在回转 180°后,机床 2-5 钻铰销孔,倾斜式单主轴组合机床 2-6 钻削细长斜油孔。

(4)翻转机 3 是工段 2 与工段 3 的枢纽,将托盘及工件的输送方式从立式变为卧式,从而使工件顶面和底面更便于卧式机床 3-1、3-2、3-3 加工。

(5)工段 3 与工段 4 之间是人行通道,其连接采用了高架输送,按输送机 7 输送→升降机 1 提升→输送机 8 输送→升降机 2 下降→输送机 9 输送的顺序连接 3、4 两个工段。

(6)工段 4 由输送机 10 连接贯通,4 个工位夹具皆具微摆动功能,便于对工件顶面和底面进行不同角度的加工。如卧式机床 4-1,铣顶面后,通过夹具微摆动加工斜平面;机床 4-2、4-5 用于工件底面加工;机床 4-3 则专门加工顶面的细长油孔;机床 4-4 是转轮式双主轴箱机床;机床 4-5 为自动化转塔机床。

(7)托盘完成工段 4 的工序后,在装夹机 2 上松开其上的工件,由输送机 10 推到回转机 2;回转机携托盘及工件回转 180°,机械手 3 下降,勾夹工件,边上升边横移离开,同时在空中将工件翻转 90°,放在输送机 12 上面的专用支架随行夹具上,由输送机运到工段 5 进行加工。

原在回转机 2 的空托盘,在反转 180°后,由输送机 10 送到托盘循环起点,开始托盘的新一轮循环。

(8)工段 5 肩负最终精加工、测量(见图 1-7)、清洗试验的重要任务;机床 5-1 和 5-2 为具高精度的高速卧式加工中心;机床 5-3 和 5-4 为自动化转塔机床;后面是高效率的自动测量、清洗和实验。

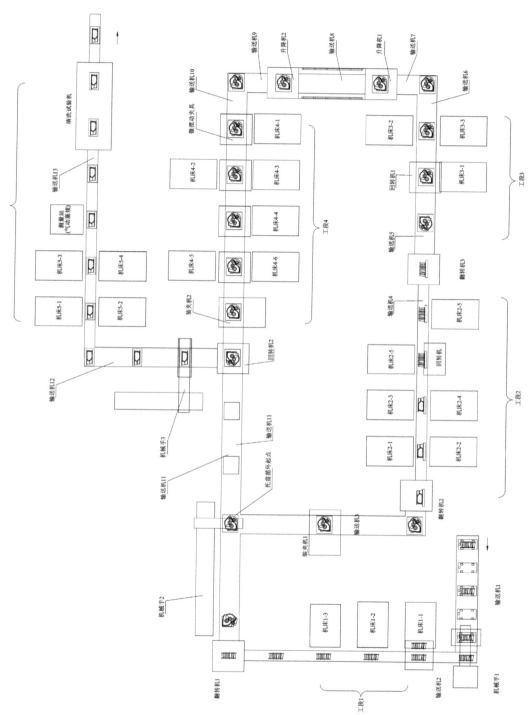

图 1-3　变速箱壳体加工生产线平面布局图

图 1-4　可兼顾输送、翻转功能的机械手

图 1-5　能使工件在随行托盘上准确定位、夹紧的自动装夹机

图 1-6　工序高度集中的自动化转塔机床

图 1-7　高效率的自动测量

1.1.2　机械制造装备的分类

从图 1-1 至图 1-7 所示的自动化加工生产线的分析看,说明了以下几个概念。

(1)生产线中的 21 台机床虽分门别类,却异曲同工,承担着各工段、工序、工位的切削加工任务,我们称之为加工装备。

(2)当然,承担加工任务仅有机床是远远不够的。工件形状、尺寸和表面质量需要刀具,工件的准确定位及夹紧需要夹具,工件的精度、刀具与机床的状态需要自动测量。这些都是实现工艺流程、保证产品制造质量、提高生产效率的重要手段,我们称之为工艺装备。

(3)生产线中还有一些看似寻常,实则不可或缺的设备,如 13 台输送机、3 台机械手以及众多的翻转、回转、升降设备。依靠这些设备将一台台机床、一个个工段、乃至于整条自动化加工生产线有机连接起来,这些称为物流装备。

(4)清洗实验机是辅助装备。

可见,机械制造装备大体可分为加工装备、工艺装备、物流装备和辅助装备四大类。

1.加工装备

加工装备主要指机床。机床是制造机器的机器,也称工作母机,包括金属切削机床、特种加工机床、锻压机床和非金属加工机床(用于木材、石材、橡胶和塑料材料的加工)四大类。特种加工机床以往归在金属切削机床类中。

　　1)金属切削机床

　　金属切削机床是利用切削刀具与金属工件的相对运动,从工件上切去多余或预留的金属层,以获得符合规定尺寸、形状、精度和表面粗糙度要求的零件。

　　通用的金属切削机床按其切削方式可分为:车床、钻床、镗床、磨床、齿轮加工机床、螺纹加工机床、铣床、刨(插)床、拉床、切断机床和其他机床等。其他机床如锯床、键槽加工机床、珩磨研磨机床等。

　　专用机床是为特殊的工艺目的设计和制造的加工装备。组合机床及其自动线是专用机床的一个大分支,包括大型组合机床及其自动线、小型组合机床及其自动线、自动换刀数控组合机床及其自动线等。

　　机床按其通用特征可分为:高精度、精密、自动、半自动、数控、仿形、自动换刀、轻型、万能和简单机床等。

　　机床是装备制造业的工作母机,是先进制造技术的载体和装备工业的基本生产手段,是装备制造业的基础设备。振兴装备制造业,首先要振兴机床工业。"装备振兴,机床先行"。没有强大的机床工业,振兴装备制造业就成了无本之木、无源之水。而其中作为机电一体化装备的数控机床,集高效、柔性、精密、复合等诸多优点于一身,已经成为当下装备制造业的主力加工设备和机床市场的主流产品,其拥有量及技术水平成为一个国家核心竞争力的重要体现。因此,将高端装备制造业列为战略性新兴产业,数控机床行业自身就面临着极好的发展前景。

　　2)特种加工机床

　　"以柔克刚"是机械加工工艺与装备的创新思路。

　　采用特种加工技术,以全新的工艺方法,解决用常规加工手段难以甚至无法解决的许多工艺难题,例如大面积镜面加工、小径长孔甚至弯孔加工脆硬难切削材料加工和微细加工等。特种加工机床近年来发展很快,按其加工原理可分成:电加工、超声波加工、激光加工、电子束加工、离子束加工、水射流等加工机床。

　　(1)电加工机床。

　　直接利用电能对工件进行加工的机床统称电加工机床,一般仅指电火花加工机床、电火花线切割机床和电解加工机床。

　　①电火花加工机床是利用工具电极与工件之间产生的电火花,从工件上去除微粒材料达到加工要求的机床,主要用于加工硬的导电金属,如淬火钢、硬质合金等。按工具电极的形状和电极是否旋转,电火花加工可进行成形穿孔加工、电火花成形加工、电火花雕刻、电火花展成加工、电火花磨削等。

　　②电火花线切割机床是利用一根移动的金属丝作电极,在金属丝和工件间通过脉冲电流,并浇上液体介质,使之产生放电腐蚀而进行切割加工。当放置工件的工作台在水平面内按预定轨迹移动时,工件便可切割出所需要的形状。若金属丝在垂直其移动方向的平面内不与铅直线平行,可切出上下截面不同的工件。

　　③电解加工机床是利用金属在直流电流作用下,在电解液中产生阳极溶解的原理对工件进行加工的机床,又称电化学加工机床。加工时,工件与工具分别接电源正负极,两者相对缓慢进给,并始终保持一定的间隙,让具有一定压力的电解液连续从间隙中流过,将工件上的被溶解物带走,使工件逐渐按工具的形状被加工成形。采用机械的方法,如砂轮去除工件上的被溶解物,称阳极机械加工。

（2）超声波加工机床。

利用超声波能量对材料进行机械加工的设备称超声波加工机床。加工时工具做超声振动,并以一定的静压力压在工件上,工件与工具间引入磨料悬浮液。在振动工具的作用下,磨粒对工件材料进行冲击和挤压,加上空化爆炸作用,将材料切除。超声波加工适用于特硬材料,如石英、陶瓷、水晶、玻璃等的孔加工及套料、切割、雕刻、研磨等复合加工。

（3）激光加工机床。

采用激光能量进行加工的设备统称激光加工机床。激光是一种高强度、方向性好、单色性好的相干光。利用激光的极高能量密度产生的上万摄氏度高温聚焦在工件上,使工件被照射的局部在瞬间急剧熔化和蒸发,并产生强烈的冲击波,使熔化的物质爆炸式地喷射出来,以改变工件的形状。激光加工可以用于所有金属和非金属材料,特别适合于加工微小孔（$\phi 0.01 \sim 1$ mm或更小）和切割（切缝宽度一般为 $0.1 \sim 0.5$ mm）。常用于加工金刚石拉丝模、钟表中的宝石轴承,以及陶瓷、玻璃等非金属材料和硬质合金、不锈钢等金属材料的小孔加工及切割加工。

（4）电子束加工机床。

在真空条件下,由阴极发射出的电子流被带高电位的阳极吸引,在飞向阳极的过程中,经过聚焦、偏转和加速,最后以高速和细束状轰击被加工工件的一定部位,在几分之一秒内,将其百分之九十九以上的能量转化成热能,使工件上被轰击的局部材料在瞬间熔化、气化和蒸发,以完成工件的加工。电子束加工方法常用于穿孔、切割、蚀刻、焊接、蒸镀、注入和熔炼等。此外,利用低能电子束对某些物质的化学作用可进行镀膜和曝光。电子束加工机床就是利用电子束的上述特性进行加工的装备。

（5）离子束加工机床。

在电场作用下,将正离子从离子源出口孔"引出",在真空条件下,将其聚焦、偏转和加速,并以大能量细束状轰击被加工部位,引起工件材料的变形与分离,或使靶材离子沉积到工件表面上,或使杂质离子射入工件内,用这种方法对工件进行穿孔、切割、铣削、成像、抛光、蚀刻、清洗、溅射、注入和蒸镀等,统称离子束加工。离子束加工机床就是利用离子束的上述特性进行加工的装备。

（6）水射流加工机床。

水射流加工是利用具有很高速度的细水柱或掺有磨料的细水柱,冲击工件的被加工部位,使被加工部位上的材料被剥离。随着工件与水柱间的相对移动,被切割出要求的形状。水射流加工常用于切割某些难加工材料,如陶瓷、硬质合金、高速钢、模具钢、淬火钢、白口铸铁、耐热合金、复合材料等。

3）锻压机床

锻压机床是利用金属的塑性变形特点进行成形加工的机床,属无屑加工机床,主要包括锻造机、冲压机、挤压机和轧制机四大类。

（1）锻造机是利用金属的塑性变形,使坯料在工具的冲击力或静压力作用下成形为具有一定形状和尺寸的工件,同时使其性能和金相组织符合一定的技术要求的装备。按成形方法的不同,锻造加工可分为手工锻造、自由锻造、胎模锻造、模型锻造和特种锻造等。按锻造温度不同,可分为热锻、温锻和冷锻等。

（2）冲压机是借助模具对板料施加外力,迫使材料按模具形状、尺寸进行剪裁或塑性变形,得到要求的金属板制件的装备。根据加工时材料温度的不同,可分为冷冲压和热冲压。冲压工艺省工、省料和生产率高。

(3)挤压机是借助于凸模对放在凹模内的金属坯料加力挤压,迫使金属挤满凹模和凸模合成的内腔空间,获得所需的金属制件的装备。挤压时,坯料受三向压缩应力的作用,有利于低塑性金属的成形。与模锻相比,挤压加工更节约金属、提高生产率和制品的精度。按挤压时材料的温度不同,可分为冷挤压、温热挤压和热挤压。

(4)轧制机是使金属材料经过旋转的轧辊,在轧辊压力作用下产生塑性变形,以获得所要求的截面形状并同时改变其性能的装备。按轧制时材料温度是否在再结晶温度以上或以下,分为热轧和冷轧。按轧制方式又可分纵轧、横轧和斜轧。纵轧是指轧件在两个平行排列而反向旋转的轧辊间轧制,用于轧制板材、型材、钢轨等;横轧是指轧件在两个平行排列而同向旋转的轧辊间轧制,自身也做旋转运动,用于轧制套圈类零件;斜轧是指轧件在两个轴线互成一定角度而同向旋转的轧辊间轧制,自身做螺旋前进运动,仅沿螺旋线受到轧制加工,主要用于轧制钢球。

2.工艺装备

工艺装备简称"工装",是为实现工艺规程所需的各种刀具、夹具、量具、模具、辅具、工位器具等的总称。

使用工艺装备的目的:有的是为了制造产品所必不可少的,有的是为了保证加工的质量,有的是为了提高劳动生产率,有的则是为了改善劳动条件。

1)刀具

在进行切削加工时,从工件上切除多余材料所用的工具称为刀具。刀具的种类颇多,如车刀、刨刀、铣刀、钻头、丝锥、齿轮滚刀等。大部分刀具已标准化,由工具制造厂大批量生产,不需自行设计。

2)夹具

夹具是指安装在机床上用于定位和夹紧工件的工艺装备,它能保证加工时的定位精度、被加工面之间的相对位置精度,有利于工艺规程的贯彻和提高生产效率。夹具一般由定位机构、夹紧机构、刀具导向装置、工件推入和取出导向装置和夹具体构成。按夹具安装在不同机床上可分为:车床夹具、铣床夹具、刨床夹具、钻床夹具、镗床夹具、磨床夹具等。按夹具专用化程度可分为:专用夹具、成组夹具和组合夹具等。

专用夹具是专为特定工件的特定工序设计和制造的。若改变产品或工艺,则导致其专用夹具基本上都要报废。

成组夹具是指采用成组技术,把工件按形状、尺寸和工艺相似性进行分组,再按每组工件设计组内通用的夹具。成组夹具的特点是具有通用的夹具体,只需对夹具的部分元件稍作调整或更换,即可用于组内各个零件的加工。

组合夹具是指利用一套标准元件和通用部件(如对定装置、动力装置等)按加工要求组装而成的夹具。标准元件有不同的形状和尺寸,配合部位具有良好的互换性。若产品改变,可以将组合夹具拆散,按新的加工要求重新组装。它常用于新产品试制和单件小批生产中,可缩短生产准备时间,减少专用夹具的品种和缩短试制周期。

3)量具

量具是指以固定形式复现量值的计量器具的总称。许多量具已商品化,如千分尺、千分表、量块等。有些量具尽管是专用的,但可以相互借用,不必重新设计与制造,如极限量块、样板等,设计产品时所取的尺寸和公差应尽可能借用量具库中已有的量具。有些则属于组合测量仪,基本是专用的,或只在较小的范围内通用。组合测量仪可同时对多个尺寸进行测量,将这些尺寸与允许值进行比较,通过显示装置指示是否合格;也可以通过测得的尺寸值计算出其他一些较难直接测量的几何参数,如圆度、垂直度等,并与相应的允许值进行比较。组合测量仪中通常有模/数转换装置、微处理器和显示装置(如信号灯、显示屏幕等),测得的值经模/数转换成数值量,由微处理器将测得的值做相应的处理,并与允许值进行比较,得出是否合格的结论,由显示装置将测量分析结果显示出来。也可按设定的多元联立方程组求出所需的几何参数,与允许值进行比较,比较结果也可在显示装置上显示出来。

4)模具

模具是成形加工机床的"刀具",是将材料填充在其型腔中,以获得所需形状和尺寸制件的工具。按填充方法和填充材料的不同,模具有粉末冶金模具、塑料模具、压铸模具、冷冲模具、锻压模具等。

(1)粉末冶金模具。

粉末冶金是指制造机器零件的一种加工方法。将一种或多种金属或非金属粉末混合,放在粉末冶金模具的模腔内,加压成形,再烧结成制品。

(2)塑料模具。

塑料以高分子合成树脂为主要成分,是在一定条件下可塑制成一定形状且在常温下保持形状不变的材料。塑制成形制件所用的模具称为塑料模具。塑料模具有压塑模具、挤塑模具、注射模具和其他模具。其他模具包括挤出成形模具、发泡成形模具、低发泡注射成形模具和吹塑模具等。

压塑模具又称压胶模,是成形热固性塑料件的模具。成形前,根据压制工艺条件,将模具加热到成形温度,然后将塑料粉放入型腔内预热、闭模和加压。塑料受热和加压后逐渐软化成黏流状态,在成形压力的作用下流动而充满型腔,经保压一段时间后,塑件逐渐硬化成形,然后开模并取出塑件。

挤塑模具又称挤胶模,是成形热固性塑料或封装、电器元件等用的一种模具。成形及加料前先闭模,塑料先放在单独的加料室内预热成黏流状态,再在压力的作用下使熔料通过模具的浇注系统,高速挤入型腔,然后硬化成形。

注射模具沿分型面分为定模和动模两部分。定模安装在注塑机的定模板上,动模则紧固在注射机的动模板上。工作时注射机推动模板与定模板紧密压紧,然后将料筒内已加热到熔融状态的塑料高压注入型腔,熔料在模内冷却硬化到一定强度后,注射机将动模板与定模板沿分型面分开,即开启模具,将塑件顶出模外,获得塑料制件。

(3)压铸模具。

熔融的金属在压铸机中以高压、高速射入压铸模具的型腔,并在压力下结晶成形。压铸件的尺寸精度高,表面光洁,主要用于制造有色金属件。

(4)冷冲模具。

冷冲模具包括阴模和阳模两部分。在室温下借助阳模对金属板料施加外力,迫使材料按阴模型腔的形状、尺寸进行裁剪或塑性变形。进行冷冲加工所用的钢材应是碳含量较低的高塑性钢。

(5)锻压模具。

锻压模具是锻造用模具的总称。按所使用的锻造设备的不同,可分为锤锻模、机锻模、平锻模、辊锻模等。按使用目的不同可分为终成形模、预成形模、制坯模、冲孔模、切边模等。

3.物流装备

物流装备又称为仓储输送装备,包括各级机床上下料装置、物料输送装置、机器人与机械手、仓储设备等。当然,如果将焊接机器人和喷漆机器人等用于加工,可将其归为加工装备。

1)机床上下料装置

专为机床将坯料送到加工位置的机构称为上料装置,加工完毕后将制品从机床上取走的机构称为下料装置。在大批量自动化生产中,为减轻工人体力劳动,缩短上、下料时间,常采用机床上、下料装置。

2)物料输送装置

物料输送在这里主要指坯料、半成品或成品在车间内工作中心之间的传输。采用的输送方法有各种输送装置和自动运输小车。

输送装置主要用于流水生产线或自动线中,有四种主要类型:由许多辊轴装在型钢台架上构成的短距离滑道,由人工或靠工件自重实现输送;由刚性推杆推动工件做同步运动的步进式输送装置;带有抓取机构的、在两工位间输送工件的输送机械手;由连续运动的链条带动工件或随行夹具的非同步输送装置。用于自动线中的输送装置要求工作可靠、输送速度快、输送定位精度高、与自动线的工作节奏协调等。

自动运输小车主要用于工作中心之间工件的输送。与上述输送装置相比,具有较大的柔性,即可通过计算机控制,方便地改变工作中心之间工件输送的路线,故较多地用于柔性制造系统中。自动运输小车按其运行的原理分有轨和无轨两大类。无轨运输小车的走向一般靠浅埋在地面下的制导电缆控制,在小车紧贴地面的底部装有接收天线,接收制导电缆的感应信息,不断判别和校正走向。

3)工业机器人与机械手

工业机器人是指有独立机械机构和控制系统,能自主的,运动复杂,工作自由度多,操作程序可变,可任意定位的自动化操作机(系统)。

机械手是指模拟人手和臂动作的机电系统。根据机电耦合原理,机械手按主从原则进行工作,因此,机械手只是人手和臂的延长物,没有自主能力,附属于主机设备,动作简单、操作程序固定定位点不变。

4)仓储设备

仓储设备是用来存储原材料、外购器材、半成品、成品、工具、胎夹模具等的设备,分别归厂或各车间管理。

现代化的仓储系统应有较高的机械化程度,采用计算机进行库存管理,以减少劳动强度,提高工作效率,配合生产管理信息系统,控制合理的库存量。

立体仓库是一种很有发展前途的仓储结构,具备很多优点:占地面积小,库存量大;便于实现全盘机械化和自动化;便于进行计算机库存管理。

4.辅助装备

辅助装备包括清洗、排屑、实验及计量等设备,如图1-3所示的清洗试验机。

清洗机是用来清洗工件表面尘屑油污的机械设备。所有零件在装配前均需经过清洗,以保证装配质量和使用寿命。清洗液常用3%～10%的苏打或氢氧化钠水溶液,加热到80～90

℃,采用浸洗、喷洗、气相清洗和超声波清洗等方法。在自动装配线中,采用分槽多步式清洗生产线,完成工件的自动清洗。

　　排屑装置用于自动机床或自动线上,从加工区域将切屑清除,输送到机外或线外的集屑器内。清除切屑的装置常用离心力、压缩空气、电磁或真空、冷却液冲刷等方法。输屑装置则有平带式、螺旋式和刮板式等多种。

1.2　机械制造技术中装备与工艺的关系

　　制造业是一个国家或地区经济发展的重要支柱,其发展水平标志着该国家或地区的经济实力,科技水平、生活水准和国防实力。国际市场的竞争归根到底是各国制造能力的竞争。当前世界已进入知识经济时代,知识经济与以往经济形态的不同主要在于对知识,特别是对知识的创新与利用的直接依赖。在知识经济时代,知识对经济增长的直接贡献超过了其他生产要素(如人力、物力和财力等)贡献的总和,成为最主要的生产要素。因此,当前提高制造能力的决定因素不再是劳动力和资本的密集积累,而是各项高新技术的迅速发展及其在制造领域中的广泛渗透、应用和衍生。它促进了制造技术的蓬勃发展,改变了现代企业的产品结构、生产方式、生产工艺和装备,以及生产组织结构。

　　机械制造业是制造业的核心,是制造如农业机械、动力机械、运输机械、矿山机械等机械产品的工业部门,也是为国民经济各部门提供如冶金机械、化工设备、和工作母机等装备的部门。机械制造业的生产能力和发展水平标志着一个国家或地区国民经济现代化的程度,而机械制造业的生产能力主要取决于机械制造装备的先进程度。

　　工艺是劳动者利用生产工具对各种原材料、半成品进行增值加工或处理,最终使之成为制成品的方法与过程。制定工艺的原则是:技术上的先进和经济上的合理。由于不同工厂的设备生产能力、精度以及工人熟练程度等因素都大不相同,所以对于同一种产品而言,不同工厂制订的工艺可能是不同的,甚至同一个工厂在不同的时期制订的工艺也可能不同。可见,就某一产品而言,工艺并不是唯一的,而且没有好坏之分。这种不确定性和不唯一性与现代工业的其他元素有较大的不同,反而类似艺术,故有人将工艺解释为"做工的艺术"。

　　1. 装备是实现工艺的手段

　　图 1-1、图 1-3 所示的加工生产线中的全部工具、机器、设备、仪器、设施,称为变速箱壳体的制造装备,配备这些装备的依据则是变速箱壳体从毛坯到产品的制造方法与过程,即变速箱壳体的机械加工工艺。

　　作为产品,变速箱壳体零件有其质量和效率方面的要求。一个好的产品,它的生产过程绝不能随心所欲,必须要按照一定的规范标准来实施,这一规范标准就称为工艺。好的工艺能够充分地保证产品的质量,提高工作的效率。在制造系统中,无论是加工装备还是工艺装备,无论是物流装备还是辅助装备,都直接或间接为产品的加工工艺服务。凡是不为工艺服务的装备,在系统中就没有存在的必要。

　　2. 工艺也是制造装备的基础

　　在制造系统中,工艺与装备还有另一个紧密联系,就是装备本身的制造过程,需要加工工艺作为保证。没有好的工艺基础,不但不能设计出物有所值的装备图样,而且很难顺利完成其制造、装配和调试。

1.3　机械制造装备的精度、效率、安全性和可靠性

为什么要发展更好、更先进、水平更高的机械制造装备？其理由无非是要使产品的生产质量更好，生产速度更快，更加安全可靠。因此加工精度、生产效率、安全性和可靠性是机械制造装备的首要任务。

1. 加工精度

加工精度是指加工后零件对理想尺寸、形状和位置的符合程度，一般包括尺寸精度、表面形状精度、相互位置精度和表面粗糙度等。满足加工精度方面的要求应是机械制造装备最基本的要求。

影响机械制造装备加工精度的因素很多，与机械制造装备本身有关的因素有其几何精度、传动精度、运动精度、定位精度和低速运动平稳性等。

2. 生产效率

要提高机械加工效率，必须缩短组成工艺过程的每道工序的时间。通过对工序过程的时间组成元素进行分析，可以寻找到提高加工工序生产效率的途径，最终达到提高加工效率的目的。

机械零件的加工往往需要通过多道工序，逐渐改变其形状、尺寸，提高其精度，所以要在单位时间内通过机械加工生产出更多的合格零件，必须缩短每道工序的时间。寻求提高工序生产效率的途径是提高被加工件生产效率的基础和出发点。

（1）缩短工序基本时间的措施是：采用高速高效切削，尽量提高切削用量；采用多刀加工，缩短少切削基本时间；合并工步，多件加工。

（2）缩短工序辅助时间的措施：采用快速定位夹紧的自动化夹具；尽量将辅助时间与基本时间重合；提高机床的机械化和自动化水平；采用先进的检测设备，实施在线主动检测。

3. 安全性和可靠性

1）装备的安全性

机械制造装备的安全性是指在使用过程中保证人身和装备安全以及环境免遭危害的能力。它主要包括设备的自动控制性能、自我保护性能以及对误操作的防护和警示装置等。

要提高机械设备设计的安全性，首先要了解安全系统各要素的关系，以及安全系统与机械系统的关系。通常制造装备设计的安全性分为机械安全、电气安全和作业人员安全三大要素。

安全性是指机械装备在使用说明书规定的预定使用条件下（有时在使用说明书中给定的期限内）执行其功能和在运输、安装、调整、维修、拆卸及处理时不产生损伤或危害健康的能力。

（1）首先对机械装备的结构、适用环境去分析其危险存在的可能，进行风险分析和评估。

（2）从设计角度上尽可能减小风险。

（3）通过设计不能适当的避免或充分限制的危险，应采用安全防护装置（防护装置、安全装置）对人们加以防护。

（4）通过使用信息规定机器的预定用途，并应包括保证安全和正确使用机器的各项说明、警示、提示、禁止的信息，对专业和（或）非专业的使用者起到指导作用。

（5）同时还得对采取上述措施后的附加风险采取措施来克服。

（6）对于用户而言，也要进行培训和提供必要的个人防护，建立必要的安全监督制度。

安全性在机械制造装备的设计制造中尤为显得突出。人性化安全性设计是装备设计中一

个非常重要的课题。设计师应以人机工程理论为指导,充分考虑如何让使用者掌握机床的操作,解决诸如程序设计、人机对话、故障诊断和处理、系统安全等问题。这是机床人性化设计的关键,也是如何设计出和谐的人机系统、创造一种良好的人机互动的前提。

　　例如,哈斯自动化公司生产的 VF—3 立式加工中心的刀库一共有 24 把刀,换刀、加工直线或曲线、攻螺纹、铰孔和扩孔……所有的程序,都是由数控程序来执行的,工人只需要把程序的代码输入即可。在加工工件的过程中,刀遇到猛烈撞击时,有可能发生崩刀。为了防止崩刀给工人带来的人身伤害,加工中心加装了防弹玻璃,能有效阻止以极高速度崩出的刀片。这些设计理念都体现了人性化与安全性。

　　2)装备的可靠性

　　机械制造装备的可靠性是指其在规定的使用时间和条件下,完成规定功能的可靠能力。它是装备的一项基本性能指标,是装备功能在时间上的稳定性和保持性。如果可靠性不高,无法保持稳定的作业能力,也就失去了机械制造装备的基本功能。

　　机械制造装备的可靠性与经济性是密切相关的。从经济上看,机械制造装备的可靠性高,就减少或避免因发生故障而造成的停机损失与维修费用支出。但是可靠性并非越高越好,因为提高装备的可靠性,需要在其开发制造中投入更多的资金,受到其制约,故价格昂贵。因此,不能片面追求可靠性,而应全面权衡提高可靠性所需的费用开支与机械制造装备不可靠造成的费用损失,从而确定最佳的可靠度。

　　可靠性设计是设备安全设计的重要内容。任何设备都必须具备一定的工作性能,要求使用方便、容易维修、经久耐用。在设计时,应该综合考虑下列因素:经济性、设备用途和使用条件;设备设计的复杂性和成熟程度;装备制造时的复杂性和难度;装备结构上不出现故障,即"结构可靠性"高。

　　(1)精度满足使用要求,即"使用可靠性高"。

　　(2)在规定条件下和规定时间内,完成规定功能的能力高,即装备的可靠性高。这个时期的使用寿命(无故障工作时间),在可靠性工程中称为"保险期",要求使用寿命长。

　　(3)装备有效性高,即故障率低。

　　(4)维修性高,出了故障能很快发现并容易排除故障。

1.4　装备应具备的其他功能和性能

　　除了上述机械制造装备应具备的精度、效率和安全性等主要功能外,也有一般的功能要求外,还应强调柔性化、自动化、机电一体化、节材节能,以及符合工业工程和绿色工程的要求。

1.4.1　一般的功能要求

　　机械制造装备应满足的一般功能如下。

　　1.强度、刚度和抗振性方面的要求

　　为了提高加工效率,切削速度越来越高,切削力越来越大,机械制造装备应具有足够的强度、刚度和抗振性。提高强度、刚度和抗振性不能一味加大制造装备零部件的尺寸和质量,成为"傻、大、黑、粗"的产品。应利用新技术、新工艺、新结构和新材料,对主要零件和整体结构进行改进设计,在不增加或少增加质量的前提下,使装备的强度、刚度和抗振性满足规定的要求。

2. 加工稳定性方面的要求

机械制造装备在使用过程中,受到切削热、摩擦热、环境热等因素的影响,会产生热变形,影响加工性能的稳定性。对于自动化程度较高的机械制造装备,加工稳定性方面的要求尤为重要。提高加工稳定性的措施是减少发热量,散热和隔热,均热,热补偿,控制环境温度等。

3. 耐用度方面的要求

机械制造装备经过长期使用,因零件磨损,使得间隙增大,原始工作精度将逐渐丧失。对于加工精度要求很高的机械制造装备,耐用度方面的要求尤为重要。提高耐用度应从设计、工艺、材料、热处理和使用等多方面综合考虑。从设计角度,提高耐用度的主要措施包括减少磨损、均匀磨损、磨损补偿等。

4. 技术经济方面的要求

投入机械制造装备上的费用将分摊到产品成本中去。如产品产量很大,分摊到每个产品的费用较少。反之,产品的产量较少,甚至是单件,过大地在机械制造装备上投资,将大幅度地提高产品的成本,削弱产品的市场竞争力。因此不应盲目地追求机械制造装备的技术先进程度,无计划地加大投入,而应该进行仔细的技术经济分析,确定机械制造装备设计和选购方面的指导方针。

1.4.2　柔性化

柔性化在这里有两重含义,即产品结构柔性化和功能柔性化。

产品结构柔性化是指产品设计时采用模块化设计方法和机电一体化技术,只需对结构作少量的重组和修改,或修改软件,就可以快速地推出满足市场需求的、具有不同功能的新产品。

功能柔性化是指只需进行少量的调整或修改软件,就可以方便地改变产品或系统的运行功能,以满足不同的加工需要。数控机床、柔性制造单元或系统具有较高的功能柔性化程度。在柔性制造系统中,不同工件可以同时上线,实现混流加工。这类加工装备投资极大,研制周期长,使用维护所涉及的技术难度大,应通过认真的技术经济分析,具有较高的经济效益时才可考虑采用。

要实现机械制造装备的柔性化不一定非要采用柔性制造单元或系统。专用机床,包括组合机床及其组成的生产线也可设计成具有一定的柔性功能,完成一些批量较大、工艺要求较高的工件加工任务。其柔性在机床上的表现为可进行调整以满足不同工件的加工。调整方法如采用备用主轴、位置可调主轴、工夹量具成组化、工作程序软件化和部分动作实现数控化等。

1.4.3　自动化

机械制造装备实现自动化后,除了可以提高加工效率和劳动生产率,还可以提高产品质量的稳定性,改善劳动条件。自动化有全自动和半自动之分:全自动是指能自动完成工件的上料、加工和卸料的生产全过程;半自动则上、下料需人工完成。实现自动化的方法从初级到高级依次为凸轮控制、程序控制、数字控制和适应控制等。

1.4.4　机电一体化

机电一体化是指机械技术与微电子、传感检测、信息处理、自动控制和电力电子等技术,按系统工程和整体优化的方法,有机地组成的最佳技术系统。机电一体化系统和产品的结构通常是机械的,用传感器检测来自外界和机器内部运行状态的信息,由计算机进行处理,经控制系统,由机械、液压、气动、电气、电子及它们的混合形式的执行系统进行操作,使系统能自动适应外界环境的变化,机器始终处于正常的工作状态。故设计机电一体化产品要充分考虑机械、液压、气动、电力电子、计算机硬件和软件的特点,充分发挥各自的特点,进行合理的功能搭配,将不同类型的元件和于系统用"接口"连接起来,构成一个完整的系统。这个系统应该是功能强,质量好,故障率低,节能,节材,性能价格比高,具有足够的"结构柔性"的系统。

采用机电一体化技术设计的产品可以获得如下几方面的功能。

1. 对机器或机组系统的运行参数进行巡检或控制

将巡检测得的运行参数(如压力、流量、温度、转速、物料成分等)与设定值进行比较,如果超出许可范围,可采用显示、报警等方式通知操作者进行操作,或提示操作者故障的情况和在什么位置,也可由系统自动控制运行条件,使各项运行参数恢复正常。

2. 对机器或机组系统工作程序的控制

现代自动化机械的动作十分复杂。传统的控制系统采用大量的继电器,装置笨重、可靠性差、耗能多。采用可编程序控制器或单片机系统可以方便地实现复杂的控制任务,并可明显地提高控制系统的智能化程度和可靠性,也可以提高系统的"结构柔性"。

3. 用微电子技术代替传统产品中机械部件完成的功能,简化产品的机械结构

例如采用电力电子技术代替机床的变速箱,用数控系统代替原来机械、液压的刀架驱动系统等。未来产品的结构应该是机械结构越来越简单,而电子系统越来越复杂。这样的结构具有较高的可靠性,维修方便,性能价格比高,便于组织社会化的大生产。

1.4.5　节材与环保

我国产品设计水平低,选取的安全系数一般偏大,设计的产品"肥头大耳",造成所谓的结构性材料浪费;又由于工艺水平落后,铸造和锻造过程中金属回收率低,毛坯的加工余量大,不仅浪费了原材料,也浪费了加工工时和能源,造成所谓的工艺性材料浪费。采用现代设计法,合理地选取安全系数,对主要零部件进行精确计算和优化,改进产品的结构,采用先进的制造装备,提高材料的利用率。

企业必须纠正不惜牺牲环境和消耗资源来增加产出的错误做法,使经济发展更少地依赖地球上的有限资源,而更多地与地球的承载能力达到有机的协调。这就是所谓的绿色工程要求。按绿色工程要求设计的产品称绿色产品。绿色产品设计在充分考虑产品的功能、质量、开发周期和成本的同时,优化各有关设计要素,使得产品从设计、制造、包装、运输、使用到报废处理的整个生命周期中,对环境的影响最小,资源效率最高。

绿色产品设计考虑的内容很广泛,包括:产品材料的选择应是无毒、无污染、易回收、可重用、易降解的;产品制造过程应充分考虑对环境的保护,资源回收,如废弃物的再生和处理,原材料的再循环,零部件的再利用等;产品的包装也应充分考虑选用资源丰富的包装材料,以及包装材料的回收利用及其对环境的影响等。

原材料再循环的成本一般较高,应考虑经济上、结构上和工艺上的可行性。为了零部件的再利用,应通过改变材料、结构布局和零部件的连接方式等来实现产品拆卸的方便性和经济性。

1.4.6　符合工业工程要求

工业工程是对由人、物料、设备、能源和信息所组成的集成系统进行设计、改善和实施的一

门学科。其目标是设计一个生产系统及其控制方法,在保证工人和最终用户健康和安全的条件下,以最低的成本生产出符合质量要求的产品。

早期的工业工程主要是为提高效率、减低成本而采用以动作研究和时间研究为主的科学管理方法,并且主要是建立在定性和经验的基础上。研究的内容也仅限在作业现场较小的范围内。随着计算机、运筹学和系统工程等新兴科学技术的出现和应用,工业工程可以定量分析为主,研究整个大系统工作效率和成本的优化。

产品设计符合工业工程的要求是指:在产品开发阶段,充分考虑结构的工艺性,提高标准化、通用化程度,以便采用最佳的工艺方案;选择最合理的制造设备;减少工时和材料的消耗;合理地进行机械制造装备的总体布局;优化操作步骤和方法,减少操作过程中工人的体力消耗;对市场和消费者进行调研,保证产品正确的质量标准,减少因质量标准订得过高造成不必要的超额工作量。

优化操作步骤和方法应进行作业程序的分析。完成一项作业需要进行一系列的操作,每个操作沿一定的路线进行,这称为作业程序。作业程序中的操作越多,路线越长,所耗费的人力与时间就越多,效率越低,成本也越高。对作业程序进行分析是为了取消不必要的操作,合并和简化重复和烦琐的工作,合理分配两手的工作负荷,优化操作次序,缩短操作路线和操作时间,以达到减少机器的空闲时间,提高工作的舒适性,减少工人的疲劳,重新组织一个效率更高的作业程序。

1.5　装备设计的基本方法与设计步骤

1.5.1　机械制造装备设计的基本方法

机械制造装备的种类不同,其设计方法也不同。现代设计方法与用经验公式、图表和手册为设计依据的传统设计方法不同,它是以计算机为辅助手段进行机电一体化系统(产品)设计的有效方法。其设计步骤通常是:技术预测,市场需求,信息分析,科学类比→系统设计→创新性设计,因时制宜地选择各种具体的现代设计方法(如相似设计法、模拟设计法、有限元设计法、可靠性设计法、动态分析设计法、优化设计法等)、装备设计质量的综合评价等。

上述步骤的顺序不是绝对的,只是一个大致的设计路线。但现代设计方法对传统设计中的某些精华必须予以承认,在各个设计步骤中应考虑传统设计的一般原则,如技术经济分析及价值分析、造型设计、市场需求、类比原则、冗余原则、自动原则(能自动完成目的功能并具有自诊断、自动补偿、自动保护功能等)、经验原则(考虑以往经验)及模块原则(积木式、标准化设计)等。

科学技术日新月异,技术创新发展迅猛。现代设计方法的内涵在不断扩展,新概念层出不穷,如计算机辅助设计与并行工程、虚拟设计、快速响应设计、绿色设计、反求设计等。

1. 系列化设计

1)系列化设计的基本概念

市场对产品的要求是多种多样的,例如对车床,在加工尺寸,加工件的结构和材料,精度要求等方面的要求是相差很大的,不可能用单一规格的产品去满足市场的需求。需要设计和制造出尺寸规格、功率参数和精度等各不相同的一系列产品投放市场。为了缩短产品设计、制造周期,降低成本,保证和提高产品的质量,在机械制造装备产品设计中应遵循系列化设计的方法,以提高系列产品中零部件的通用化和标准化程度。

系列化设计方法是在设计的某一类产品中,选择功能,结构和尺寸等方面较典型的产品为基型,以它为基础,运用结构典型化、零部件通用化、标准化的原则,设计出其他各种尺寸参数的产品,构成产品的基型系列。在产品基型系列的基础上,同样运用结构典型化,零部件通用化、标准化的原则,增加、减去、更换或修改少数零部件,派生出不同用途的变型产品,构成产品派生系列。编制反映基型系列和派生系列关系的产品系列型谱。在系列型谱中,各规格产品应有相同的功能结构,相似的结构形式;同一类型的零部件在规格不同的产品中具有完全相同的功能结构;不同规格的产品,同一种参数按一定规律(通常按等比级数变化)。

系列化设计应遵循"产品系列化,零部件通用化、标准化"原则,简称"三化"原则。有时将"结构的典型化"作为第四条原则,即所谓的"四化"原则。

系列化设计是产品设计合理化的一条途径,是提高产品质量、降低成本、开发变型产品的重要途径之一。

2)系列化设计的优缺点

系列化设计的优点如下。

(1)可以较少品种规格的产品满足市场较大范围的需求。减少产品品种意味着提高每个品种产品的生产批量,有助于降低生产成本,提高产品制造质量的稳定性。

(2)系列中不同规格的产品是依据经过严格性能试验和长期生产考验的基型产品演变和派生而成的,可以大大减少设计工作量,提高设计质量,减少产品开发的风险,缩短产品的研制周期。

(3)产品有较高的结构相似性和零部件的通用性,因而可以压缩工艺装备的数量和种类,有助于缩短产品的研制周期,降低生产成本。

(4)零备件的种类少,系列中的产品结构相似,便于进行产品的维修,改善售后服务质量。

(5)为开展变型设计提供技术基础。

系列化设计的缺点是:为了让较少品种规格的产品满足市场较大范围的需求,每个品种规格的产品都具有一定的通用性,满足一定范围的使用需求,用户只能在系列型谱内有限的一些品种规格中选择所需的产品,选到的产品,一方面其性能参数和功能特性不一定最符合用户的要求;另一方面,有些功能还可能冗余。

3)系列化设计的步骤

(1)主参数和主要性能指标的确定

系列化设计的第一步是确定产品的主参数和主要性能指标。主参数和主要性能指标应最大限度地反映产品的工作性能和设计要求。例如普通车床的主参数是在床身上的最大回转直径,主要性能指标之一是最大的工件长度;升降台铣床的主参数是工作台工作面的宽度、主要性能指标是工作台工作面的长度;摇臂钻床的主参数是最大钻孔直径,主要性能指标是主轴中心线至立柱母线的最大距离等。上述参数决定了相应机床的主要几何尺寸、功率和转速范围,因而决定了该机床的设计要求。

(2)参数分级

经过技术和经济分析,将产品的主参数和主要性能指标按一定规律进行分级,制订参数标准。产品的主参数应尽可能采用优先数系。优先数系是公比为 $\sqrt[N]{10}$,$N=5$、10、20 或 40 的等比数列,如表 1-1 所示。例如:摇臂钻床的主参数系列公比为 1.6,即 25、40、63、100、160;普通车床和升降台铣床的主参数系列公比为 1.25,分级比摇臂钻床密一倍,为 315、400、500、630。

表 1-1　优先数系及其公比 φ

N	5	10	20	40	N	5	10	20	40
公比 φ	1.6	1.25	1.12	1.06	公比 φ	1.6	1.25	1.12	1.0
优先数系	1.00	1.00	1.00	1.00	优先数系	2.50	3.15	3.15	3.15
				1.06					3.35
			1.12	1.12				3.55	3.55
				1.18					3.75
		1.25	1.25	1.25		4.00	4.00	4.00	4.00
				1.32					4.25
			1.40	1.40				4.50	4.50
				1.50					4.75
	1.60	1.60	1.60	1.60			5.00	5.00	5.00
				1.70					5.30
			1.80	1.80				5.60	5.60
				1.90					6.00
		2.00	2.00	2.00		6.30	6.30	6.30	6.30
				2.12					6.70
			2.24	2.24				7.10	7.10
				2.36					7.50
	2.50	2.50	2.50	2.50			8.00	8.00	8.00
				2.65					8.50
			2.80	2.80				9.00	9.00
				3.00					9.50

　　主参数系列公比如果选得较小，则分级较密，有利于用户选到满意的产品，但系列内产品的规格品种较多，上述系列化设计的许多优点得不到充分利用；反之，则分级较粗，系列内产品的规格品种较少，可带来上述系列化设计的许多优点，但为了以较少的品种满足较大使用范围内的需求，系列内每个品种产品应具有较大的通用性，导致结构相对复杂、成本会有所提高，对用户来说较难选到称心如意的产品。因此必须对市场、设计、制造和销售作为一个系统来进行全面的调查研究，经过技术经济分析，才能正确地确定最佳的参数分级。简单地说，产品的需求量越大，要求的技术性能越要准确，参数分级应越密；反之，参数分级可粗些。

　　（3）制订系列型谱

　　系列型谱通常是二维甚至多维的，其中一维是主参数，其他维是主要性能指标。通过系列型谱的制订，确定产品的品种、基型和变型、布局，各产品品种的技术性能和技术参数等。

　　在系列型谱中，结构最典型、应用最广泛的是所谓的"基型"产品，进行产品的系列设计通常从基型产品开始。

　　在制订系列型谱过程中，应周密地策划系列内产品零部件的通用化和标准化。通用化是指同一类型、不同规格或不同类型的产品中，部分零部件彼此相互适用。标准化是指使用要求相同的零部件按照现行的各种标准和规范进行设计和制造。

　　系列型谱内的产品是在基型产品的基础上经过演变和派生而扩展成的。扩展的方式有纵系列、横系列和跨系列扩展三类。

　　①纵系列产品。纵系列产品是一组功能、工作原理和结构相同，而尺寸和性能参数不同的

产品。纵系列产品一般应综合考虑使用要求及技术经济原则,合理确定产品主参数和主要性能参数系列。如主参数和主要性能指标按优先数系选择,能较好地满足用户要求且便于设计。

②横系列产品。横系列产品是在基型产品基础上,通过增加、减去、更换或修改某些零部件,实现功能扩展的派生产品。例如在普通车床基础上开发的为加工轴承套圈的无尾架短床身车床,为加工大直径工件的马鞍形车床等。

③跨系列产品。跨系列产品是采用相同的主要基础件和通用部件的不同类型产品。例如通过改造坐标镗床的主轴箱部件和部分控制系统,可开发出坐标磨床、坐标电火花成形机床、三坐标测量机等不同类型产品,即跨系列产品。其中机床的工作台、立柱等主要基础件及一些通用部件适用于跨系列的各种产品。

2. 计算机辅助设计与并行工程

计算机辅助设计(CAD)是设计机械制造装备的有力工具。用来设计一般机械产品的CAD的研究成果,包括计算机硬件和软件,以及图像仪和绘图仪等外围设备,都可以用于机械制造装备的设计,需要补充的不过是有关机械制造装备设计和制造的数据、计算方法和特殊表达的形式而已。

并行工程(concurrent engineering,CE)是把系统(产品)的设计、制造及其相关过程作为一个有机整体进行综合(并行)协调的一种工作模式。这种工作模式力图使开发者从一开始就考虑到产品全寿命周期(从概念形成到系统(产品)报废)内的所有因素。并行工程的目标是提高系统(产品)的生命全过程(包括设计、工艺、制造、服务等)中的全面质量,降低系统(产品)全寿命周期内(包括产品设计、制造、销售、客户应用、售后服务直至产品报废处理等)的成本,缩短系统(产品)研制开发的周期(包括减少设计反复,缩短设计、生产准备、制造及发送等的时间)。并行工程与串行工程的差异就在于在产品的设计阶段就要按并行、交互、协调的工作模式进行系统(产品)设计,就是说,在设计过程中对系统(产品)寿命周期内的各个阶段的要求要尽可能地同时进行交互式的协调。串行工程与并行工程工作模式如图1-8所示。

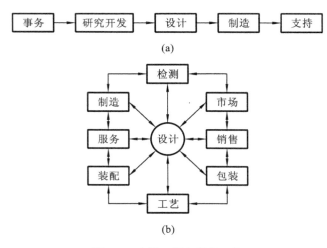

图 1-8　串行工程与并行工程

(a)串行工程工作模式　(b)并行工程工作模式

3. 虚拟产品设计

虚拟产品是虚拟环境中的产品模型,是现实世界中的产品在虚拟环境中的映像。虚拟产品设计是基于虚拟现实技术的新一代计算机辅助设计,是在基于多媒体的、交互的渗入式或侵入式的三维计算机辅助设计环境中,设计者不仅能够直接在三维空间中通过三维操作、语言指令、手势等高度交互的方式进行三维实体建模和装配建模,并且最终生成精确的系统(产品)模型,以支持详细设计与变型设计,同时能在同一环境中进行一些相关分析,从而满足工程设计的要求。

4. 快速响应设计

快速响应设计是实现快速响应工程的重要一环。快速响应工程是企业面对瞬息万变的市场环境,不断迅速开发适应市场需求的新系统(产品),以保证企业在激烈竞争环境中立于不败之地的重要工程。实现快速响应设计的关键是有效开发和利用各种系统(产品)信息资源。

人们利用迅猛发展的计算机技术、信息技术和通信技术所提供的对信息资源的高度存储、传播及加工的能力,主要采取三项基本策略,以达到对系统(产品)设计要求的快速响应。这三项策略如下。

(1)利用产品信息资源进行创新设计或变异性设计。

(2)虚拟设计,利用数字化技术加快设计过程。

(3)远程协同、分布设计。概括讲,这些策略就是信息的资源化、产品(系统)的数字化、设计的网络化。

机械制造装备的设计通常可分为新颖性/创新设计和适应性/变异性设计两大类。创新设计也属于前面所讲的开发性设计。无论是创新设计还是变异性设计,均体现了设计人员的创造性思维。快速响应设计就是充分利用已有的信息资源和最新的数字化、网络化工具,用最快的速度进行创新性和变异性的机械制造装备的设计方法。

5. 绿色设计

绿色设计是从并行工程思想发展而出现的一个新概念。所谓绿色设计,就是在新产品(系统)的开发阶段,就考虑其整个生命周期内对环境的影响,从而减少对环境的污染、资源的浪费及使用安全和人类健康等所产生的副作用。绿色产品设计将系统(产品)寿命周期内各个阶段(如设计、制造、使用、回收处理等)看成一个有机整体,在保证产品良好性能、质量及成本等要求的情况下,还充分考虑系统(产品)的维护资源及能源的回收利用以及对环境的影响等问题。这与传统产品设计主要考虑前者要求而对产品维护及产品废弃对环境的影响考虑很少、甚至根本就不予考虑有着很大区别。图 1-9 所示为传统产品设计与绿色产品设计的比较。绿色产品设计含有一系列的具体的技术,如全寿命周期评估技术、面向环境的设计技术、面向回收的设计技术、面向维修的设计技术和面向拆卸处理的设计技术等。

1.5.2　机械制造装备设计的典型步骤

机械制造装备设计的步骤随设计类型而不同。创新设计的步骤最典型,可划分为产品规划、方案设计、技术设计和施工设计等四个阶段。

1. 产品规划阶段

市场对产品的需求是动态变化的,但企业的产品生产在一段时间内应是相对稳定的,这是因为产品开发过程需要一段时间,生产工艺和生产装备在一段时间内也需要相对稳定。为了协调企业生产要求相对稳定和市场需求瞬变万化间的矛盾,在产品设计前必须进行产品规划,确定新产品的功能、技术性能和开发的日程表,保证符合市场需求的产品能及时,或适当超前地研制出来,投放市场,以减少产品开发的盲目性。

产品规划阶段的任务是明确设计任务,通常应在市场调查与预测的基础上识别产品需求,

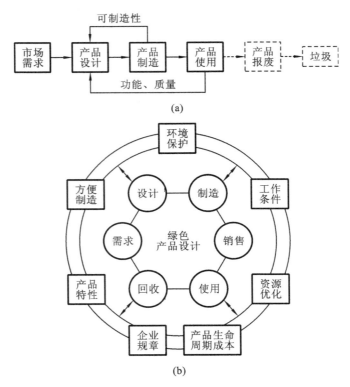

图 1-9　传统产品设计与绿色产品设计
(a)传统产品设计　(b)绿色产品设计

进行可行性分析,制订设计技术任务书。

在产品规划阶段将综合运用技术预测、市场学、信息学等理论和方法来解决设计中出现的问题。

1)需求分析

产品设计是为了满足市场的需求,而市场的需求往往是不具体的,有时是模糊的、潜在的,甚至是不可能实现的。需求分析的任务是将这些需求具体化和恰到好处地明确设计任务的要求。需求分析本身就是设计工作的一部分,是设计工作的开始,而且自始至终指导设计工作的进行。

开发新产品最困难的往往不是技术问题,而是确定需要开发什么样的产品,它往往比从技术上找到满足需求的措施更为棘手。识别需求是一个创造性的过程,只有细心观察和不满足现状,才能发现新的需求,尤其去发现那些社会尚没有注意到的潜在需求。有的新产品技术水平不见得很高,由于满足市场需求,有非常好的销路;反之,有的新产品在设计中尽管采用了许多先进技术,功能完备,由于需求分析没有做好,不一定受到市场欢迎。因此设计人员必须重视需求分析,用敏锐的观察力,及时找到和预测市场的需求,并在市场大量需求到来之前完成新产品的研制工作,抢先投放市场,以取得丰厚的回报。需求分析一般包括对销售市场和原材料市场的分析。

(1)新产品开发面向的社会消费群体,它们对产品功能、技术性能、质量、数量、价格等方面的要求。

(2)现有类似产品的功能、技术性能、价格、市场占有情况和发展趋势。

（3）竞争对手在技术、经济方面的优势、劣势及发展趋向。

（4）主要原材料、配件、半成品等的供应情况、价格及变化趋势等。

2）调查研究

调查研究包括市场调研、技术调研和社会环境调研三部分。

（1）市场调研。一般从以下几方面进行调研。

用户需求——有关产品功能、性能、质量、使用、保养、维修、外观、颜色、风格、需求量和价格等方面的要求。

产品情况——产品在其生命周期曲线中的位置，新老产品交替的动向分析等。

同行情况——同行产品经营销售情况和发展趋势，本企业产品的市场占有率与差距，主要竞争对手在技术、经济方面的优势和劣势及发展趋向。

供应情况——主要原材料、配件、半成品等的质量、品种、价格、供应等方面的情况及变化趋势等。

（2）技术调研。一般包括产品技术的现状及发展趋势；行业技术和专业技术的发展趋势；新型元器件、新材料、新工艺的应用和发展动态；竞争产品的技术特点分析；竞争对手的新产品开发动向；环境对研制的产品提出的要求，如使用环境的空气、湿度、有害物质和粉尘等对产品的要求；为保证产品的正常运转，研制的产品对环境提出的要求等。

（3）社会环境调研。一般包括企业目标市场所处的社会环境和有关的经济技术政策，如产业发展政策、投资动向、环境保护及安全等方面的法律、规定和标准；社会的风俗习惯；社会人员的构成状况、消费水平、消费心理和购买能力；本企业实际情况、发展动向、优势和不足及发展潜力等。

3）预测

预测分定性预测和定量预测两部分。

（1）定性预测。在数据和信息缺乏时，依靠经验和综合分析对未来的发展状况作出推测和估计。采用的方法有走访调查、查资料、抽样调查、类比调查、专家调查等。

（2）定量预测。对影响预测结果的各种因素进行相关分析和筛选，根据主要影响因素和预测对象的数量关系建立数学模型，对市场发展情况进行定量预测。采用的方法有时间序列回归法、因果关系回归法、产品寿命周期法等。

4）可行性分析

通过调查研究与预测后，对产品开发中的重大问题应进行充分的技术经济论证，判断是否可行，即进行产品设计的可行性分析。可行性分析目前已发展为一整套系统的科学方法，是进行新产品立项必不可少的一项依据。

可行性分析一般包括技术分析、经济分析和社会分析三个方面。技术分析是对开发产品可能遇到的主要关键问题作全面的分析，提出解决这些关键技术问题的措施；通过经济分析，应力求新产品投产后能以最少的人力、物力和财力消耗得到满意的功能，取得较好的经济效果；社会分析是分析开发的产品对社会和环境的影响。

经过技术、经济、社会等方面的分析及对开发可能性的研究，应提出产品开发的可行性报告。可行性报告一般包括如下内容。

（1）产品开发的必要性，市场调查及预测情况，包括用户对产品功能、用途、质量、使用维护、外观、价格等方面的要求。

（2）同类产品国内外技术水平，发展趋势。

（3）从技术上预期产品开发能达到的技术水平。

（4）从设计、工艺和质量等方面需要解决的关键技术问题。

（5）投资费用及开发时间进度，经济效益和社会效益评估。

（6）现有条件下开发的可能性及准备采取的措施。

5）编制设计任务书

经过可行性分析后，应确定待设计产品的设计要求和设计参数，编制"设计要求表"，表1-2所列内容可供参考。在"设计要求表"内要列出必须达到的要求或希望达到的要求。表中所列的各项要求应排出重要程度的名次，作为对设计进行评价时确定加权系数的依据。各项要求应尽可能用数值来描述其技术指标。

表 1-2　设计要求表

设计要求			必须或希望达到的要求	重要程度名次
类别		项目及指标		
功能	运动参数	运动形式、方向、速度、加速度等		
	力参数	作用力大小、方向、载荷性质等		
	能量	功率、效率、压力、温度等		
	物料	产品物料特性		
	信号	控制要求、测量方式及要求等		
	其他性能	自动化程度、可靠性、寿命等		
经济	尺寸（长、宽、高）体积和重量的限制			
	生产率、每年生产件数和总件数			
	最高允许成本、运转费用			
制造	加工	公差、特殊加工条件等		
	检验	测量和检验的特殊要求等		
	装配	装配要求、地基及安装现场要求等		
使用	使用对象	市场和用户类型		
	人机学要求	操纵、控制、调整、修理、配换、照明、安全、舒适		
	环境要求	噪声、密封、特殊要求等		
	工业美学	外观、色彩、造型等		
期限	设计完成日期	研制开始和完成日期、试验、出厂和交货日期等		

在上述基础上，结合本企业的技术经济和装备实际情况，编制产品的设计任务书。产品设计任务书是指导产品设计的基础性文件，其主要任务是对产品进行选型，确定最佳设计方针。在设计任务书内，应说明设计该产品的必要性和现实意义，产品的用途描述，设计所需要的全部重要数据，总体布局和结构特征，应满足的要求、条件和限制等。这些要求、条件和限制来源于市场、系统属性、环境、法律法规与有关标准，以及制造企业自身的实际情况，是产品设计、评价和决策的依据。

2. 方案设计阶段

方案设计实质上是根据设计任务书的要求，进行产品功能原理的设计。这个阶段完成的质量将严重影响到产品的结构、性能、工艺和成本，关系到产品的技术水平及竞争能力。

在方案设计阶段应尽量开阔思路，创新构思，引入新原理和新技术，综合运用系统工程学、图论、形态学、创造学、思维心理学、决策论等理论和方法,将系统总功能分解为功能元,通过各种方法,探索多种方案,求得各功能元的多个解,组合功能元的解或直接求得多个系统原理解,在此基础上通过评价和优化筛选,求得较好的最佳原理解。

方案设计阶段大致包括对设计任务的抽象、建立功能结构、寻求原理解与求解方法、形成初步设计方案和对初步设计方案的评价与筛选等步骤。

1)对设计任务的抽象

一项设计任务往往需要满足一大堆要求,有些要求是主要的,更多的要求是次要的。设计人员应对设计任务进行抽象,抓住主要要求,兼顾次要要求,才能避免由于知识和经验的局限性,思想上的种种框框,误导设计方案的制订。对设计任务进行抽象是对设计任务的再认识,从众多应满足的要求中,通过功能关系和与任务相关的主要约束条件的分析,对"设计要求表"一步一步进行抽象,找出具有本质性的和主要的要求,即本质功能,以便找到能实现这些本质功能的解,再进一步找出其最优解。

2)建立功能结构

经过对设计任务的抽象,可明确设计产品的总功能。总功能是表达输入量转变成输出量的能力。这里所谓的输入、输出量指的是物料、能量和信息。

产品的总功能通常是比较复杂的,较难直接看清楚输入和输出之间的关系。犹如产品通常由部件、组件和零件组成,与此相对应,设计产品应满足的总功能,也可分解成分功能和多级子功能。它们按确定的关系结合起来,以实现总功能。分功能和多级子功能及它们之间的关系称为功能结构,可用如图 1-10 所示的图形表示。图中的方框是一个"黑箱",代表一个系统只知道其输入和输出特性,其内部结构在这阶段暂不细究。通过对"黑箱"及其与周围环境的联系了解其功能、特性,进一步寻求其内部的机理和结构。图中实线箭头表示能量,双实线箭头表示物料,虚线箭头表示信息;箭头的位置可以画在方框的任一边,输入或输出可用箭头的方向表示;能量、物料或信息可以是多项内容,用多个箭头表示;需注意上层输入输出功能的内容必须与下层统一。

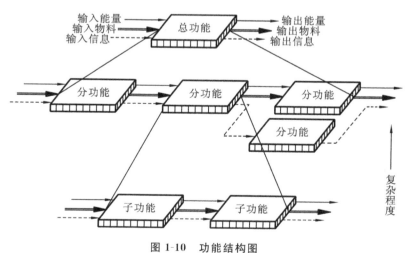

图 1-10　功能结构图

总功能可逐级往下分解,分解到子功能的要求比较明确,便于求解为止。

建立功能结构的另一个目的是便于了解产品中哪些子功能是已有的,可直接采用已有零部件来实现,哪些子功能以前没有的,需要新开发零部件来实现。对功能结构的分析,也可以找出在多种产品中重复出现的功能,为制订通用零部件规范提供依据。

功能间的联系存在三种基本结构形式:串联结构、并联结构和环形结构。如图 1-11 所示。

串联结构如图 1-11(a)所示,又称顺序结构,表示分功能间存在的因果关系或时间、空间顺序关系。并联结构如图 1-11(b)所示,表示同时完成多个功能后再执行下一个分功能。环形结构如图 1-11(c)所示,是输出反馈为输入的循环结构。图 1-11(d)所示的则是有选择地完成某些分功能后再执行下一个分功能。图 1-11(e)所示的则是有选择进行反馈的循环结构。

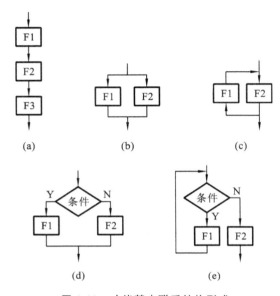

图 1-11　功能基本联系结构形式

(a)顺序结构　(b)并联结构　(c)环形(循环)结构　(d)有选择的并联结构　(e)有选择进行反馈的循环结构

3)寻求原理解与求解方法

对设计任务进行了抽象,确定了最本质的功能,然后建立了功能结构,将复杂的总功能分解为比较简单的、相互联系的子功能。如何实现这些功能以及它们之间的联系,这就是求解问题。

所谓原理解就是能实现某种功能的工作原理和实现该工作原理的技术手段和结构原理,即所谓的功能载体。

工作原理是科学原理和技术原理的统称。为了寻求作为产品设计依据的科学原理,设计人员必须掌握广泛的科学知识,了解科学发展动态,不局限于单门学科,如在机械学的范围内构思,应综合运用机、电、液、光等多种学科的知识,运用发散性思维方式,寻求先进实用的科学原理。将科学原理具体运用于特定的技术目的,提炼、构思成所谓的技术原理,这是设计中最关键、最富于创造性的一个环节。

从技术上和结构上实现工作原理的功能载体是以它具有的某种属性来完成某一功能的,这些属性包括物理化学属性、运动特性、几何特性和机械特性等。例如,两同心轴之间需要接合和断开的功能,可采用离合器。作为离合器这个功能载体,如利用其齿啮合属性、摩擦属性、液力属性或电磁属性,则分别为牙嵌离合器、摩擦离合器、液力耦合器或电磁转差离合器等。

体现功能载体的属性往往是多方面的,有的为人们普遍掌握了的,即显见属性;更多的是在特定条件下显露出来的,为人们所不了解的新属性,即潜在属性。设计人员的任务不但要熟悉和会灵活应用现有功能载体的显见属性,还应努力地挖掘其潜在属性,并创造出新的功能载体。

通常能实现某一种功能的原理解不止一个,而不同原理解的技术经济效果是不一样的,而且往往在原理解阶段尚难以分清优劣。因此选择和确定原理解要经过反复论证,才能取得较合理的原理解。

4)初步设计方案的形成

将所有子功能的原理解结合起来,才能形成和实现总功能。原理解的结合是设计过程中很重要的一环。原理解的结合可以得到多个初步设计方案,应采用合适的结合方法,才能获得理想的初步设计方案。常用的结合方法如下。

(1)系统结合法。所谓系统结合法就是按功能结构的树状结构,根据逻辑关系把原理解结合起来。具体方法是采用如图 1-12 所示的图表。图表中子功能自上而下按功能结构的树状顺序排列,每个子功能可能有多个原理解,分别填写在子功能所在的行中。结合时,自上而下在每个子功能所在行中选出合适的原理解,用线将它们串起来,形成一种初步设计方案。产生的初步设计方案通常不止一个,可在图表中用不同的线型表示多种初步设计方案。以图 1-12 为例,理论上可产生 m^n 个初步设计方案,但其中许多方案是不可取的,甚至是行不通的。为了避免结合形成的方案不可取,运用系统结合法时,应掌握如下原则:相结合的子功能原理解不应互相矛盾,互相排斥,应彼此相容,即上下原理解的物理原理、能源、材料和控制方式等都应协调一致;原理解的结合要能全面实现表中的要求;原理解结合后形成的初步设计方案应是先进的、成本低廉的。

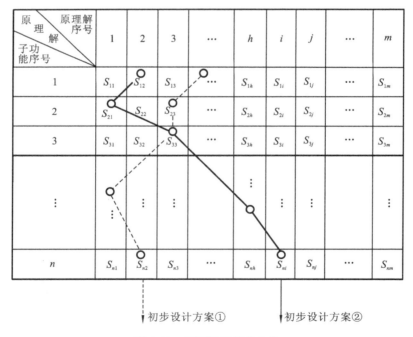

图 1-12　原理解系统结合法

(2)数学方法结合法。当子功能原理解的物理和几何特征可以用定量的形式表达时,有可能借助电子计算机,采用数学方法进行初步设计方案的组合。在方案设计阶段,如子功能的原理解还不够具体,定量表达原理解的特征有困难或不够精确时,采用数学方法形成初步设计方案是不可行的,甚至会导致错误的结果。在变型设计、组合设计或电路设计中,由于是已知零部件、元器件的组合,各子功能的物理和几何特征可以精确地定量表达,采用数学方法,例如逻辑推理、图论和布尔代数等,可以结合出合适的初步设计方案,并从中优选出较好的方案来。

5)初步设计方案的评价与筛选

原理解的结合可以获得多种,有时多达几十种初步设计方案。应对这些方案进行评价与筛选,找到较优的方案。

(1)初步设计方案的初选。当形成的初步设计方案数量比较多的情况时,应首先对初步设计方案进行初选,淘汰那些明显不好的方案。初步设计方案的初选采用如下方法。

①观察淘汰法。常根据要求表中的主要要求来衡量各初步设计方案,淘汰那些明显不能很好地实现要求表中主要要求的方案。

②分数比较法。如果各方案间的差别不大,用观察淘汰法难以分出优劣,可对每个方案按选定的几项主要要求进行综合打分,淘汰分值低的方案。

(2)初步设计方案的具体化。由原理解结合成的初步设计方案还比较抽象,缺乏必要的信息,难以对初选后的初步设计方案作进一步评价和筛选。应将初选后的初步设计方案进一步具体化,在空间占用量、重量、主要技术参数、性能、所用材料、制造工艺、成本和运行费用等方面进行定量处理。

具体化采用的方法大致有:绘出方案原理图、整机总体布局草图、主要零部件草图,为在空间占用量、重量、所用材料、制造工艺、成本和运行费用等方面进行比较提供数据;进行运动学、动力学和强度方面的粗略计算,以便定量地反映初步设计方案的工作特性;进行必要的原理试验,分析确定主要设计参数,验证设计原理的可行性;对于大型、复杂设备,可制作模型,以获得比较全面的技术数据。

(3)对初选后初步设计方案进行技术经济评价。对初选后的初步设计方案进行技术经济评价,作出取舍的最后决策。技术经济评价过程的步骤为:建立目标系统和确定评价标准,确定重要性系数,按技术观点确定评价分数,进行技术经济评价计算和得出评价结果。

3.技术设计阶段

技术设计阶段是将方案设计阶段拟定的初步设计方案具体化,确定结构原理方案;进行总体技术方案设计,确定主要技术参数,布局;进行结构设计,绘制装配草图,初选主要零件的材料和工艺方案,进行各种必要的性能计算;如果需要,还可以通过模型试验来检验和改善设计;通过技术经济分析选择较优的设计方案。

在技术设计阶段将综合运用系统工程学、价值工程学、力学、摩擦学、机械制造工程学、优化理论、可靠性理论、人机工程学、工业美学、相似理论等理论和方法,来解决设计中出现的问题。

1)确定结构原理方案

确定结构原理方案的过程如下。

(1)确定结构原理方案的主要依据。根据初步设计方案,在充分理解原理解的基础上,确定结构原理方案的主要依据,其中包括决定尺寸的依据,如功率、流量和联系尺寸等;决定布局的依据,如物流方向、运动方向和操作位置等;决定材料的依据,如耐蚀能力、耐用性、市场供应情况等;决定和限制结构设计的空间条件,如距离、规定的轴方向、装入的限制范围等。

(2)确定结构原理方案。在上述依据的约束下,对主要功能结构进行构思,初步确定其材料和形状,进行粗略的结构设计。

（3）评价和修改。对确定的结构原理方案经过技术经济评价，为进一步的修改提供依据。

2）总体设计

总体设计的任务是将结构原理方案进一步具体化。对于复杂程度较高和重要的设计项目，可以提出多个总体设计方案供选择。选优的准则一般包括：功能，使用性能，加工和装配的工艺性，生产成本，与老产品的继承性等。总体设计的内容大致包括以下几个方面。

（1）主要结构参数。包括：尺寸参数、运动参数、动力参数、占用面积和空间等。

（2）总体布局。包括：部件组成，各部件的空间位置布局和运动方向，物料流动方向，操作位置，各部件相对运动配合关系，即工作循环图。在确定总体布局时，应充分考虑使用维护的方便性、安全性、外观造型、环境保护和对环境的要求等"人—机—环境"关系。

（3）系统原理图。包括：产品总体布局图、机械传动系统图、液压系统图、电力驱动和控制系统图等。

（4）经济核算。包括：产品成本和运行费用的估算，成本回收期，资源的再利用等。

（5）其他。如：材料选用，配件和外协件的供应，生产工艺，运输，开发周期等方面的考虑。

3）结构设计

结构设计阶段的主要任务是在总体设计的基础上，对结构原理方案结构化：绘制产品总装图、部件装配图；提出初步的零件表，加工和装配说明书；对结构设计进行技术经济评价。

在技术设计阶段，掌握了更多的信息，有条件比方案设计阶段更具体、更定量地根据要求表中提出的要求，分析必须达到的要求满足和超过的程度，希望达到要求的处理结果，在这基础上作出精确的技术经济评价，并找出设计的薄弱环节，进一步改进设计。技术经济评价通常从以下几方面进行：实现的功能，作用原理的科学性，结构合理性，参数计算准确性，安全性，人机工程要求，制造，检验，装配，运输，使用和维护的性能，资源回用，成本和产品研制周期等。

进行结构设计时必须遵守有关国家、部门和企业颁布的标准规范，充分考虑诸如：人机工程，外观造型，结构可靠和耐用性，加工和装配工艺性，资源回用，环保，材料、配件和外协件的供应，企业设备、资金和技术资源的利用，产品系列化，零部件通用化和标准化，结构相似性和继承性等方面的要求。通常要经过设计、审核、修改、再审核、再修改多次反复，才可批准投产。

在结构设计阶段经常采用诸如有限元分析、优化设计、可靠性设计、计算机辅助设计等现代设计方法，来解决设计中出现的问题。

对造价较高而设计成功把握不太高的产品，可通过模型试验来检验产品的功能和零部件的强度、刚度、运动精度、振动稳定性、噪声、外观造型等方面的性能，这样就可在模型试验的基础上对设计作必要的修改。

4. 施工设计阶段

施工设计阶段主要进行零件工作图设计，完善部件装配图和总装配图，进行商品化设计，编制各类技术文档等。

在施工设计阶段，将广泛运用工程图学、机械制造工艺学等理论和方法来解决设计中出现的问题。

1）零件图设计

在零件图中包含了为制造零件所需的全部信息。这些信息包括：几何形状，全部尺寸，加工面的尺寸公差、形位公差和表面粗糙度要求，材料和热处理要求，其他特殊技术要求等。组成产品的零件有标准件、外购件和基本件。标准件和外购件不必提供零件图，基本件无论是自制或外协，均需提供零件图。零件图的图号应与装配图中的零件件号对应。

2）完善装配图

在绘制零件图时，更加具体地从结构强度、工艺性和标准化等方面进行零件的结构设计，不可避免地对技术设计阶段提供的装配图做些修改。所以在零件图设计完毕后，应完善装配图的设计。装配图中的每一个零件应按企业规定的格式标注件号，零件件号是零件唯一的标识符，不可乱编，以免造成生产混乱。零件件号中通常包含产品型号和部件号信息，有的还包含材料、毛坯类型等其他信息，以便备料和毛坯的生产与管理。

商品化设计的目的是进一步提高产品的市场竞争力。商品化设计的内容一般包括进行价值分析和价值设计，保证产品功能和性能的基础上，降低成本；利用工业美学原理设计精美的造型和悦目的色彩，改善产品的外观功能；精化包装设计等。应重视技术文档的编制工作，将其看成是设计工作的继续和总结。编制技术文档的目的是为产品制造、安装调试提供所需要的信息，为产品的质量检验、安装运输、使用等作出相应的规定。为此，技术文档应包括：产品设计计算书，产品使用说明书，产品质量检查标准和规则，产品明细表等。产品明细表包括基本件明细表、标准件明细表和外购件明细表等。

对于不同的设计类型，设计步骤大致相同。以上介绍的是机械制造装备设计的典型步骤，比较适用于创新设计类型。如果创新设计遵循系列化和模块化设计的原理，为产品的进一步变型和组合已作了必要的考虑，变型设计和组合设计的有些步骤可以简化甚至省略。

习题与思考题

1. 为什么说机械制造装备在国民经济发展中占有重要的地位？

2. 分析说明汽车变速箱壳体自动化加工生产线工艺和设备的特点。

3. 机械制造装备与其他设备相比具有哪些独特之处？设计研发数控及自动化装备的目的是什么？

4. 分析说明柔性制造和刚性制造的区别，简述通用机床、组合机床、液压机、焊接机器人、数控机床、加工中心的柔性化程度。

5. 如何提高机械制造装备的生产效率？

6. 分析说明机械制造装备设计基本方法与计算机的关系。

7. 适用于系列化设计产品的特点是什么？主参数系列公比的选取原则是什么？

8. 试说明机械制造装备设计中标准化原则的原因和重要性。

第2章

机械基础技术

2.1 主轴回转部件

主轴部件是机床重要部件之一,它是机床的执行件。它的功能是支承并驱动工件或刀具旋转进行切削,承受切削力和驱动力等载荷,完成表面成形运动。主轴部件由主轴及其支承轴承、传动件、密封件及定位元件等组成。

主轴部件的工作性能对整机性能和加工质量以及机床生产率有着直接影响,是决定机床性能和技术经济指标的重要因素。因此,对主轴部件要有较高的要求。

2.1.1 主轴部件应满足的基本要求

1. 旋转精度

主轴的旋转精度是指装配后,在无载荷、低速转动条件下,在安装工件或刀具的主轴部位的径向和轴向跳动。

旋转精度取决于主轴、轴承、箱体孔等的制造、装配和调整精度。如主轴支承轴颈的圆度,轴承滚道及滚子的圆度,主轴及随其回转零件的动平衡等因素,均可造成径向跳动;轴承支承端面,主轴轴肩及相关零件端面对主轴回转中心线的垂直度误差,止推轴承的滚道及滚动体误差等将造成主轴轴向跳动;主轴主要定心面(如车床主轴端的定心短锥孔和前端内锥孔)的径向跳动和轴向跳动。

2. 刚度

主轴部件的刚度是指其在外加载荷作用下抵抗变形的能力。通常以主轴前端产生单位位移的弹性变形时,在位移方向上所施加的作用力来定义,如图 2-1 所示。

如果引起弹性变形的作用力是静力 F_j,则由此力和变形所确定的刚度称为静刚度,写成

$$k_j = \frac{F_j}{Y_j}$$

如果引起弹性变形的作用力是交变力,其幅度为 Y_d,则由该力和变形所确定的刚度称为动刚度,可写成

图 2-1 主轴部件的刚度

$$k_d = \frac{F_d}{Y_d}$$

静、动刚度的单位均为 $N/\mu m$。

主轴部件的刚度是综合刚度,它是主轴、轴承等刚度的综合反映。因此,主轴的尺寸和形状,滚动轴承的类型和数量,预紧和配置形式,传动件的布置方式,主轴部件的制造和装配质量

等都影响主轴部件的刚度。

主轴静刚度不足对加工精度和机床性能有直接影响,并会影响主轴部件中的齿轮、轴承的正常工作,降低工作性能和寿命,影响机床抗振性,容易引起切削颤振,降低加工质量。

3.抗振性

主轴部件的抗振性是指抵抗受迫振动和自激振动的能力。

在切削过程中,主轴部件不仅受静态力作用,同时也受冲击力和交变力的干扰,使主轴产生振动。

冲击力和交变力是由材料硬度不均匀、加工余量的变化、主轴部件不平衡、轴承或齿轮存在缺陷以及切削过程中的颤振等因素引起的。

主轴部件的振动会直接影响工件的表面加工质量和刀具的使用寿命,并产生噪声。随着机床向高速、高精度发展,其对对抗振性要求越来越高。影响抗振性的主要因素是主轴部件的静刚度、质量分布以及阻尼主轴部件的低阶固有频率与振型。低阶固有频率应远高于激振频率,使其不容易发生共振。目前,抗振性的指标尚无统一标准,只有一些实验数据供设计时参考。

4.温升和热变形

主轴部件运转时,因各相对运动处的摩擦生热,切削区的切削热等使主轴部件的温度升高,形状尺寸和位置发生变化,造成主轴部件的所谓热变形。

主轴热变形可引起轴承间隙变化,润滑油温度升高后会使黏度降低,这些变化都会影响主轴部件的工作性能,降低加工精度。因此,各种类型机床对温升都有一定限制。

如高精度机床,连续运转下的允许温升为 $8\sim10\ ℃$,精密机床允许温升为 $15\sim20\ ℃$,普通机床允许温升 $30\sim40\ ℃$。

5.精度保持性

主轴部件的精度保持性是指长期地保持其原始制造精度的能力。

主轴部件丧失其原始精度的主要原因是磨损,如主轴轴承、主轴轴颈表面、装夹工件或刀具的定位表面的磨损。

主轴部件的磨损的速度与摩擦的种类有关,并与其结构特点、表面粗糙度、材料的热处理方式、润滑、防护及使用条件等许多因素有关。

要长期保持主轴部件的精度,必须提高其耐磨性。对耐磨性影响较大的因素有:主轴、轴承的材料,热处理方式,轴承类型及润滑防护方式等。

2.1.2　主轴部件的传动方式

主轴部件的传动方式主要有齿轮传动、带传动等间接驱动和电动机直接驱动,如图 2-2 所示。

间接驱动方式给机床设计带来许多方便:首先是切削时产生轴向和径向力由主轴承受,电动机和传动系统仅提供驱动力矩和转速,匹配和维护比较简单;其次是可借助齿轮和带轮改变传动比,实现速度调节;最后是主轴后端没有电动机的阻挡,便于安装送料机构或刀具夹紧机构等。

主轴传动方式的选择,主要取决于主轴的转速,所传递的扭矩,对运动平稳性的要求,结构紧凑,以及满足装卸工件方便、维修方便等要求。

图 2-2　主轴部件的传动方式

1.齿轮传动的特点

齿轮传动的特点结构简单、紧凑,能传递较大的扭矩,能适应变转速、变载荷工作,应用最广。它的缺点是线速度不能过高,通常小于 12~15 m/s,不如带传动平稳。

2.带传动的特点

带传动的特点是靠摩擦力传动(除同步齿形带外),其结构简单、制造容易、成本低,特别适用于中心距较大的两轴间传动。传动带有弹性,可吸振,传动平稳,噪声小,适宜高速传动。带传动在过载中会打滑,能起到过载保护作用。缺点是有滑动,不能用在速比要求准确的场合。

同步齿形带是通过带上的齿形与带轮的轮齿相啮合传递运动和动力,如图 2-3 所示。所示同步齿形带的齿形有两种:梯形齿和圆弧齿。圆弧齿受力合理,较梯形齿同步带能够传递更大的扭矩。

同步齿形带无相对滑动,传动比准确,传动精度高;采用伸缩率小、抗拉抗弯曲疲劳强度高的承载绳(见图 2-3(b)),如钢丝、聚酰纤维等,因此强度高,可传递超过 100 kW 以上的动力;厚度小、质量小、传动平稳、噪声小,适用于高速传动,可达 50 m/s;无需特别张紧,对轴和轴承压力小,传动效率高;不需要润滑,耐水耐腐蚀,能在高温下工作,维护保养方便;传动比大,可达 1:10 以上。缺点是制造工艺复杂,安装条件要求高。

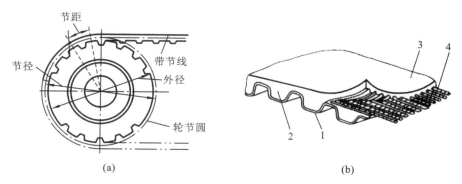

(a)　　　　　　　　　　　　　　　　　(b)

图 2-3　同步齿形带传动

(a)同步带传动　(b)同步带结构

1—包布层;2—带齿;3—带背;4—承载绳

3.电动机直接驱动的特点

如果主轴转速不算太高,可以采用普通异步电动机直接带动主轴,如平面磨床的砂轮主轴。如果转速很高,可将主轴与电动机制成一体,成为主轴单元,如图 2-4 所示,电动机转子轴就是主轴,电动机座就是机床主轴单元的壳体。主轴单元大大简化了结构,有效地提高了主轴部件的刚度,降低了噪声和振动;有较宽的调速范围;有较大的驱动功率和扭矩;便于组织专业化生产,因此这种方式广泛地用于精密机床、高速加工中心和数控车床中。

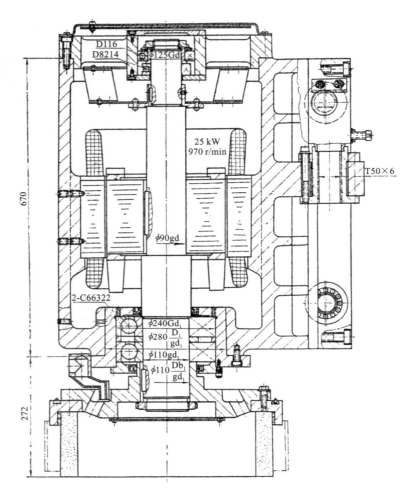

图 2-4　立轴圆台平面磨床主轴单元

2.1.3　主轴部件结构设计

1.主轴部件的支承数目

多数机床的主轴采用前、后两个支承。这种方式结构简单,制造装配方便,容易保证精度。为提高主轴部件的刚度。前后支承应消除间隙或预紧。

为提高刚度和抗振性,有的机床主轴采用三个支承。三个支承中可以前、后支承为主要支承,中间支承为辅助支承,如图 2-5 所示。也可以前、中支承为主要支承,后支承为辅助支承,如图 2-6 所示。三支承方式对三支承孔的同心度要求较高,制造装配较复杂。主支承也应消除间隙或预紧。“辅”支承则应保留一定的径向游隙或选用较大游隙的轴承。由于三个轴颈和三个箱体孔不可能绝对同轴,三个轴承不能都预紧,以免发生干涉,恶化主轴的工作性能,使空载功率大幅度上升和轴承温升过高。

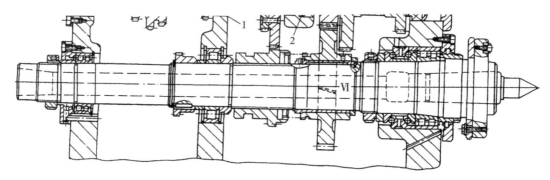

图 2-5　卧式车床主轴

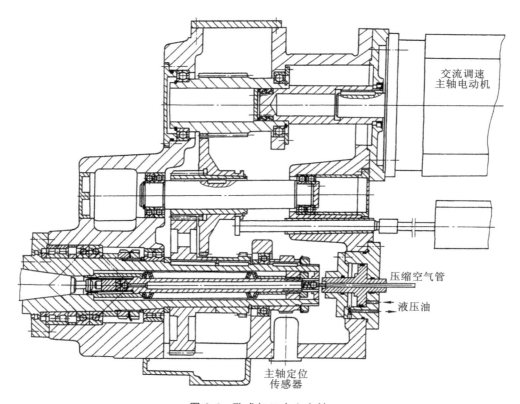

图 2-6　卧式加工中心主轴

在三支承主轴部件中,采用前、中支承为主要支承的方式较多。

2. 主轴传动件位置的合理布置

1) 传动件在主轴上轴向位置的合理布置

合理布置传动件在主轴上的轴向位置,可以改善主轴的受力情况,减小主轴变形,提高主轴的抗振性。合理布置的原则是传动力引起的主轴弯曲变形要小;引起主轴前轴端在影响加工精度敏感方向上的位移要小。因此,在主轴上进行传动件轴向布置时,应尽量靠近前支承,有多个传动件时,其中最大传动件应靠近前支承。

传动件轴向布置的几种情况如图 2-7 所示。图 2-7(a) 所示的传动件放在两个支承中间靠近前支承处,受力情况较好,用得最为普遍。

图 2-7(b)所示的传动件放在主轴前悬伸端,主要用于具有大转盘的机床,如图 2-8 所示的立式车床等,传动齿轮直接安装在转盘上。

图 2-7(c)所示的传动件放在主轴的后悬伸端,较多地用于带传动,因为更换传动带方便,如磨床。

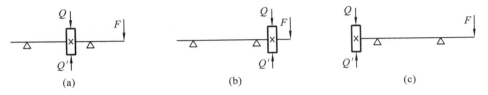

图 2-7　主轴上传动件的轴向布置方案

(a)前支承内侧　(b)前支承外侧　(c)主轴后端

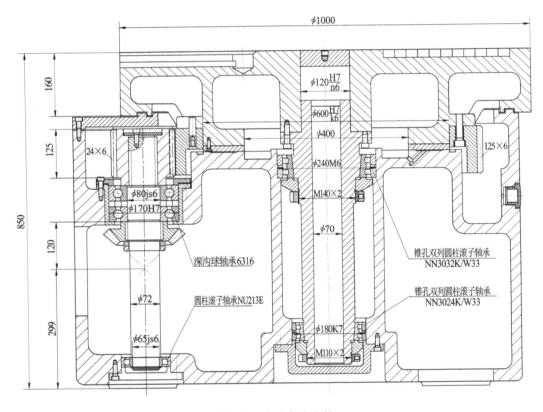

图 2-8　立式车床主轴

2)驱动主轴的传动轴位置的合理布置

主轴受到的驱动力相对于切削力的方向取决于驱动主轴的传动轴位置。应尽可能将该驱动轴布置在合适的位置,使驱动力引起的主轴变形可抵消一部分因切削力引起的主轴轴端精度敏感方向上的位移。

3.主轴主要结构参数的确定

主轴的主要结构参数有主轴前、后轴颈直径 D_1 和 D_2,主轴内孔直径 d,主轴前端悬伸量 a 和主轴主要支承间的跨距 L,如图 2-9 所示。这些参数直接影响主轴旋转精度和主轴刚度。

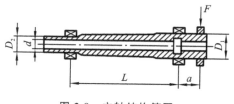

图 2-9　主轴结构简图

1）主轴前轴颈直径 D_1 的选取

一般按机床类型、主轴传递的功率或最大加工直径，参考表 2-1 选取 D_1。车床和铣床后轴颈的直径 $D_2 \approx (0.7 \sim 0.85) D_1$。

表 2-1　主轴前轴颈直径 D_1

机床 ＼ 功率/kW	2.6～3.6	3.7～5.5	5.6～7.2	7.4～11	11～14.7	14.8～18.4
车床	70～90	70～105	95～130	110～145	140～165	150～190
升降台铣床	60～90	60～95	75～100	90～105	100～115	—
外圆磨床	50～60	55～70	70～80	75～90	75～100	90～100

2）主轴内孔直径的确定

很多机床的主轴是空心的，内孔直径与其用途有关，如：车床主轴内孔用来通过棒料或安装送夹料机构；铣床主轴内孔可通过拉杆来拉紧刀杆等。为不过多地削弱主轴的刚度，卧式车床的主轴孔径 d 通常不小于主轴平均直径的 $55\% \sim 60\%$；铣床主轴孔径 d 可比刀具拉杆直径大 $5 \sim 10$ mm。

3）主轴前端悬伸量 a 的确定

主轴前端悬伸量 a 是指主轴前端面到前轴承径向反力作用中点（或前径向支承中点）的距离。

它主要取决于主轴端部的结构、前支承轴承配置和密封装置的形式和尺寸，由结构设计确定。

由于前端悬伸量对主轴部件的刚度、抗振性的影响很大，因此在满足结构要求的前提下，设计时应尽量缩短该悬伸量。

4）主轴主要支承间跨距 L 的确定

合理确定主轴主要支承间的跨距 L，是获得主轴部件最大静刚度的重要条件之一。支承跨距过小，主轴的弯曲变形固然较小，但因支承变形引起主轴前轴端的位移量增大；反之，支承跨距过大，支承变形引起主轴前轴端的位移量尽管减小了，但主轴的弯曲变形增大，也会引起主轴前轴端较大的位移。因此存在一个最佳跨距 L_0，在该跨距时，因主轴弯曲变形和支承变形引起主轴前轴端的总位移量为最小。一般取 $L_0 = (2 \sim 3.5) a$。但是在实际结构设计时，由于结构上的原因，以及支承刚度因磨损会不断降低，主轴主要支承间的实际跨距 L 往往大于最佳跨距 L_0。

4. 主轴零件设计

1）主轴零件的构造

主轴的构造和形状主要取决于主轴上所安装的刀具、夹具、传动件、轴承等零件的类型、数量、位置和安装定位方法等。设计时还应考虑主轴加工工艺性和装配工艺性。主轴一般为空心阶梯轴,前端径向尺寸大,中间径向尺寸逐渐减小,尾部径向尺寸最小。

主轴的前端形式取决于机床类型和安装夹具或刀具的形式。主轴头部的形状和尺寸已经标准化,应遵照标准进行设计。

2)主轴的材料和热处理

主轴的材料应根据载荷特点、耐磨性要求、热处理方法和热处理后的变形情况选择。普通机床主轴可选用中碳钢(如45钢),调质处理后,在主轴端部、锥孔、定心轴颈或定心锥面等部位进行局部高频淬硬,以提高其耐磨性。只有载荷大和有冲击时,或精密机床需要减小热处理后的变形时,或有其他特殊要求时,才考虑选用合金钢。当支承为滑动轴承,则轴颈也需淬硬,以提高耐磨性。

机床主轴常用材料及热处理要求如表2-2所示。

表2-2 主轴常用材料及热处理要求

钢 材	热 处 理	用 途
45钢	调质22~28HRC,局部高频淬硬50~55HRC	一般机床主轴、传动轴
40Cr	淬硬40~50HRC	载荷较大或表面要求较硬的主轴
20Cr	渗碳、淬硬56~62HRC	中等载荷、转速很高、冲击较大的主轴
38CrMoAlA	渗氮处理850~1000HV	精密和高精密机床主轴
65Mn	淬硬50~55HRC	高精度机床主轴

对于高速、高效、高精度机床的主轴部件,热变形及振动等一直是国内外研究的重点课题,特别是对高精度、超精密加工机床的主轴。据资料介绍,目前出现了玻璃陶瓷材料(zerodur),又称微晶玻璃的新材料,其线膨胀系数几乎接近于零,是制作高精度机床主轴的理想材料。

3)主轴零件的技术要求

主轴零件的技术要求应根据机床精度标准的有关项目制定。首先制定出满足主轴旋转精度所必需的技术要求,如主轴前后轴承轴颈的同轴度,锥孔相对于前后轴颈中心连线的径向跳动,定心轴颈及其定位轴肩相对于前后轴颈中心连线的径向和轴向跳动等,再考虑其他性能所需的要求,如表面粗糙度、表面硬度等。主轴的技术要求要满足设计要求、工艺要求、检测方法的要求,应尽量做到设计、工艺、检测的基准相统一。

图2-10所示为简化后的车床主轴零件简图,A 和 B 是主支承轴颈,主轴中心线是 A 和 B 的圆心连线,就是设计基准。检测时以主轴中心线为基准来检验主轴上各内、外圆表面和端面

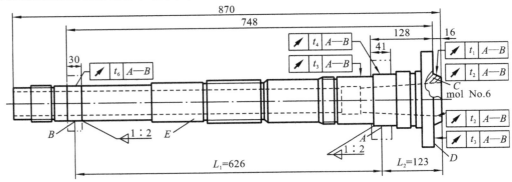

图2-10 车床主轴简图

的径向跳动和端面跳动,所以也是检测基准。主轴中心线也是主轴前、后锥孔的工艺基准,又是锥孔检测时的测量基准。

主轴各部位的尺寸公差、形位公差、表面粗糙度和表面硬度等具体数值应根据机床的类型、规格、精度等级及主轴轴承的类型来确定。

2.1.4 主轴轴承

轴承是各类机械装备的重要基础零部件,是在机械传动过程中起固定和减小载荷摩擦因数的部件。也可以说,当其他机件在轴上彼此产生相对运动时,轴承是用来降低动力传递过程中的摩擦因数和保持轴中心位置固定的机件。

轴承是当代机械设备中举足轻重的零部件。它的主要功能是支承机械旋转体,用以降低设备在传动过程中的摩擦因数。按运动元件摩擦性质的不同,轴承可分为滚动轴承和滑动轴承两类。

当然,轴承也是主轴部件中最重要的组件。

轴承的类型、精度、结构、配置方式、安装调整、润滑和冷却等状况,都直接影响主轴部件的工作性能。

机床上常用的主轴轴承有滚动轴承、液体动压轴承、液体静压轴承、空气静压轴承等,此外,还有自调磁浮轴承等适应高速加工的新型轴承。

对主轴轴承的要求是旋转精度高、刚度高、承载能力强、极限转速高、适应变速范围大,摩擦小、噪声低、抗振性好、使用寿命长、制造简单、使用维护方便等。

因此,在选用主轴轴承时,应根据对该主轴部件的主要性能要求、制造条件、经济效果综合进行考虑。

1. 主轴滚动轴承

1) 角接触球轴承

接触角 α 是球轴承的一个主要设计参数。接触角是滚动体与滚道接触点处的公法线与主轴轴线垂直平面间的夹角,如图 2-11 所示。

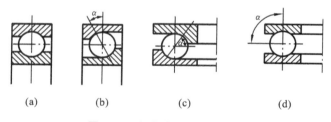

(a)   (b)   (c)   (d)

图 2-11 各类球轴承的接触角

(a)$\alpha=0°$深沟球轴承   (b)$45°<\alpha\leqslant90°$角接触球轴承   (c)$45°<\alpha\leqslant90°$推力角接触球轴承   (d)$\alpha=90°$推力球轴承

当接触角为 0°时,称为深沟球轴承(见图 2-11(a)、图 1-12(a))。

当 $0°<\alpha\leqslant45°$时,称为角接触球轴承(见图 2-11(b));

当 $45°<\alpha\leqslant90°$时,称为推力角接触球轴承(见图 2-11(c)、图 1-12(b))。

当 $\alpha=90°$时,称为推力球轴承(见图 2-11(d)、图 1-12(c))。

角接触球轴承又称为向心推力球轴承,极限转速较高。它可以同时承受径向和一个方向的轴向载荷,接触角有 15°、25°、40°和 60°等多种,接触角越大,可承受的轴向力越大。主轴用角接触球轴承的接触角多为 15°或 25°。

(a)　　　　　　　　(b)　　　　　　　　(c)

图 2-12　深沟球轴承、角接触轴承和推力球轴承实物图

(a)α＝0°深沟球轴承　(b)45°＜α≤90°角接触球轴承　(c)α＝90°推力球轴承

角接触球轴承必须成组安装，以便承受两个方向的轴向力和调整轴承间隙或进行预紧。如图 2-13 所示。图 2-13(a)所示为一对轴承背靠背安装，图 2-13(b)所示为面对面安装。背靠背安装比面对面安装具有较高的抗颠覆力矩的能力。图 2-13(c)所示为三个成一组，两个同向的轴承承受主要方向的轴向力，与第三个轴承背靠背安装。

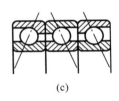

(a)　　　　　　　　(b)　　　　　　　　(c)

图 2-13　角接触球轴承的组配

(a)背靠背　　(b)面对面　　(c)两个同向、一个反向

推力球轴承只能承受轴向载荷，它的轴向承载能力和刚度较大推力轴承在转动时滚动体产生较大的离心力，挤压在滚道的外侧。由于滚道深度较小，为防止滚道过度磨损，推力轴承允许的极限转速较低。

2)锥孔双列短圆柱滚子轴承

锥孔双列短圆柱滚子轴承广泛应用于各类机床主轴部件中，其滚子与滚道为线接触，能承受较大的径向负载和较高的转速。这种轴承滚子较多，两列滚子交错排列，提高了主轴的刚度和旋转精度，增强了强力切削的能力。

锥孔双列短圆柱滚子轴承内外圈可分离，内圈 1∶12 的锥孔与主轴的锥形轴径相匹配，轴向移动内圈，可以把内圈胀大，用来调整轴承的径向间隙和预紧量。因此刚度很高，但不能承受轴向载荷。

锥孔双列短圆柱滚子轴承有两种类型，如图 2-14(a)、(b)所示。图 2-14(a)所示的内圈上有挡边，属于特轻系列；图 2-14(b)所示的挡边在外圈上，属于超轻系列。同样孔径，后者的外径可比前者的小些。

3)锥滚子轴承

锥滚子轴承有单列(见图 2-14(d)、(e)、图 2-15)和双列(见图 2-14(c)、(f))两类，每类又有空心(见图 2-14(c)、(d))和实心(见图 2-14(e)、(f))两种。

单列锥滚子轴承可以承受径向载荷和一个方向的轴向载荷。双列锥滚子轴承能承受径向载荷和两个方向的轴向载荷。双列锥滚子轴承由外圈 2、两个内圈 1、4 和隔套 3(也有的无隔

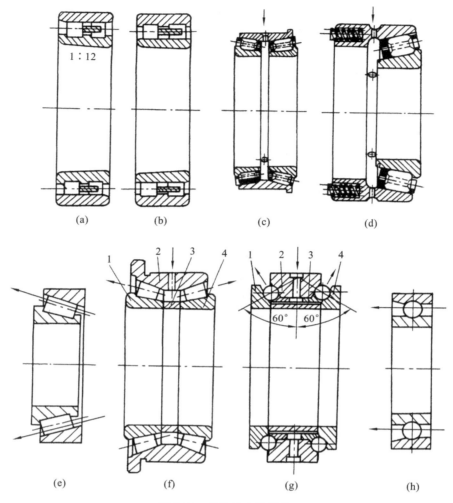

图 2-14　典型的主轴轴承

(a)、(b)双列短圆柱滚子轴承　(c)双列空心锥滚子轴承　(d)单列空心锥滚子轴承
(e)锥轴承　(f)双列锥轴承　(g)双向推力角接触球轴承　(h)角接触球轴承
1、4—内圈；2—外圈；3—隔套

套)组成。修磨隔套 3 就可以调整间隙或进行预紧轴承
内圈仅在滚子的大端有挡边，内圈挡边与滚子之间为滑
动摩擦。所以发热较多，允许的最高转速低于同尺寸的
圆柱滚子轴承。

　　图 2-14(c)、(d)所示的空心锥滚子轴承是配套使用
的，双列用于前支承，单列用于后支承。这类轴承滚子是
中空的，润滑油可以从中流过，冷却滚子，降低温升，并有
一定的减振效果。单列轴承的外圈上有弹簧，用作自动
调整间隙和预紧。双列轴承的两列滚子数目相差一个，使两列刚度变化频率不同，有助于抑制
振动。

图 2-15　单列锥滚子轴承

4）双向推力角接触球轴承

图 2-14(g)所示的双向推力角接触球轴承的接触角为 60°,用来承受双向轴向载荷,常与双列短圆柱滚子轴承配套使用。为保证轴承不承受径向载荷,轴承外圈的公称外径与它配套的同孔径双列滚子轴承相同,但外径公差带在零线的下方,使外圆与箱体孔有间隙。轴承间隙的调整和预紧是通过修磨隔套 3 的长度实现双向推力角接触球轴承转动时滚道体的离心力由外圈滚道承受,允许的极限转速比上述推力球轴承高。

5）陶瓷滚动轴承

陶瓷滚动轴承的材料为氮化硅(Si$_3$N$_4$)密度为 3.2×10^3 kg/m^3,仅为钢(7.8×10^3 kg/m^3)的 40%,线膨胀系数为 3×10^{-6}/℃,比轴承钢小得多(3×10^{-6}/℃),弹性模量为 315000 N/mm^2,比轴承钢大。在高速下,陶瓷滚动轴承与钢制滚动轴承相比:质量小,作用在滚动体上的离心力及陀螺力矩较小,从而减小了压力和滑动摩擦;滚动体的体膨胀系数小,温升较低,轴承在运转中预紧力变化缓慢,运动平稳;弹性模量大,轴承的刚度增大。

常用的陶瓷滚动轴承有以下三种类型。

(1)滚动体用陶瓷材料制成,而内、外圈仍用轴承钢制造。

(2)滚动体和内圈用陶瓷材料制成,外圈用轴承钢制造。

(3)全陶瓷轴承,即滚动体、内外圈全都用陶瓷材料制成。

在第 1、2 类中,陶瓷轴承滚动体和套圈采用不同材料,运转时分子亲和力很小,摩擦因数小,并有一定的自润滑性能,可在供油中断无润滑情况下正常运转,轴承不会发生故障。适用于高速、超高速、精密机床的主轴部件。

第 3 类适用于耐高温、耐腐蚀、非磁性、电绝缘或要求减轻重量和超高速场合。陶瓷滚动轴承常用形式有角接触式和双列短圆柱式。轴承轮廓尺寸一般与钢制轴承完全相同,可以互换。这类轴承的预紧力有轻预紧和中预紧两种。常采用润滑脂或油气润滑。如 SKF 公司和代号为 CE/HC 角接触式陶瓷球轴承,脂润滑时,$d_m n$ 值可达到 1.4×10^6 mm·r/min,油气润滑时可达到 2.1×10^6 mm·r/min。

6）主轴滚动轴承的预紧、润滑和密封

(1)预紧。

预紧是提高主轴部件的旋转精度、刚度和抗振性的重要手段。所谓预紧就是采用预加载荷的方法消除轴承间隙,而且有一定的过盈量,使滚动体和内外圈接触部分产生预变形,增加接触面积,提高支承刚度和抗振性。主轴部件的主要支承轴承都要预紧,预紧有径向和轴向两种。预紧量要根据载荷和转速来确定,不能过大,否则预紧后发热较多、温升高,会使轴承寿命降低。预紧力或预紧量用专门仪器测量。

预紧力通常分为三级:轻预紧、中预紧和重预紧,代号为 A、B、C。轻预紧适用于高速主轴,中预紧适用于中、低速主轴;重预紧用于分度主轴。

下面以双列短圆柱滚子轴承和角接触球轴承为例,说明轴承如何进行预紧。

①双列短圆柱滚子轴承。双列短圆柱滚子轴承的预紧有两种方式:一种是用螺母轴向移动轴承内圈,因内圈孔是 1:12 的锥孔,使内圈径向胀大,而实现预紧;另一种如图 2-16 所示,用调整环的长度实现预紧,采用过盈套进行轴向固定。过盈套也称阶梯套,是将过盈配合的轴孔制成直径尺寸略有差别的两段,形成如图 2-16 所示的小阶梯状,配合轴颈两段轴径分别为 d_1 和 d_2($d_2=d_1-s_1$)。过盈套两段孔径分别为 D_1 和 D_2($D_2=D_1+S_2$)。装配时套的 D_1 与轴的 d_1 段配合,套的 D_2 与轴的 d_2 段配合,相配处全是过盈配合,用过盈套紧紧地将轴承固定

在主轴上。拆卸时,通过盈套上的小孔往套内注射高压油,因过盈套两段孔径的尺寸差产生轴向推力,使过盈套从主轴上拆下。

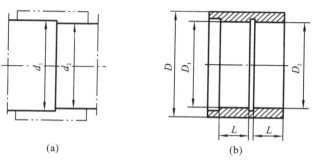

图 2-16 过盈套的结构

(a)轴 (b)过盈套

采用过盈套替代螺母的优点是保证套的定位端面与轴心线垂直;主轴不必因加工螺纹而直径减小,增加了主轴刚度;最大限度地降低了主轴的不平衡量,提高了主轴部件的旋转精度。

②角接触球轴承。角接触球轴承是用螺母使内外圈产生轴向错位,同时实现径向和轴向预紧为精确地保证预紧量。如一对轴承是背靠背安装的,如图 2-17(a)所示,将一对轴承的内圈侧面各磨去按预紧量确定的厚度 δ,当压紧内圈时即可得到设定的预紧量。图 2-17(b)所示的是在两轴承内外圈之间分别装入厚度差为 2δ 的两个短套来达到预紧目的。图 2-17(c)所示的是用弹簧自动预紧图示的一对轴承。当然还有其他许多方法可以实现预紧,这里不一一列举了。

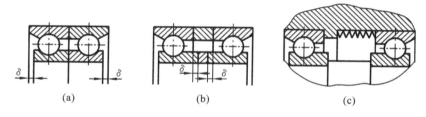

图 2-17 角接触球轴承预紧

(a)修磨轴承内圈侧面 (b)修磨调整环 (c)由弹簧自动预紧

值得注意的是,各轴承厂对各类轴承、不同尺寸、各级预紧的预紧力规定是不同的,确定预紧力时要多加注意。

(2)润滑。

滚动轴承在运转过程中,滚动体和轴承滚道间会产生滚动摩擦和滑动摩擦,产生的热量会使轴承温度升高,因热变形改变了轴承的间隙,引起振动和噪声。润滑的作用是利用润滑剂在摩擦面间形成润滑油膜,减小摩擦因数和发热量,并带走一部分热量,以降低轴承的温升。润滑剂和润滑方式的选择主要取决于轴承的类型、转速和工作负荷。滚动轴承所用的润滑剂主要有润滑脂和润滑油两种。

①润滑脂。润滑脂是由基油、稠化剂和添加剂(有的不含添加剂)在高温下混合而成的一种半固体状润滑剂如锂基脂、钙基脂,高速轴承润滑脂等其特点是黏附力强,油膜强度高,密封简单,不易渗漏,长时间不需更换,维护方便,但摩擦阻力比润滑油略大。因此,常用于转速不太高、又不需冷却的场合。特别是立式主轴或装在套筒内可以伸缩的主轴,如钻床、坐标镗床、

数控机床和加工中心等。

　　润滑脂不应过多填充,以免因搅拌发热而融化、变质而失去润滑作用。根据经验,润滑脂填满轴承空隙的 1/3～1/2 效果最好。

　　滚动轴承的装脂量 $G(g)$,可采用以下经验公式计算。

$$G=\frac{d^{2.5}}{K}$$

式中:d——轴承的内径(mm);

　　　K——与轴承类型有关的系数,球轴承 $K=900$,滚子轴承 $K=350$。

　　润滑脂的使用期限与许多因素有关,如轴承类型、尺寸、转速、负荷、工作温度等,应在一定时期内补充和更换。

　　②润滑油。润滑油的种类很多,其黏度是随温度的升高而减低,选择润滑油的黏度时,应保证其在轴承工作温度下的黏度为 $10～23$ mm²/s(40 ℃时)。转速越高,选的黏度应越低;负荷越重,黏度应越高。主轴轴承的油润滑方式主要有油浴、滴油、循环润滑、油雾润滑、油气润滑和喷射润滑等。一般根据轴的转速和轴承的内径乘积 dn 值,查轴承厂提供的经验图表,选择具体的润滑油名称牌号和润滑方式。

　　当 dn 值较低时,可用油浴润滑。油平面不应超过最低一个滚动体的中心,以免过多的油搅入轴承引起发热。

　　当 dn 值略高一些,可用滴油润滑。滴的油太少则润滑不足,太多将引起轴承的发热,一般每分钟 $1～5$ 滴为宜。

　　当 dn 值较高时,采用循环润滑,由油泵将经过过滤的润滑油(压力为 0.15MPa 左右)输送到轴承部位,润滑后返回油箱。经过滤、冷却后循环使用。循环润滑油因循环能带走一部分热量,可使轴承的温度降低。

　　高速轴承发热大,为控制其温升,希望润滑油同时兼起冷却作用。采用油雾或油气润滑油雾润滑是将油雾化后喷向轴承,既起润滑作用,又起冷却作用,效果较好。但是用过的油雾散入大气,污染环境,目前已较少采用。油气润滑是间隔一定时间由定量柱塞分配器定最输出微量润滑油 $0.01～0.16$ mL,与压力为 $0.3～0.5$ MPa、流量为 $20～50$ L/min 的压缩空气混合后,经细长管道和喷嘴连续喷向轴承。

　　油气润滑与油雾润滑的主要区别在于供给轴承的油未被雾化,而且成滴状进入轴承。因此,采用油气润滑不污染环境,用过可回收,而且轴承温升可比采用油雾的润滑低,用于 $dn>10^6$ 的高速轴承。

　　当轴承高速旋转时,滚动体与保持架也以相当高的速度旋转,使其周围空气形成气场,用一般润滑方法很难将润滑油输送到轴承中,这时必须采用高压喷射润滑方式。即使用液压泵,通过位于轴承内圈和保持架中心的一个或几个直径为 $0.5～1$ mm 的喷嘴,以 $0.1～0.5$ MPa 的压力,将流量大于 500 mL/min 的润滑油喷射到轴承上,使之穿过轴承内部,经轴承的另一端流入油箱,同时对轴承进行润滑和冷却。通常用于 $dn\geq1.6\times10^6$ 并承受重负荷的轴承。角接触球轴承及圆锥滚子轴承有泵油效应,润滑油必须由小口进入,如图 2-14(e)、(f)、(g)、(h)中箭头所示方向。

　　(3)密封。

　　滚动轴承密封的作用是防止冷却液、切削灰尘、杂质等进入轴承,并使润滑剂无泄漏地保持在轴承内,保证轴承的使用性能和寿命。

　　密封的类型主要有非接触式和接触式密封两大类。非接触式又分为间隙式、曲路式和垫圈式密封。接触式可分为径向密封圈和毛毡密封圈。

　　选择密封形式时,应综合考虑如下因素:轴的转速、轴承润滑方式、轴端结构、轴承工作温度、轴承工作时的外界环境等。

　　脂润滑的主轴部件多用于非接触的曲路(迷宫)式密封,见图 2-18。

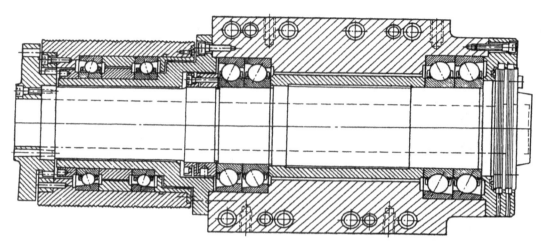

图 2-18　高速 CNC 车床主轴部件

　　油润滑的主轴部件的密封见图 2-19 和图 2-20,在前螺母的外圈上有锯齿环形槽,锯齿方向应沿着油流的方向,主轴旋转时将油甩向压盖的空气腔,经回油孔流回油箱。

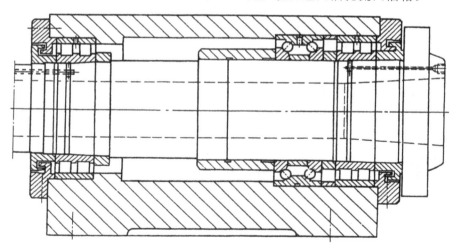

图 2-19　CNC 型车床主轴

7)典型的主轴轴承配置形式

　　主轴轴承的配置形式应根据刚度、转速、承载能力、抗振性和噪声等要求来选择。常见几种典型的配置形式:速度型、刚度型、刚度速度型。

　　(1)速度型。

　　轴承都采用角接触球轴承(两联或二联)。当轴向切削分力较大时,可选用接触角为 25°

的球轴承;轴向切削分力较小时,可选用接触角为 15° 的球轴承。在相同的工作条件下,前者的轴向刚度比后者大一倍。角接触球轴承具有良好的高速性能,但它的承载能力较小,因而适用于高速轻载或精密机床,如高速镗削单元、高速 CNC 车床(见图 2-18)等。

(2)刚度型。

前支承采用双列短圆柱滚子轴承(承受径向载荷)和 60° 角接触双列向心推力球轴承(承受轴向载荷),后支承采用双列短圆柱滚子轴承。这种轴承配置的主轴部件适用于中等转速和切削负载较大,要求刚度高的机床。如图 2-19 所示的数控车床主轴、镗削主轴单元等。

(3)刚度速度型。

图 2-20 所示的卧式铣床的主轴,要求径向刚度好并有较高的转速。

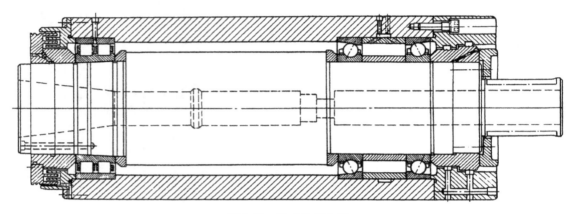

图 2-20　卧式铣床主轴

图 2-21 所示的是采用圆锥滚子轴承的主轴部件,其结构比采用双列短圆柱滚子轴承简化,承载能力和刚度比角接触球轴承高。但是,因为圆锥滚子轴承发热大、温升高,故允许的极限转速要低些。适用于载荷较大、转速不太高的普通精度的机床主轴。

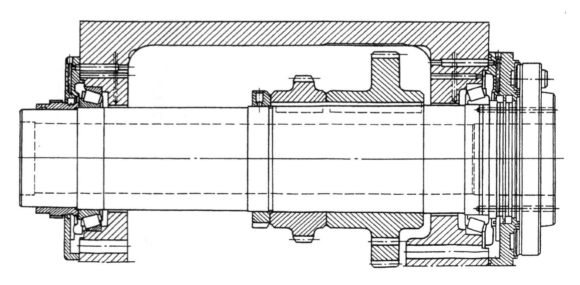

图 2-21　配置圆锥滚子轴承的机床主轴

图 2-22 所示的是采用推力球轴承承受两个方向轴向力的主轴部件,其轴向刚度很高,适用于承受轴向载荷大的机床主轴,如钻床。

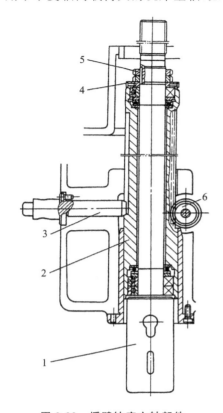

图 2-22　摇臂钻床主轴部件

1—主轴;2—主轴套筒;3—键;

4—挡油盖;5—螺母;6—进给齿轮

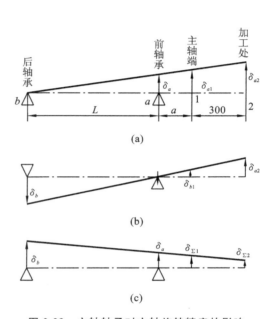

图 2-23　主轴轴承对主轴旋转精度的影响

(a)前轴承偏移量的影响　(b)后轴承偏移量的影响

(c)前、后轴承的综合影响

8)滚动轴承精度等级的选择

主轴轴承中,前、后轴承的精度对主轴旋转精度的影响是不同的。如图 2-23(a)所示,前轴承轴心有偏移量 δ_a,后轴承偏移量为零,引起的主轴端轴心偏移为

$$\delta_{a1} = \frac{L+a}{L}\delta_a$$

图 2-23(b)表示后轴承有偏移 δ_b,前轴承偏移为零时,引起上轴端部的偏移为

$$\delta_{b1} = \frac{a}{L}\delta_b$$

显然,前支承的精度比后支承对主轴部件的旋转精度影响大。因此选取轴承精度时,前轴承的精度要选得高一点,一般比后轴承精度高一级。另外,在安装主轴轴承时,如将前、后轴承的偏移方向放在同一侧,如图 2-23(c)所示,可以有效地减少主轴端部的偏移。如后轴承的偏移量适当地比前轴承的大,可使主轴端部的偏移量为零。

机床主轴轴承的精度除 P2、P4、P5、P6(相当于旧标准的 B、C、D、E)四级外,新标准中又补充了 SP 和 UP 级。SP 和 UP 级的旋转精度,分别相当于 P4 和 PZ 级,而内、外圈尺寸精度则分别相当于 PS 级和 P4 级。不同精度等级的机床,主轴轴承精度选择可参考表 2-3。数控机床可按精密级或高精密级选择。

表 2-3　主轴轴承精度

机床精度等级	前　轴　承	后　轴　承
普通精度级	P5 或 P4(SP)	PS 或 P4(SP)
精密级	P4(SP)或 P2(UP)	P4(SP)
高精密级	P2(UP)	P2(UP)

　　轴承的精度不但影响主轴组件的旋转精度,而且也影响刚度和抗振性。随着机床向高速、高精度发展,目前普通机床主轴轴承都趋向于取 P4(SP)级,P6(旧 E 级)级轴承在新设计的机床主轴部件中已很少采用。

　　2.主轴滑动轴承

　　滑动轴承因具有抗振性良好、旋转精度高、运动平稳等特点,广泛应用于高速或低速的精密、高精密机床和数控机床中。

　　主轴滑动轴承按产生油膜的方式,可以分为动压轴承和静压轴承,按照流体介质不同可分为液体滑动轴承和气体滑动轴承。

　　1)液体动压轴承

　　液体动压轴承的工作原理是当主轴旋转时,带动润滑油从间隙大处向间隙小处流动,形成压力油楔,从而产生油膜压力 p 将主轴浮起。

　　油膜的承载能力与工作状况有关,如速度、润滑油的黏度、油楔结构等。转速越高,间隙越小,油膜的承载能力越大。油楔结构参数包括油锲的形状、长度、宽度、间隙以及油楔入口与出口的间隙比等。

　　液体动压轴承按油楔数分为单油楔和多油楔。

　　多油楔轴承因有几个独立油楔,形成的油膜压力在几个方向上支承轴颈,轴心位置稳定性好,抗振动和抗冲击性能好,因此,机床主轴上采用多油楔轴承的较多。

　　多油楔轴承有固定多油楔轴承和活动多油楔轴承两类。

　　(1)固定多油楔滑动轴承。

　　固定多油楔滑动轴承是在轴承内工作表面上加工出偏心圆弧面或阿基米德螺旋线来实现油楔的。图 2-24 所示为用于外圆磨床砂轮架主轴的固定多油楔轴承。轴瓦 1 为外柱(与箱体孔配合)内锥(与主轴颈配合)式。前后两个止推环 2 和 5 是滑动推力轴承。转动螺母 3 可使主轴相对于轴瓦做轴向移动,通过锥面调整轴承间隙。螺母 4 可调整滑动推力轴承的轴向间隙。固定多油楔轴承油楔形状由主轴工作条件而定。如果主轴旋转方向恒定,不须换向,转速变化很小或不变速时,油楔可采用阿基米德螺旋线。如果主轴转速是变化的,而且要换向,油楔形成采用偏心圆弧面,如图 2-24(b)所示。车床主轴轴承采用此方式。

　　(2)活动多油楔滑动轴承。

　　活动多油楔滑动轴承利用浮动轴瓦自动调位来实现油楔,如图 2-25 所示。这种轴承由三块或五块瓦组成,各有一球头螺钉支承,可以稍做摆动,以适应转速或载荷的变化。瓦块的压力中心 O 离油楔出口处距离 b_0 等于瓦块宽 B 的 0.4,即 $b_0=0.4B$,也就是该瓦块的支承点不通过瓦块宽度的中心。这样,当主轴旋转时,由于瓦块上压力的分布,瓦块可自动摆动至最佳间隙比 $h_1/h_2=2.2$(进油口间隙与出油口间隙之比)后处于平衡状态这种轴承只能朝一个方向旋转,不允许反转,否则不能形成压力油楔。轴承径向间隙靠螺钉调节。这种轴承的刚度比固定多油楔滑动轴承的刚度低,多用于各种外圆磨床、无心磨床和平面磨床中。

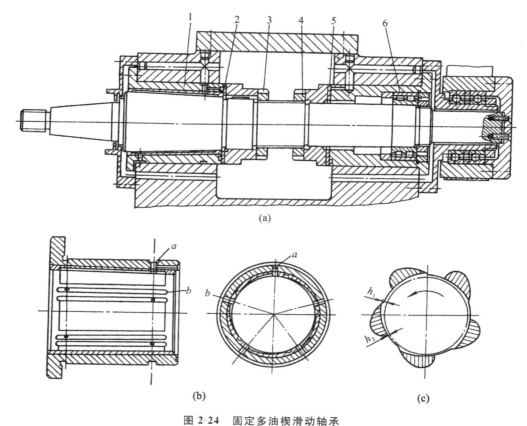

(a)

(b)　　　　　　　　　　　　　　(c)

图 2-24　固定多油楔滑动轴承

(a)主轴组件　(b)轴瓦　(c)轴承工作原理

1—轴瓦；2、5—止推环；3—转动螺母；4—螺母；6—轴承

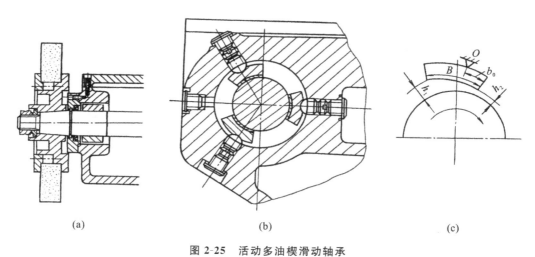

(a)　　　　　　　　　　(b)　　　　　　　　　　(c)

图 2-25　活动多油楔滑动轴承

(a)、(b)轴承结构示意图　(c)轴承工作原理

2)液体静压轴承

液体静压轴承系统由一套专用的供油系统、节流器和轴承三部分组成。静压轴承由供油

系统供给一定压力油,输进轴和轴承间隙中,利用油的静压力支承载荷,轴颈始终浮在压力油中。所以,轴承油膜压力与主轴转速无关,承载能力不随转速而变化。静压轴承与动压轴承相比有如下优点:承载能力高;旋转精度高;油膜有均化误差的作用,可提高加工精度;抗振性好;运转平稳;既能在极低转速下工作,也能在极高转速下工作;摩擦力小、轴承寿命长。静压轴承主要的缺点是需要一套专用供油设备,轴承制造工艺复杂,成本较高。

定压式静压轴承的工作原理如图 2-26 所示。在轴承的内圆柱孔上,开有四个对称的油腔 1~4。油腔之间由轴向回油槽隔开,油腔四周有封油面。封油面的周向宽度为 a,轴向宽度为 b,液压泵输出的油压为定值 p_s 的油液,分别流经节流器 T_1、T_2、T_3 和 T_4 进入各个油腔。节流器的作用是使各个油腔的压力随外载荷的变化自动调节,从而平衡外载荷。当无外载荷作用(不考虑自重)时,各油腔的油压相等,即 $p_1 = p_2 = p_3 = p_4$,保持平衡,轴在正中央,各油腔封油面与轴颈的间隙相等,即 $h_1 = h_2 = h_3 = h_4$,间隙液阻也相等。

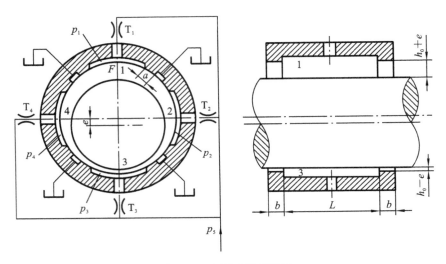

图 2-26　定压式静压轴承

当有外载荷 F 向下作用时,轴颈失去平衡,沿载荷方向偏移一个微小位移 e。油腔 3 间隙减小,即 $h_3 = h - e$,间隙液阻增大,流量减小,节流器 T_3 的压力降减小,因供油压力 p_s 是定值,故油腔压力 p_3 随着增大。

同理,上油腔 1 间隙增大,即 $h_3 = h + e$,间隙液阻减小,流量增大,节流器 T_1 的压力降增大,油腔压力 p_1 随着减小。两者的压力差 $\Delta p = p_3 - p_1$,将主轴推回中心,以平衡外载荷 F。

节流器有以下两类。

(1)固定节流器的特点是节流器的液阻不随外载荷的变化而变化。常用的有小孔节流器和毛细管节流器。

(2)可变节流器的特点是节流器的液阻随着外载荷的变化而变化,采用这种节流器的静压轴承具有较高油膜刚度。

3)液体动静压混合轴承

综上所述,动压轴承依靠主轴旋转时,带动润滑油从间隙大处向间隙小处流动,形成压力油楔,从而产生油膜压力将主轴浮起,但不能在低转速工作;静压轴承是利用外部油源产生承载能力的油膜轴承,工作时其专用供油系统必须万无一失。

　　动静压轴承是一种既综合了液体动压和静压轴承的优点,又克服了两者缺点的新型多油楔油膜轴承。它利用静压轴承的节流原理,使压力油腔中产生足够大的静压承载力,从而克服了液体动压轴承启动和停止时出现的干摩擦造成主轴与轴承磨损现象,提高了主轴和轴承的使用寿命及精度保持性;轴承油腔大多采用浅腔结构,在主轴启动后,依靠浅腔阶梯效应形成的动压承载力和静压承载力叠加,大大地提高了主轴承载能力,而多腔对置结构又极大地增加了主轴刚度;高压油膜的均化作用和良好的抗振性能,保证了主轴具有很高旋转精度和运转平稳性。

　　动静压轴承可以分成两种不同的类型,一类是动静压组合轴承,另一类是动静压混合轴承。

　　动静压组合轴承,即在一轴承体上同时设置可实现动压和静压支承的两种结构,且各自相对独立。如轧机上的轴承。

　　动静压混合轴承是指轴承结构本身就能产生动压和静压混合作用,且相互关联。目前这种类型轴承在机床工业中,尤其是在磨床中应用较广。

　　从图 2-27 可以看到,动静压混合轴承通过其深腔和浅腔搭配的巧妙设计,兼顾了动压和静压两种滑动轴承的功能。由此可见,动静压混合轴承是既能在流体静力润滑状态下,又能在流体动力润滑状态下工作的滑动轴承。

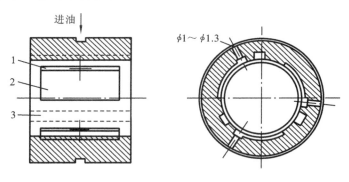

图 2-27　动静压混合轴承结构图
1—轴向回油槽;2—浅腔;3—深腔

4)气体静压轴承

　　用空气作为介质的静压轴承称为气体静压轴承,也称为气浮轴承或空气轴承,其工作原理与液体静压轴承相同。由于空气的黏度比液体小得多,摩擦力小,功率损耗小,能在极高转速或极低温度下工作,振动、噪声特别小,旋转精度高(一般在 0.1 μm 以下),使用寿命长,基本上不需要维护,用于高速、超高速、高精度机床主轴部件中。

　　目前,具有气体静压轴承的主轴结构形式主要有以下三种。

　　(1)具有径向圆柱与平面止推型轴承的主轴部件,如图 2-28 所示的 CUPE 高精度数控金刚石车床主轴,采用内装式电子主轴,电动机转子就是车床主轴。

　　(2)采用双半球形气体静压轴承,如图 2-29 所示的大型超精加工车床的主轴部件。此种轴承的特点是气体轴承的两球心连线就是机床主轴的旋转中心线,它可以自动调心,前后轴承的同心性好,采用多孔石墨。可以保证刚度达 300 N/μm 以上,回转误差在 0.1 μm 以下。

　　(3)前端为球形,后端为圆柱形或半球形。

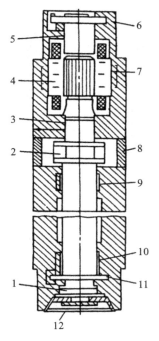

图 2-28　CUPE 高精度数控
金刚石车床主轴

1—低膨胀材料；2—联轴节；
3、5、9、10—径向轴承；4—驱动电动机；
11、6—止推轴承；7—冷却装置；
8—热屏蔽装置；12—金刚石砂轮

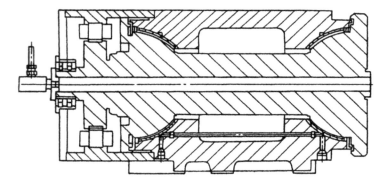

图 2-29　CUPE 的 PG150S 空气静压轴承

3. 磁悬浮轴承

磁悬浮轴承也称磁力轴承。它是一种高性能机电一体化轴承，是利用磁力来支承运动部件使其与固定部件脱离接触来实现轴承功能。

磁悬浮轴承的工作原理如图 2-30 所示，其由转子、定子两部分组成。转子由铁磁材料（如硅钢片）制成，压入回转轴承回转筒中，定子也由相同材料制成。定子线圈产生磁场，将转子悬浮起来，通过 4 个位置传感器不断检测转子的位置。如转子位置不在中心位置，位置传感器测得其偏差信号。并将信号输送给控制装置。控制装置调整 4 个定子线圈的励磁功率，使转子精确地回到要求的中心位置。

图 2-31 所示为一种磁悬浮轴承的控制框图。

磁悬浮轴承的特点是无机械磨损，理论上无速度限制；运转时无噪声，温升低、能耗小；不需要润滑，不污染环境，省掉一套润滑系统和设备；能在超低温和高温下正常工作，也可用于真空、蒸汽腐蚀性环境中。

装有磁浮轴承的主轴可以实现适应控制，通过监测定子线圈的电流，灵敏地控制切削力，通过检测切削力微小变化控制机械运动，以提高加工质量。因此磁浮轴承特别适用于高速、超高速加工。国外已有高速铣削磁力轴承主轴头和超高速磨削主轴头，并已标准化。

磁悬浮轴承主轴结构如图 2-32 所示。

图 2-33 所示为采用磁悬浮轴承的变频离心压缩机。

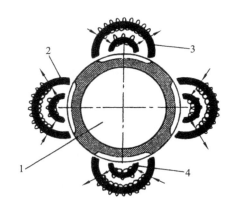

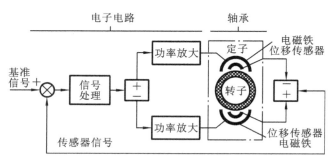

图 2-30　磁悬浮轴承的工作原理

1—转子;2—定子;3—电磁铁;4—位置传感器

图 2-31　磁悬浮轴承的控制框图

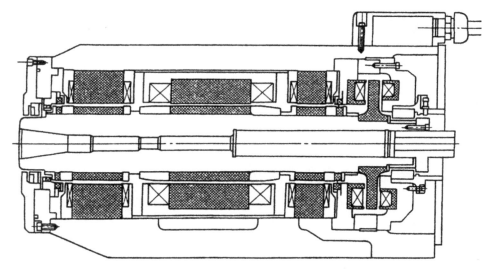

图 2-32　磁悬浮轴承主轴的结构

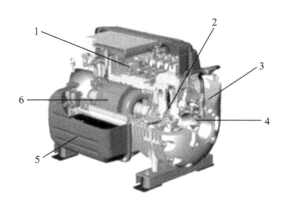

图 2-33　磁悬浮轴承变频离心压缩机

1—变频器;2—压缩机叶轮;3—组合压力/温度传感器;

4—进气导流叶片;5—电动机/轴承控制器 BMCC;6—永磁同步直流电动机

<h1 style="text-align:center">2.2　主传动部件</h1>

主轴是机床带动刀具和工件旋转,产生切削运动的部件。在其他机器中,主轴同样是最主要部分。主传动部件是指驱动主轴运动的系统。

2.2.1　主传动部件设计应满足的基本要求

机床主传动部件因机床的类型、性能、规格尺寸等因素的不同,应满足的要求也不一样。设计机床主传动部件时最基本的原则就是以最经济、合理的方式满足既定的要求,在设计时应结合具体机床进行具体分析。一般应满足下述基本要求。

(1)满足机床使用性能要求。首先应满足机床的运动特性,如机床的主轴有足够的转速范围和转速级数(对于主传动为直线运动的机床,则有足够的每分钟双行程数范围及变速级数)。传动系设计合理,操纵方便灵活、迅速、安全可靠等。

(2)满足机床传递动力要求。主电动机和传动机构能提供和传递足够的功率和扭矩,具有较高的传动效率。

(3)满足机床工作性能的要求。主传动中所有零部件要有足够的刚度、精度和抗振性,热变形特性稳定。

(4)满足产品设计经济性的要求。传动链尽可能简短,零件数目要少,以便节省材料、降低成本。

(5)调整维修方便,结构简单、合理,便于加工和装配,防护性能好,使用寿命长。

2.2.2　主传动部件分类和传动方式

主传动部件一般由动力源(如电动机)、变速装置及执行件(如主轴、刀架、工作台等),以及启停、换向和制动机构等部分组成。动力源给执行件提供动力.并使其得到一定的运动速度和方向;变速装置传递动力以及变换运动速度:执行件执行机床所需的运动,完成旋转或直线运动。

1. 主传动分类

主传动可按以下不同的特征来分类。

(1)按驱动主传动的电动机类型。可分为交流电动机驱动和直流电动机驱动。交流电动机驱动中又可分单速交流电动机或调速交流电动机驱动。调速交流电动机驱动又有多速交流电动机和无级调速交流电动机驱动。无级调速交流电动机通常采用变频调速装置。

(2)按传动装置类型。可分为机械传动装置、液压传动装置、电气传动装置以及它们的组合。

(3)按变速的连续性。可以分为分级变速传动和无级变速传动。

分级变速传动在一定的变速范围内只能得到某些转速,变速级数一般为 20~30。分级变速传动方式有滑移齿轮变速、交换齿轮变速和离合器(如摩擦式、牙嵌式、齿轮式离合器)变速。因它传递功率较大、变速范围广、传动比准确,工作可靠,广泛地应用于通用机床,尤其是中小型通用机床中。缺点是有速度损失,不能在运转中进行变速。

无级变速传动可以在一定的变速范围内连续改变转速,以便得到最有利的切削速度;能在运转中变速,便于实现变速自动化;能在负载下变速,便于车削大端面时保持恒定的切削速度,以提高生产效率和加工质量。无级变速传动可由机械摩擦无级变速器、液压无级变速器和电气无级变速器实现。机械摩擦无级变速器结构简单、使用可靠,常用在中小型车床、铣床等主传动中。液压无级变速器传动平稳、运动换向冲击小,易于实现直线运动,常用于主运动为直线运动的机床,如磨床、拉床、刨床等的主传动中。电气无级变速器有直流电动机或交流调速电动机两种。由于可以大大简化机械结构,便于实现自动变速、连续变速和负载下变速,应用越来越广泛,尤其在数控机床上,目前几乎全都采用电气变速。

在数控机床和大型机床中,有时为了在变速范围内满足一定恒功率和恒扭矩的要求,或为了进一步扩大变速范围,常在无级变速器后面串接机械分级变速装置。

2. 主传动系的传动方式

主传动系的传动方式主要有两种:集中传动方式和分离传动方式。

1)集中传动方式

主传动系的全部传动和变速机构集中装在同一个主轴箱内,称为集中传动方式。通用机床中多数机床的主变速传动系都采用这种方式。如图 2-34 所示的铣床主变速传动系,其利用立式床身作为变速箱体,所有的传动和变速机构都装在床身中。其特点是结构紧凑,便于实现集中操纵,安装调整方便。缺点是这些高速运转的传动件在运转过程中所产生的振动,将直接影响主轴的运转平稳性;传动件所产生的热量会使主轴产生热变形,使主轴回转中心线偏离正确位置,从而直接影响加工精度。这种传动方式适用于普通精度的大中型机床。

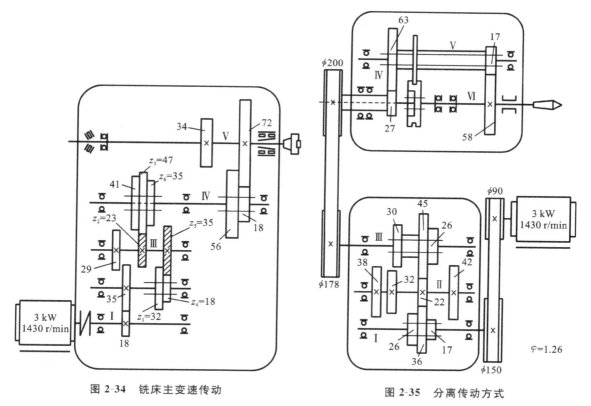

图 2-34　铣床主变速传动　　　　　　　　图 2-35　分离传动方式

2)分离传动方式

主传动系中的大部分的传动和变速机构装在远离主轴的单独变速箱中,然后通过带传动将运动传到主轴箱的传动方式,这种方式称为分离传动方式。如图 2-35 所示,主轴箱中只装有主轴组件和背轮机构。其特点是变速箱各传动件所产生的振动和热量不能直接传给或少传给主轴,从而减少主轴的振动和热变形,有利于提高机床的工作精度。在分离传动式的主轴箱中采用的背轮机构,如图 2-35 中 $27/63 \times 17/58$ 齿轮传动的作用是:当主轴做高速运转时,运动由传动带经齿轮离合器直接传动,主轴传动链短,使主轴在高速运转时比较平稳,空载损失小;当主轴需做低速运转时,运动则由带轮经背轮机构的两对降速齿轮传动后,转速显著降低,达到扩大变速范围的目的。

2.2.3　分级变速主传动部件

分级变速主传动设计的内容和步骤如下:根据已确定的主变速传动系的运动参数,拟定结构式、转速图,合理分配各变速组中各传动副的传动比,确定齿轮齿数和带轮直径等,绘制主变速传动系图。

1. 拟定转速图和结构式

1)转速图

在设计和分析分级变速主传动系时,用到的工具是转速图。在转速图中可以表示出传动轴的数目,传动轴之间的传动关系,主轴的各级转速值及其传动路线,各传动轴的转速分级和转速值,各传动副的传动比等。

设有一中型卧式车床,其变速传动系统图如图 2-36(a)所示,图 2-36(b)是它的转速图。

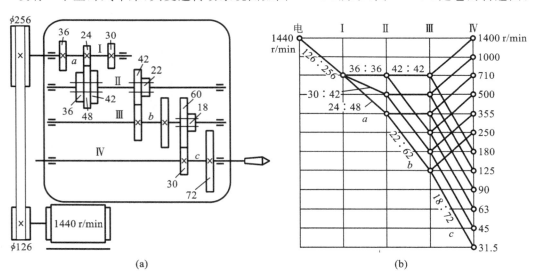

图 2-36　卧式车床主变速传动
(a)变速传动系图　(b)转速图

转速图是由一些互相平行和垂直的格线组成。其中,距离相等的一组竖线代表各轴,轴号写在上面,从左向右依次标注电、Ⅰ、Ⅱ、Ⅲ、Ⅳ等,分别表示电动机轴、Ⅰ轴、Ⅱ轴、Ⅲ轴、Ⅳ轴。竖线间的距离不代表各轴间的实际中心距。

距离相等的一组水平线代表各级转速,与各竖线的交点代表各轴的转速。由于分级变速机构的转速是按等比级数排列的,如竖线是对数坐标,相邻水平线的距离是相等的,表示的转速之比是等比级数的公比 φ,本例中 $\varphi = 1.41$。转速图中的小圆圈表示该轴具有的转速,称为转速点。如在Ⅳ轴(主轴)上有 12 个小圆圈,即 12 个转速点,表示主轴具有 12 级转速,从

31.5～1400 r/min,相邻转速比是 φ。

传动轴格线间转速点的连线称为传动线,表示两轴间一对传动副的传动比 u,用主动齿轮与被动齿轮的齿数比或主动带轮与被动带轮的轮径比表示。传动比 u 与速比 i 互为倒数关系,即

$$u=\frac{1}{i}$$

若传动线是水平的,表示等速传动,传动比 $u=1$;若传动线向右下方倾斜,表示降速传动,传动比 $u<1$;若传动线向右上方倾斜,表示升速传动,传动比 $u>1$。

如本例中,电动机轴与Ⅰ轴之间为传动带定比传动,其传动比为

$$u=126/256\approx1/2\approx1/1.41^2=1/\varphi^2$$

是降速传动,传动线向右下方倾斜两格。Ⅰ轴的转速为

$$n_1=1440\times126/256 \text{ r/min}=710 \text{ r/min}$$

轴Ⅰ—Ⅱ间的变速组 a 有三个传动副,其传动比分别为

$$u_{a1}=36/36=1/1=1/\varphi^0$$
$$u_{a2}=30/42=1/1.41=1/\varphi$$
$$u_{a3}=24/48=1/2=1/\varphi^2$$

在转速图上轴Ⅰ—Ⅱ之间有三条传动线,分别为水平、向右下方降一格、向右方下降两格。

轴Ⅱ—Ⅲ间的变速组 b 有两个传动副,其传动比分别为

$$u_{b1}=42/42=1/1=1/\varphi^0$$
$$u_{b2}=22/62=1/2.82=1/\varphi^2$$

在转速图上,Ⅱ轴的每一转速都有两条传动线与Ⅲ轴相连,分别为水平和向右下方降三格。由于Ⅱ轴有三种转速,每种转速都通过两条线与Ⅲ轴相连,故Ⅲ轴共得到 $3\times2=6$ 种转速。连线中的平行线代表同一传动比。

Ⅲ—Ⅳ轴之间的变速组 c 也有两个传动副,其传动比分别为

$$u_{c1}=60/30=2/1=\varphi^2/1$$
$$u_{c2}=18/72=1/4=1/\varphi^4$$

在转速图上,Ⅲ轴上的每一级转速都有两条传动线与Ⅳ轴相连,分别为向右上方升两格和向右下方降四格。故Ⅳ轴的转速共为 $3\times2\times2=12$ 级。

2)结构式

设计分级变速主传动系时,为了便于分析和比较不同传动设计方案,常使用结构式形式,如 $12=3_1\times2_3\times2_6$,12 表示主轴的转速级数为 12 级,3、2、2 分别表示按传动顺序排列各变速组的传动副数,即该变速传动系由 a、b、c 三个变速组组成。其中,a 变速组的传动副数为 3,b 变速组的传动副数为 2,c 变速组的传动副数为 2。结构式中的下标 1、3、6 分别表示出各变速组的级比指数。

变速组的级比是指主动轴上同一点传往被动轴相邻两传动线的比值,用 φ^{x_i} 表示。级比 φ^{x_i} 中的指数 x_i 值称为级比指数,它相当于由上述相邻两传动线与被动轴交点之间相距的格数。

设计时要使主轴转速为连续的等比数列,必须有一个变速组的级比指数为 1,此变速组称为基本组。基本组的级比指数用 x_0 表示,即 $x_0=1$,如本例的 (3_1) 即为基本组。后面变速组因起变速扩大作用,所以统称为扩大组。第一扩大组的级比指数 x_1 一般等于基本组的传动副

数 P_0，即 $x_1 = P_0$。如本例中基本组的传动副数 $P_0 = 3$，变速组 b 为第一扩大组，其级比指数为 $x_1 = 3$。经扩大后，Ⅲ 轴得到 $3 \times 2 = 6$ 种转速。

第二扩大组的作用是将第一扩大组扩大的变速范围第二次扩大，其级比指数 x_2 等于基本组的传动副数和第一扩大组传动副数的乘积，即 $x_2 = P_0 \times P_1$。本例中的变速组 c 为第二扩大组，级比指数 $x_2 = P_0 \times P_1 = 3 \times 2 = 6$，经扩大后使 Ⅳ 轴得到 $3 \times 2 \times 2 = 12$ 种转速。如有更多的变速组，则依次类推。

图 2-36 所示为传动顺序和扩大顺序相一致的方案，若将基本组和各扩大组采取不同的传动顺序，还有许多方案。例如，$12 = 3_2 \times 2_1 \times 2_6，12 = 2_3 \times 3_1 \times 2_6，\cdots$

综上所述，我们可以看出结构式简单、直观，能清楚地显示出变速传动系中主轴转速级数 Z，各变速组的传动顺序，传动副数 P_i 和各变速组的级比指数 x_i，其一般表达式为

$$Z = (P_a)x_a \times (P_b)x_b \times (P_c)x_c \times \cdots \times (P_i)x_i \tag{2-1}$$

2. 各变速组的变速范围及极限传动比

变速组中最大与最小传动比的比值称为该变速组的变速范围。即

$$R_i = \frac{(u_{\max})_i}{(u_{\min})_i}, \quad i = 0,1,2,\cdots,j$$

在本例中，基本组的变速范围

$$R_0 = \frac{u_{a1}}{u_{a3}} = \frac{1}{\varphi^{-2}} = \varphi^2 = \varphi^{x_0(P_0-1)}$$

第一扩大组的变速范围

$$R_1 = \frac{u_{b1}}{u_{b2}} = \frac{1}{\varphi^{-3}} = \varphi^3 = \varphi^{x_1(P_1-1)}$$

第二扩大组的变速范围

$$R_2 = \frac{u_{c1}}{u_{c2}} = \frac{\varphi^2}{\varphi^{-4}} = \varphi^6 = \varphi^{x_2(P_2-1)}$$

由此可见，变速组的变速范围一般可写为

$$R_i = \varphi^{x_i(P_i-1)} \tag{2-2}$$

式中：$i = 0,1,2,\cdots,j$ 依次表示基本组、第一，二，$\cdots$，j 扩大组。

由式(2-2)可见，变速组的变速范围 R_i 值中 φ 的指数 $x_i(P_i-1)$，就是变速组中最大传动比的传动线与最小传动比的传动线所拉开的格数。

设计机床主变速传动系时，为避免从动齿轮尺寸过大而增加箱体的径向尺寸，一般限制降速最小传动比 $u_{主min} \geqslant 1/4$；为避免扩大传动误差，减少振动噪声，一般限制直齿圆柱齿轮的最大升速比 $u_{主max} \leqslant 2$，斜齿圆柱齿轮传动较平稳，可取 $u_{主max} \leqslant 2.5$。因此，各变速组的变速范围相应受到限制：主传动各变速组的最大变速范围为 $R_{主max} = u_{主max}/u_{主min} \leqslant (2\sim2.5)/0.25 = 8\sim10$；对于进给传动链，由于转速通常较低，传动功率较小，零件尺寸也较小，上述限制可放宽为 $u_{进max} \leqslant 2.8，u_{进min} \geqslant 1/5$，故 $u_{进max} \leqslant 14$。

主轴的变速范围应等于主变速传动系中各变速组变速范围的乘积，即

$$R_n = R_0 R_1 R_2 \cdots R_j$$

检查变速组的变速范围是否超过极限值时，只需检查最后一个扩大组。因为其他变速组的变速范围都比最后扩大组的小，只要最后扩大组的变速范围不超过极限值，其他变速组更不会超出极限值。

例如，$12 = 3_1 \times 2_3 \times 2_6，\varphi = 1.41$，其最后扩大组的变速范围

$$R_2 = 1.41^{6(2-1)} = 8$$

等于 $R_{主max}$ 值,符合要求,其他变速组的变速范围肯定也符合要求。

又如 $12 = 2_1 \times 2_2 \times 3_4$,$\varphi = 1.41$,其最后扩大组的变速范围

$$R_2 = \varphi^{4(3-1)} = \varphi^8 = 16$$

超出 $R_{主max}$ 值,是不允许的。

从式(2-2)可知,为使最后扩大组的变速范围不超出允许值,最后扩大组的传动副数一般取 $P_i = 2$ 较合适。

3. 主变速传动设计的一般原则

1)传动副布置"前多后少"的原则

主变速传动系从电动机到主轴,通常为降速传动,接近电动机的传动件转速较高,传递的扭矩较小,尺寸小一些;反之,靠近主轴的传动件转速较低,传递的扭矩较大,尺寸就较大。

因此在拟定主变速传动系时,应尽可能将传动副数较多的变速组安排在前面,传动副数少的变速组放在后面,使主变速传动系中更多的传动件在高速范围内工作,尺寸小一些,以便减小变速箱的外形尺寸。按此原则,$12 = 3 \times 2 \times 2$,$12 = 2 \times 3 \times 2$,$12 = 2 \times 2 \times 3$,三种不同传动方案中以前者为好。

2)传动线分布"前密后疏"的原则

当变速传动系中各变速组顺序确定之后,还有多种不同的扩大顺序方案。例如:$12 = 3 \times 2 \times 2$ 方案,有下列 6 种扩大顺序方案

$$12 = 3_1 \times 2_3 \times 2_6 \qquad 12 = 3_2 \times 2_1 \times 2_6 \qquad 12 = 3_4 \times 2_1 \times 2_2$$
$$12 = 3_1 \times 2_6 \times 2_3 \qquad 12 = 3_2 \times 2_6 \times 2_1 \qquad 12 = 3_4 \times 2_2 \times 2_1$$

从上述 6 种方案中,比较 $12 = 3_1 \times 2_3 \times 2_6$(见图 2-37(a))和 $12 = 3_2 \times 2_1 \times 2_6$(见图 2-37(b))两种扩大顺序方案。

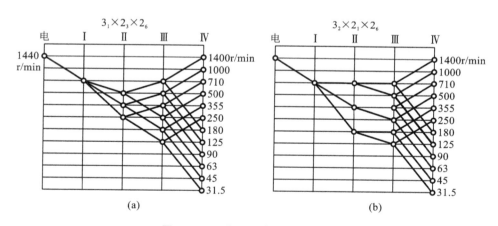

图 2-37　两种 12 级转速的转速图

(a)$12 = 3_1 \times 2_3 \times 2_6$　　(b)$12 = 3_2 \times 2_1 \times 2_6$

在图 2-37(a)所示的方案中,变速组的扩大顺序与传动顺序一致,即基本组在最前面,依次为第一扩大组、第二扩大组(即最后扩大组),各变速组变速范围逐渐扩大。图 2-37(b)所示方案则不同,第一扩大组在最前面,然后依次为基本组、第二扩大组。

将图 2-37 中两方案相比较,图 2-37(b)所示方案因第一扩大组在最前面,Ⅱ轴的转速范围

比前种方案大。如两种方案Ⅱ轴的最高转速一样,后种方案Ⅱ轴的最低转速较低,在传递相等功率的情况下,受的扭矩较大,传动件的尺寸也就比前种方案大。将图 2-37(a)所示方案与其他多种扩大顺序方案相比,可以得出同样的结论。

因此在设计主变速传动系时,应尽可能做到变速组的传动顺序与扩大顺序相一致。由转速图可发现,当变速组的扩大顺序与传动顺序相一致时,前面变速组的传动线分布紧密,而后面变速组传动线分布较疏松。

3)变速组降速"前慢后快"的原则

如前所述,从电动机到主轴之间的总趋势是降速传动,在分配各变速组传动比时,为使中间传动轴具有较高的转速,以减小传动件的尺寸,前面的变速组降速要慢些,后面变速组降速要快些。但是要注意的是,中间轴的转速不应过高,以免产生振动、发热和噪声。通常,中间轴的最高转速不超过电动机的转速。

上述原则在设计主变速传动系时一般应该遵循,但有时还须根据具体情况加以灵活运用。例如图 2-38 所示的一台卧式车床主变速传动系,因为Ⅰ轴上装有双向摩擦片式离合器,轴向尺寸较长,为使结构紧凑,第一变速组采用了双联齿轮,而不是按照前多后少的原则采用三个传动副。又如当主传动采用双速电动机时,它成为第一扩大组,也不符合传动顺序与扩大顺序相一致的原则,但是,却使结构大为简化,减少变速组和转动件数目。

4.主变速传动系的几种特殊设计

前面论述了主变速传动系的常规设计方法。在实际应用中,还常常采用多速电动机传动、交换齿轮传动和公用齿轮传动等特殊设计。

1)具有多速电动机的主变速传动

半自动及自动化的机床要在运转中变速,采用多速异步电动机和其他方式联合使用,可以简化机床的机械结构。这类机床上常用双速或三速电动机,其同步转速为(750/1500)r/min、(1500/3000)r/min、(750/1500/3000)r/min,电动机的变速范围为 2~4,级比为 2。也有采用同步转速为(1000/1500)r/min、(750/1000/1500)r/min 的双速和三速电动机,双速电动机的变速范围为 1.5,三速电动机的变速范围是 2,级比为 1.33~1.5。多速电动机总是在变速传动系的最前面,作为电变速组。当电动机变速范围为 2 时,变速传动系的公比 φ 应是 2 的整数次方根。例如公比 $\varphi=1.26$,是 2 的 3 次方根,基本组的传动副数应为 3,把多速电动机当做第一扩大组。又如 $\varphi=1.41$,是 2 的 2 次方根,基本组的传动副数应为 2,多速电动机同样当做第一扩大组。

图 2-39 所示的是多刀半自动车床的主变速传动系图和转速图。采用双速电动机,电动机变速范围为 2,转速级数共 8 级。公比 $\varphi=1.41$,其结构式为 $8=2_2\times2_1\times2_4$电变速组作为第一扩大组,Ⅰ—Ⅱ轴间的变速组为基本组,传动副数为 2,Ⅱ—Ⅲ轴间变速组为第二扩大组,传动副数为 2。

多速电动机的最大输出功率与转速有关,即电动机在低速和高速时输出的功率不同。在本例中,当电动机转速为 710 r/min 时,即主轴转速为 90、125、345、485 r/min 时,最大输出功率为 7.5 kW;当电动机转速为 1440 r/min 时,即主轴转速为 185、255、700、1000 r/min 时,功率为 10 kW。为计算方便,主轴在所有转速下,电动机功率都定为 7.5 kW。所以,采用多速电动机的缺点之一就是当电动机在高转速时,没有完全发挥其能力。

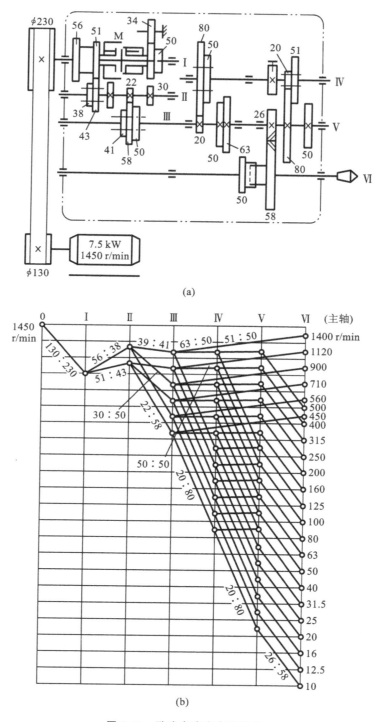

(a)

(b)

图 2-38　卧式车床主变速传动

(a)传动系图　(b)转速图

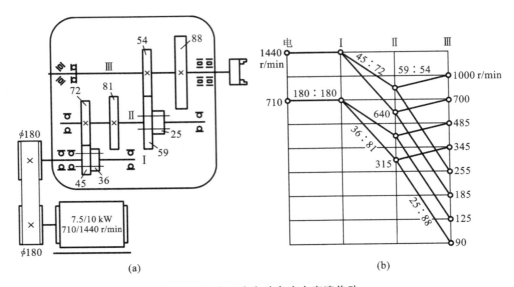

(a)　　　　　　　　　　　　　　　(b)

图 2-39　多刀半自动车床主变速传动

(a)传动系图　(b)转速图

2)具有交换齿轮的变速传动

对于成批生产用的机床,例如自动或半自动车床、专用机床、齿轮加工机床等,加工中一般不需要变速或仅在较小范围内变速;但换一批工件加工,有可能需要变换成别的转速或在一定的转速范围内进行加工。为简化结构,常采用交换齿轮变速方式,或将交换齿轮与其他变速方式(如滑移齿轮、多速电动机等)组合应用。交换齿轮用于每批工件加工前的变速调整,其他变速方式则用于加工中变速。

为了减少交换齿轮的数量,相啮合的两齿轮可互换位置安装,即互为主、被动齿轮。反映在转速图上,交换齿轮的变速组应设计成对称分布的。如图 2-40 所示的液压多刀半自动车床主变速传动系,在Ⅰ—Ⅱ轴间采用了交换齿轮,Ⅱ—Ⅲ轴间采用双联滑移齿轮。一对交换齿轮互换位置安装,在Ⅱ轴上可得到两级转速,在转速图上是对称分布的。

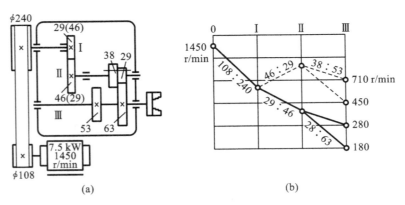

(a)　　　　　　　　　　　　　　　(b)

图 2-40　具有交换齿轮的主变速传动

(a)传动系图　(b)转速图

交换齿轮变速可以用少量齿轮得到多级转速,不需要操纵机构,变速箱结构大大简化。缺点是更换交换齿轮较费时费力;如果装在变速箱外,润滑密封较困难,若装在变速箱内,则更加麻烦。

3)采用公用齿轮的变速传动系

在变速传动系中,即是前一变速组的被动齿轮,又是后一变速组的主动齿轮,这个齿轮称为公用齿轮。采用公用齿轮可以减少齿轮的数目,简化结构,缩短轴向尺寸。按相邻变速组内公用齿轮的数目,常用的有单公用和双公用齿轮。

采用公用齿轮时,两个变速组的模数必须相同。因为公用齿轮轮齿受的弯曲应力属于对称循环,弯曲疲劳许用应力比非公用齿轮要低,因此应尽可能选择变速组内较大的齿轮作为公用齿轮。

在图 2-34 所示的铣床主变速传动中采用双公用齿轮传动,图中打剖面线的齿轮 $z_2 = 23$ 和 $z_5 = 35$ 为公用齿轮。

5.计算转速

1)机床的功率扭矩特性

由切削理论得知,在背吃刀量和进给量不变的情况下,切削速度对切削力的影响较小。因此主运动是直线运动的机床,如刨床的工作台,在背吃刀量和进给量不变的情况下,不论切削速度多大,所承受的切削力基本是相同的,驱动直线运动工作台的传动件在所有转速下承受的扭矩当然也基本相同,这类机床的主传动属恒扭矩传动。

主运动是旋转运动的机床,如车床、铣床等的主轴,在背吃刀量和进给量不变的情况下,主轴在所有转速下承受的扭矩与工件或铣刀的直径基本上成正比,但主轴的转速与工件或铣刀的直径基本上成反比。可见,主运动是旋转运动的机床基本上是恒功率传动。

通用机床的应用范围广,变速范围大,使用条件也复杂,主轴实际的转速和传递的功率,也就是承受的扭矩是经常变化的。例如通用车床主轴转速范围的低速段常用来切削螺纹、铰孔或精车等,消耗的功率较小,计算时如按传递全部功率计算,将会使传动件的尺寸不必要地增大,造成浪费;在主轴转速的高速段,由于受电动机功率的限制,背吃刀量和进给量不能太大,传动件所受的扭矩随转速的增高而减小。

主变速传动系中各传动件究竟按多大的扭矩进行计算,导出计算转速的概念。主轴或各传动件传递全部功率的最低转速为它们的计算转速 n_j。如图 2-41 所示,主轴从最高转速到计算转速之间应传递全部功率,而其输出扭矩随转速的降低而增大,称为恒功率区;从计算转速到最低转速之间,主轴不必传递全部功率,输出的扭矩不再随转速的降低而增大,保持计算转速时的扭矩不变,传递的功率则随转速的降低而降低,称为恒扭矩区。

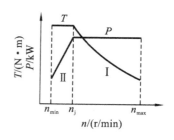

图 2-41　主轴的功率扭矩特性

不同类型机床主轴计算转速的选取是不同的。对于大型机床,由于应用范围很广,调速范围很宽,计算转速可取得高些。对于精密机床、滚齿机,由于应用范围较窄,调速范围小,计算转速可取得低一些。各类机床主轴计算转速的统计公式见表 2-4。对于数控机床,调速范围比普通机床宽,计算转速可比表 2-4 中推荐的高些。

表 2-4　各类机床的主轴计算转速统计公式

机 床 类 型		计算转速 n	
		等公比传动	混合公比或无级调速
中型通用机床和使用较广的半自动机床	车床,升降台铣床,转塔车床,液压仿形半自动车床,多刀半自动车床,单轴自动车床,多轴自动车床,立式多轴半自动车床 卧式镗铣床($\phi63\sim\phi90$)	$n=n_{\min}\varphi^{\frac{Z}{3}-1}$ n 为主轴第一个(低的)三分之一转速范围内的最高一级转速	$n=n_{\min}\left(\dfrac{n_{\max}}{n_{\min}}\right)^{0.3}$
	立式钻床,摇臂钻床,滚齿机	$n=n_{\min}\varphi^{\frac{Z}{4}-1}$ n 为主轴第一个(低的)四分之一转速范围内的最高一级转速	$n=n_{\min}\left(\dfrac{n_{\max}}{n_{\min}}\right)^{0.25}$
大型机床	卧式车床($\phi1250\sim\phi4000$) 单柱立式车床($\phi1400\sim\phi3200$) 单柱可移动式立式车床($\phi1400\sim\phi1600$) 双柱立式车床($\phi3000\sim\phi12000$) 卧式镗铣床($\phi110\sim\phi160$) 落地式镗铣床($\phi125\sim\phi160$)	$n=n_{\min}\varphi^{\frac{Z}{3}}$ n 为主轴第二个三分之一转速范围内的最低一级转速	$n=n_{\min}\left(\dfrac{n_{\max}}{n_{\min}}\right)^{0.35}$
高精度和精密机床	落地式镗铣床($\phi160\sim\phi260$) 主轴箱可移动的落地式镗铣床($\phi125\sim\phi300$)	$n=n_{\min}\varphi^{\frac{Z}{2.5}}$	$n=n_{\min}\left(\dfrac{n_{\max}}{n_{\min}}\right)^{0.4}$
	坐标镗床 高精度车床	$n=n_{\min}\varphi^{\frac{Z}{4}-1}$ n 为主轴第一个(低的)四分之一转速范围内的最高一级转速	$n=n_{\min}\left(\dfrac{n_{\max}}{n_{\min}}\right)^{0.25}$

2)变速传动系中传动件计算转速的确定

变速传动系中的传动件包括轴和齿轮,它们的计算转速可根据主轴的计算转速和转速图确定。确定的顺序通常是先定出主轴的计算转速,再顺次由后往前,定出各传动轴的计算转速,然而再确定齿轮的计算转速。现举例加以说明。

例 2-1　试确定图 2-39 所示的多刀半自动车床的主轴、各传动轴和齿轮的计算转速。

解　①主轴的计算转速。由表 2-4 可知,主轴的计算转速是低速第一个三分之一变速范围的最高一级转速,即 $n_j=185$ r/min。

②各传动轴的计算转速。轴Ⅱ有 4 级转速,其最低转速 315 r/min 通过双联齿轮使主轴获得两极转速:90 r/min 和 345 r/min。345 r/min 比主轴的计算转速高,需传递全部功率,故轴Ⅱ的 315 r/min 转速也应能传递全部功率,是计算转速。

轴Ⅰ由双速电动机直接驱动,有两极转速:710 r/min 和 1440 r/min。710 r/min 转速通过双联齿轮使轴Ⅱ获得两极转速:315 r/min 和 445 r/min,均需传递全部功率,故轴Ⅰ的 710 r/min 转速也应能传递全部功率,是计算转速。

③各齿轮的计算转速。各变速组内一般只计算组内最小的,也是强度最小的齿轮,故也只

需确定最小齿轮的计算转速。

轴Ⅱ—Ⅲ间变速组的最小齿轮是：$z=25$，经该齿轮传动，使主轴获得 4 级转速：90、125、185、255 r/min。主轴的计算转速是 185 r/min，故 $z=25$ 齿轮在 640 r/min 时应传递全部功率，是计算转速。

轴Ⅰ—Ⅱ间变速组的最小齿轮是：$z=36$，经该齿轮传动，使轴Ⅱ获得 2 级转速：315 r/min 和 640 r/min。轴Ⅱ的计算转速是 315 r/min，故 $z=36$ 齿轮在 710 r/min 时应传递全部功率，是计算转速。

6. 变速箱的结构设计与计算

1）变速箱内各传动轴的空间布置

变速箱内各传动轴的空间布置首先要满足机床总体布局对变速箱的形状和尺寸的要求，还要考虑各轴受力情况、装配调整和操纵维修的方便。其中变速箱的形状和尺寸限制是影响传动轴空间布置最重要的因素。

例如：铣床的变速箱就是立式床身，高度方向和轴向尺寸较大，变速系各传动轴可布置在立式床身的竖直对称面上；摇臂钻床的变速箱在摇臂上移动，变速箱轴向尺寸要求较短，横截面尺寸可较大，布置时往往为了缩短轴向尺寸而增加轴的数目，即加大箱体的横截面尺寸；卧式车床的主轴箱安装在床身的上面，横截面呈矩形，高度尺寸只能略大于主轴中心高加主轴上大齿轮的半径；主轴箱的轴向尺寸取决于主轴长度，为提高主轴组件的刚度，一般较长的主轴，可设置多个中间墙。

（1）缩小径向尺寸。图 2-42 所示的是卧式车床主轴箱的横截面图，为把主轴和数量较多的传动轴布置在尺寸有限的矩形截面内，又要便于装配、调整和维修，还要照顾到变速机构、润滑装置的设计，不是一件易事。各轴布置顺序大致如下：首先确定主轴的位置，对车床来说，主轴位置主要根据车床的中心高确定；确定传动主轴的轴，以及与主轴有齿轮啮合关系的轴的位

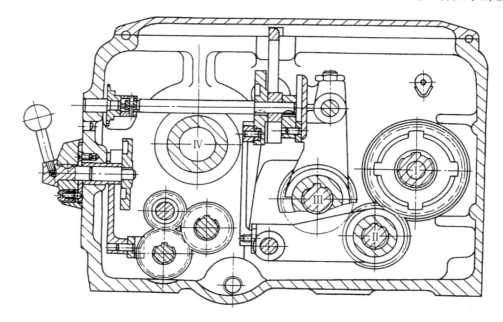

图 2-42　卧式车床主轴箱横截面

置;确定电动机轴或运动输入轴(轴Ⅰ)的位置;最后确定其他各传动轴的位置。各传动轴常按三角布置,以缩小径向尺寸,如图 2-42 中的Ⅰ、Ⅱ、Ⅲ轴。为缩小径向尺寸,还可以使箱内某些传动轴的轴线重合,如图 2-43 中的Ⅲ、Ⅴ两轴。

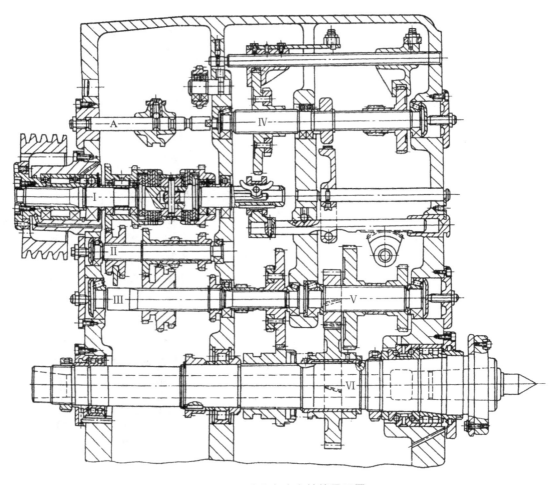

图 2-43　卧式车床主轴箱展开图

(2)方便装配维护。图 2-44 所示的是卧式铣床的主变速传动机构,利用铣床立式床身作为变速箱体。床身内部空间较大,所以各传动轴可以排在一个竖直平面内,不必过多考虑空间布置的紧凑性,以方便制造、装配、调整、维修和便于布置变速操纵机构。床身较长,为减少传动轴轴承间的跨距,可在中间加一个支承墙。这类机床变速箱设计是:先要确定出主轴在立式床身中的位置,然后就可按传动顺序由上而下的依次布置各传动轴。

2)变速箱内各传动轴的轴向固定

变速箱内各传动轴的轴向固定如图 2-45 所示,传动轴通过轴承在箱体内轴向固定的方法有一端固定和两端固定两类。采用深沟球轴承时,可以一端固定,也可以两端固定;采用圆锥滚子轴承时,则必须两端固定。一端固定的优点是轴受热后可以向另一端自由伸长,不会产生热应力,因此,宜用于长轴。

图 2-45(a)所示为用衬套和端盖将轴承固定,并一起装到箱壁上。它的优点是可在箱壁上

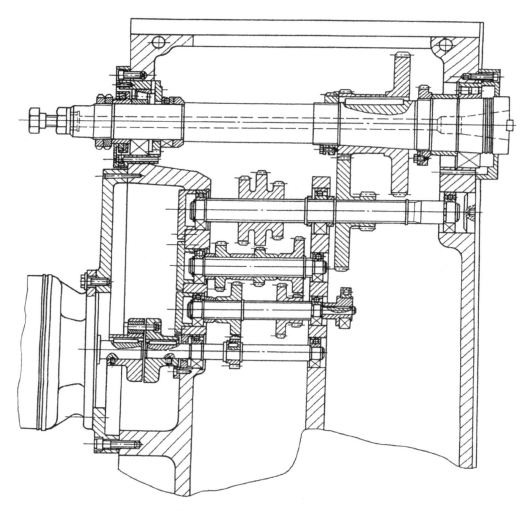

图 2-44 卧式铣床的主变速传动机构

镗通孔,便于加工,但构造复杂,对衬套又要加工内、外凸肩。图 2-45(b)所示为虽不用衬套,但在箱体上要加工一个有台阶的孔,因而在成批生产中较少应用。图 2-45(c)所示的是用弹性挡圈代替台阶,结构简单,工艺性较好,图 2-44 中的各传动轴都采用这种形式。图 2-45(d)所示的是两面都用弹性挡圈的结构,构造简单、安装方便,但在孔内挖槽需用专门的工艺装备,所以这种构造适用于批量较大的机床;图 2-45(e)所示的构造是在轴承的外圈上有沟槽,将弹性挡圈卡在箱壁与压盖之间,箱体孔内不用挖槽,构造更加简单,装配更方便,但需轴承厂专门供应这种轴承。

一端固定时,轴的另一端的构造见图 2-45(f),轴承用弹性挡圈固定在轴端,外环在箱体孔内轴向不定位。

图 2-46 所示的是两端固定的例子。图 2-46(a)所示为通过调整螺钉 2、压盖 1 及锁紧螺母 3 来调整圆锥滚子轴承的间隙,调整比较方便。图 2-46(b)、(c)所示的是改变垫圈 1 的厚度调整轴承的间隙,结构简单。

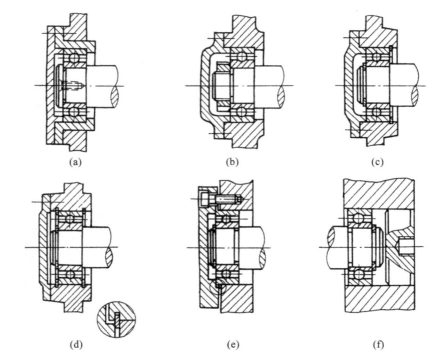

图 2-45　传动轴的轴向固定

(a)衬套和端盖固定　(b)孔台和端盖固定　(c)弹性挡圈和端盖固定
(d)两个弹性挡圈固定　(e)轴承外圈上的挡圈　(f)另一端结构

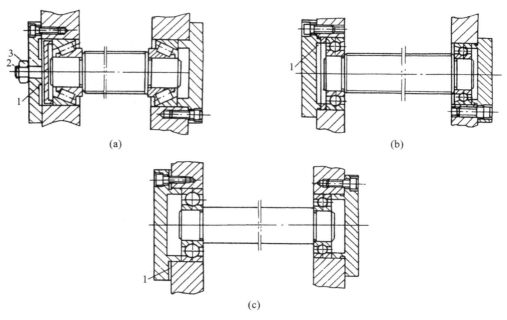

图 2-46　传动轴两端固定的几种方式

(a)用调整螺钉　(b)、(c)用调整垫

3）各传动轴的估算和验算

机床各传动轴在工作时必须保证具有足够的弯曲刚度和扭转刚度。轴在弯矩作用下，如果产生过大的弯曲变形，则装在轴上的齿轮会因倾角过大而使齿面的压力分布不均，产生不均匀磨损和加大噪声；也会使滚动轴承内、外圈产生相对倾斜，影响轴承使用寿命。如果轴的扭转刚度不够，则会引起传动轴的扭振。所以在设计开始时，要先按扭转刚度条件估算传动轴的直径，待结构确定之后，定出轴的跨距，再按弯曲刚度进行验算。

（1）按扭转刚度估算轴的直径。

$$d \geqslant KA \sqrt[4]{\frac{P\eta}{n_j}}$$

式中：K——键槽系数，按表 2-5 来选取；

A——系数，按表 2-5 中的轴每米长允许的扭转角（°）来选取；

P——电动机额定功率（kW）；

η——从电动机到所计算轴的传动效率；

n_j——传动轴的计算转速（r/min）。

一般传动轴的每米长允许扭转角取 $[\phi]=(0.5°\sim1.0°)/m$，要求高的轴取 $[\phi]=(0.25°\sim0.5°)/m$，要求较低的轴取 $[\phi]=(1°\sim2°)/m$。

表 2-5　估算轴的直径时系数 A、K 值

$[\phi]/((°)/m)$	0.25	0.5	1.0	1.5	2.0
A	130	110	92	83	77
K	无键	单键		双键	花键
	1.0	1.04~1.05		1.07~1.1	1.05~1.09

（2）按弯曲刚度验算轴的直径。

①进行轴的受力分析，根据轴上滑移齿轮的不同位置，选出受力变形最严重的位置进行验算。如果较难准确判断滑移齿轮处于哪个位置受力变形最严重，则需要多计算几个位置。

②如果在最严重情况时，齿轮处于轴的中部，应验算在齿轮处的挠度；当齿轮处于轴的两端附近时，应验算齿轮处的倾角。此外，还应验算轴承处的倾角。

③按材料力学中的公式计算轴的挠度或倾角，检查是否超过允许值。允许值可从表 2-6 查出。

表 2-6　轴的刚度允许值

挠度/mm		倾角/rad	
一般传动轴	$(0.0003\sim0.0005)L$	装齿轮处	0.001
刚度要求较高轴	$0.0002L$	装滑动轴承处	0.001
安装齿轮的轴	$(0.01\sim0.03)m$	装向心球轴承处	0.0025
安装蜗轮的轴	$(0.02\sim0.05)m$	装向心球面球轴承处	0.005
		装单列短圆柱滚子轴承处	0.001
		装单列圆锥滚子轴承处	0.0006

注：L 为轴的跨距；m 为齿轮或蜗轮的模数。

为简化计算，可用轴的中点挠度代替轴的最大挠度，误差小于 3%；轴的挠度最大时，轴承

处的倾角也最大。倾角的大小直接影响传动件的接触情况。所以，也可只验算倾角。由于支承处的倾角最大，当它的倾角小于齿轮倾角的允许值时，齿轮的倾角不必计算。

2.2.4　无级变速主传动部件

无级变速是指在一定范围内，转速(或速度)能连续地变换，从而获取最有利的切削速度。

1. 无级变速装置的分类

机床主传动中常采用的无级变速装置有三大类：机械无级变速装置、变速电动机和液压无级变速装置。

1)机械无级变速装置

机械无级变速装置有行星锥轮型、分离锥轮钢环型、宽带型等多种结构。它们都是利用摩擦力来传递扭矩的，通过连续地改变摩擦传动副工作半径来实现无级变速。由于它的变速范围小，多数是恒扭矩传动，通常较少单独使用，而是与分级变速机构串联使用，以扩大变速范围。机械无级变速器应用于要求功率和变速范围较小的中小型车床、铣床等机床的主传动中，更多的是用于进给变速传动中。

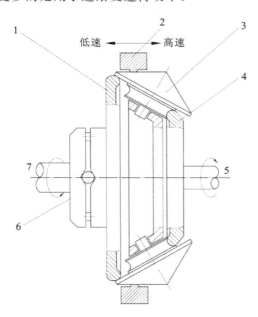

图 2-47　行星锥轮无级变速器

1—输出圆盘；2—调速环；3—锥轮；4—输入圆盘；
5—输入轴；6—加压盘；7—输出轴

行星锥轮无级变速器是由输入圆盘、行星锥轮、调速环及输出圆盘组合而成的行星差动变速机构，如图 2-47 所示。当输入圆盘回转时，行星锥轮自转，并沿着调速环的内圈公转，由自转与公转而形成的差动回转依靠输出圆盘，加压盘传到输出轴上去。变速是依靠轴向移动调速环来实现的。

2)变速电动机

机床上常用的变速电动机有直流复励电动机和交流变频电动机，在额定转速以上为恒功率变速，通常调速范围仅 1∶2～1∶3；额定转速以下为恒扭矩变速，调整范围很大，可达 1∶30 甚至更大。上述功率和扭矩特性一般不能满足机床的使用要求。为了扩大恒功率调速范围，在变速电动机和主轴之间串联一个分级变速箱。广泛用于数控机床、大型机床中。

3)液压无级变速装置

液压无级变速装置通过改变单位时间内输入液压缸或液压马达中液压油量来实现无级变速。它的特点是变速范围较大，变速方便，传动平稳，运动换向时冲击小，易于实现直线运动和自动化，常用在主运动为直线运动的机床中，如刨床、拉床等。

2. 无级变速主传动系设计原则

(1)尽量选择功率和扭矩特性符合传动系要求的无级变速装置。如执行件做直线主运动的主传动系，对变速装置的要求是恒扭矩传动，例如龙门刨床的工作台，就应该选择恒扭矩传动为主的无级变速装置，如直流电动机；如主传动系要求恒功率传动，例如车床或铣床的主轴，就应选择恒功率无级变速装置，如柯普(Koop)B 型和 K 型机械无级变速装置、变速电动机串联机械分级变速箱等。

（2）无级变速系统装置单独使用时，其调速范围较小，满足不了要求，尤其是恒功率调速范围往往远小于机床实际需要的恒功率变速范围。为此，常把无级变速装置与机械分级变速箱串联在一起使用，以扩大恒功率变速范围和整个变速范围。

如机床主轴要求的变速范围为 R_n，选取的无级变速装置的变速范围为 R_d，串联的机械分级变速箱的变速范围 R_f 应为

$$R_f = \frac{R_n}{R_d} = \varphi_f^{Z-1}$$

式中：Z——机械分级变速箱的变速级数；

　　　φ_f——机械分级变速箱的公比。

通常，无级变速装置作为传动系中的基本组，而分级变速作为扩大组，其公比 φ_f 理论上应等于无级变速装置的变速范围 R_d。实际上，由于机械无级变速装置属于摩擦传动，有相对滑动现象，可能得不到理论上的转速。为了得到连续的无级变速，设计时应该使分级变速箱的公比 φ_f 略小于无级变速装置的变速范围，即取 $\varphi_f = (0.90\sim0.97)R_d$，使转速之间有一小段重叠，保证转速连续，如图 2-48 所示。将 φ_f 值代入上式，可算出机械分级变速箱的变速级数 Z。

例 2-2　设机床主轴的变速范围 $R_n = 6$，无级变速箱的变速范围 $R_d = 8$。设计机械分级变速箱，求出其级数，并画出转速图。

解　机械分级变速箱的变速范围为

$$R_f = R_n/R_d = 60/8 = 7.5$$

机械分级变速箱的公比为

$$\varphi_f = (0.90\sim0.97)R_d = 0.94\times8 = 7.52$$

可知分级变速箱的级数为

$$Z = 1 + \lg7.5/\lg7.52 = 2$$

无级变速分级变速箱转速图如图 2-48 所示。

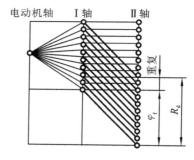

电动机轴　　Ⅰ 轴　　　Ⅱ 轴

图 2-48　无级变速分级变速箱转速图

2.2.5　数控机床主传动部件设计特点

现代切削加工正朝向高速、高效和高精度方向发展，对机床的性能提出越来越高的要求，如转速高；调速范围大，恒扭矩调速范围达 1：100～1：1000；恒功率调速范围达 1：10 以上；更大的功率范围，达 2.2～250 kW；能在切削加工中自动变换速度；机床结构简单；噪声要小；动态性能要好；可靠性要高，等等。

数控机床主传动部件设计应满足上述要求。

1. 主传动采用直流或交流电动机无级调速

1）直流电动机无级调速

直流电动机是采用调压和调磁方式来得到主轴所需的转速，其调速范围与功率特性如图 2-49(a)所示。从最低转速至电动机额定转速是通过调节电枢电压，保持励磁电流恒定的方法进行调速，属于恒扭矩调速，启动力矩大，响应快，能满足低速切削需要。从额定转速至最高转速是通过改变励磁电流，从而改变励磁磁通，保持电枢电压恒定的方法进行调速，属于恒功率调速。

一般直流电动机恒扭矩调速范围较大，达 1：30，甚至更大；而恒功率调速范围较小，仅能达到 1：2～1：3，满足不了机床的要求；在高转速范围要进一步提高转速，必须加大励磁电

流,但这将引起电刷产生火花,限制了直流电动机的最高转速和调速范围。因此,直流电动机仅在早期的数控机床上应用较多。

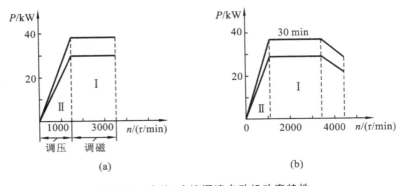

图 2-49　直流、交流调速电动机功率特性
(a)直流电动机调速　　(b)交流电动机调速

2)交流电动机无级调速

交流调速电动机通常是通过调频进行变速,其调速范围和功率特性如图 2-49(b)所示。交流调速电动机一般为笼型感应电动机结构,体积小,转动惯性小,动态响应快;无电刷,因而最高转速不受火花限制;采用全封闭结构,具有空气强冷,保证高转速和较强的超载能力,具有很宽的调速范围。如兰州电机厂生产的、额定转速为 1500 r/min 或 2000 r/min 的交流调速电动机,恒定功率调速范围可达 1:5 或 1:4;额定转速为 750 r/min 或 500 r/min 的交流调速电动机恒功率调速范围可达 1:12 以上。对于某些应用场合,使用这些电动机可以取消机械变速箱,能较好地适应现代数控机床主传动的要求。因此,交流调速电动机的应用越来越广泛。

2. 交流主轴伺服驱动系统

由交流主轴伺服电动机和交流主轴伺服驱动器组成的交流主轴伺服驱动系统是数控机床最核心的关键部件之一,也是数控机床的大功率执行机构,其功能是接受数控装置的指令,驱动主轴进行切削加工。

数控加工中心对主轴有较高的控制要求,首先要求在大力矩、强过载能力的基础上实现宽范围无级变速;其次要求在自动换刀动作中实现定角度停止(即准停)。这使得加工中心主轴驱动系统比一般的变频调速系统在电路设计和运行参数整定上具有更大的难度。

主轴的驱动使用交流伺服控制方式,主轴本身即具有准停功能,并有较高的精度。

3. 数控机床驱动电动机和主轴功率特性的匹配设计

在设计数控机床主传动时,必须要考虑电动机与机床主轴功率特性匹配问题。由于主轴要求的恒功率变速范围 R_{nP} 远大于电动机的恒功率变速范围 R_{dP},所以在电动机与主轴之间要串联一个分级变速箱,以扩大其恒功率调速范围,满足低速大功率切削时对电动机的输出功率的要求。

在设计分级变速箱时,考虑机床结构复杂程度,运转平稳性要求等因素,变速箱公比的选取有下列三种情况。

(1)取变速箱的公比 φ_f 等于电动机的恒功率调速范围 R_{dP},即 $\varphi_f = R_{dP}$,其功率特性图是连续的,无缺口和无重合。如变速箱的变速级数为 Z,则主轴的恒功率变速范围 R_{nP} 为

$$R_{nP} = \varphi_f^{Z-1} \qquad R_{dP} = \varphi_f^Z$$

变速箱的变速级数 Z 可表示为

$$Z = \lg R_{nP} / \lg \varphi_f$$

（2）若要简化变速箱结构，变速级数应少些，变速箱公比 φ_f 可取大于电动机的恒功率调速范围 R_{nP}，即 $\varphi_f > R_{dP}$。这时，变速箱每挡内有部分低转速只能恒扭矩变速，主传动系功率特性图中出现"缺口"，称为功率降低区。使用"缺口"范围内的转速时，为限制扭矩过大，得不到电动机输出的全部功率。为保证缺口处的输出功率，电动机的功率应相应增大。主轴的恒功率变速范围 R_{nP} 为

$$R_{nP} = \varphi_f^{Z-1} R_{dP}$$

变速箱的变速级数 Z 可表示为

$$Z = 1 + (\lg R_{nP} - \lg R_{dP}) / \lg \varphi_f$$

图 2-50 所示的是卧式加工中心的主轴箱展开图，图 2-51 所示的是它的主传动系图，图 2-52 所示的是其转速图和功率特性图。机床主电动机采用交流调速电动机，连续工作额定功率为 18.5 kW，30 min 工作最大输出功率为 22 kW。电动机经中间轴 3、锥环 2 无键连接驱动齿轮 1，经两级滑移齿轮变速传至主轴。滑移齿轮中的大齿轮套在小齿轮上，大齿轮的左侧是齿数、模数与小齿轮相同的内齿轮，两者组成齿轮离合器，将大小齿轮连成一体。

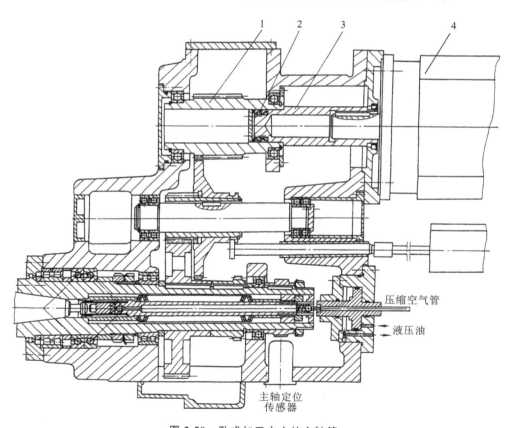

图 2-50 卧式加工中心的主轴箱

1—齿轮；2—锥环；3—轴；4—交流调速主轴电动机

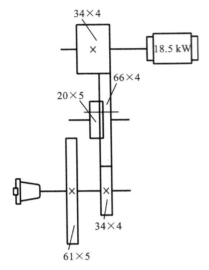

图 2-51　卧式加工中心的主轴箱传动系统图

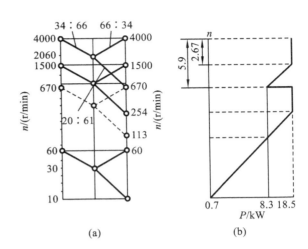

(a)　　　　　　　　(b)

图 2-52　卧式加工中心的主轴箱转速图和功率特性

交流调速主电动机的额定转速为 1500 r/min,最高转速为 4000 r/min。电动机恒功率调速范围 $R_{dP}=4000/1500=2.67$,主轴恒功率变速范围 $R_{nP}=n_{max}/n_j=4000/113=35.4$。变速箱的变速级数 $Z=2$,可算出变速箱的公比 $\varphi_f=5.95$,大于 R_{dP} 值许多,在主轴的功率特性图中将出现较大的"缺口",如图 2-52(b)所示。在缺口处的功率仅为

$$P_{实}=R_{dP}P_{电动机}/\varphi_f=2.67\times18.5/5.95 \text{ kW}=8.3 \text{ kW}$$

(3)如果数控机床为了恒线速切削需在运转中变速时,取变速箱公比 φ_f 小于电动机的恒功率变速范围,即 $\varphi_f<R_{dP}$,在主传动系功率特性图上有小段重合,这时变速箱的变速级数仍可算出,将增多。

例 2-3　某数控机床,主轴最高转速 $n_{max}=3550$ r/min,最低转速 $n_{min}=14$ r/min,计算转速 $n_f=180$ r/min,采用直流电动机,电动机功率为 28 kW,电动机的最高转速为 4400 r/min,额定转速为 1750 r/min,最低转速为 140 r/min。设计分级变速箱的主传动。

解　主轴要求的恒功率调速范围为

$$R_{nP}=\frac{3550}{180}=19.72$$

电动机可达到的恒功率调速范围为

$$R_{dP}=\frac{4400}{1750}=2.5$$

取　　　　　　　　　　　　　$\varphi_f=2<R_{dP}$

可算出变速箱的变速级数为

$$Z=3.98$$

取　　　　　　　　　　　　　$Z=4$

分级变速箱的转速图和功率特性图如图 2-53 所示。由于变速箱公比小于电动机的恒功率调速范围,因此在主轴的功率特性图上出现小段重合。图 2-54 所示的是本例设计的主传动系统图。

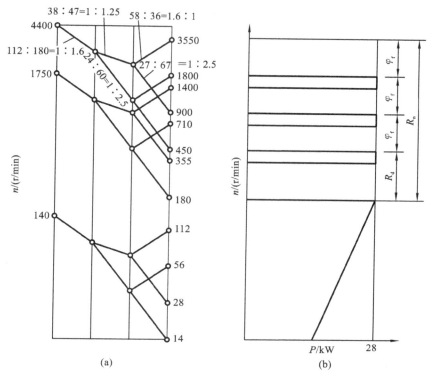

图 2-53　转速图和功率特性图

(a)转速图　(b)功率特性图

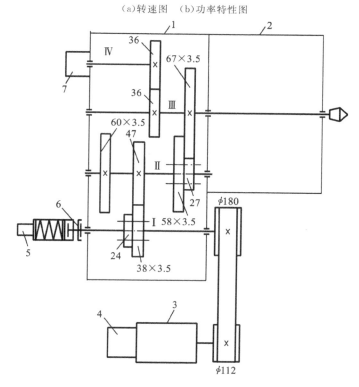

图 2-54　拟设计的主传动系统

1—变速箱；2—主轴箱；3—直流电动机；4—测速发电机 1；5—测速发电机 2；6—液压制动器；7—脉冲发生器

2.2.6　电主轴

提高主传动系中主轴转速是提高切削速度最直接、最有效的方法。数控车床的主轴转速目前已从十几年前的 1000～2000 r/min 提高到 5000～7000 r/min。数控高速磨削的砂轮线速度从 50～60 m/s 提高到 100～200 m/s。为达到此目的,要求主轴系统的结构必须简化,减小惯性,主轴旋转精度要高,动态响应要好,振动和噪声要小。对于高速数控机床主传动,一般采用两种设计方式:一种是采用联轴节将机床主轴和电动机轴串接成一体,将中间传动环节减少到仅剩联轴节;另一种是将电动机与主轴合为一体,制成内装式电主轴,实现无任何中间环节的直接驱动,并通过循环水冷却。

电主轴是最近几年在数控机床领域出现的将机床主轴与主轴电动机融为一体的新产品。高速数控机床主传动系统取消了带轮传动和齿轮传动。机床主轴由内装式电动机直接驱动,从而把机床主传动链的长度缩短为零,实现了机床的"零传动"。这种主轴电动机与机床主轴"合二为一"的传动结构形式,使主轴部件从机床的传动系统和整体结构中相对独立出来,因此可做成"主轴单元",俗称"电主轴"。

电主轴的出现从根本上克服了主轴驱动方式的局限。电主轴是将电动机的转子和主轴集成为一个整体。中空的、直径较大的转子轴同时也是机床的主轴,它有足够的空间容纳刀具夹紧机构或送料机构,从而成为一种结构复杂、功能集成的机电一体化的功能部件。典型的电主轴结构如图 2-55 所示。

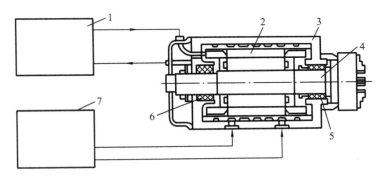

图 2-55　典型电主轴的结构
1—主轴驱动模块;2—无外壳电动机;3—主轴单元壳体;4—主轴;5,6—轴承;7—主轴冷却装置

电主轴由无外壳电动机、主轴、轴承、主轴单元壳体、驱动模块和冷却装置等组成。电动机的转子采用压配方法与主轴做成一体,主轴则由前后轴承支承。电动机的定子通过冷却套安装于主轴单元的壳体中。主轴的变速由主轴驱动模块控制,而主轴单元内的温升由冷却装置控制。

2.3　导轨、支承与床身部件

2.3.1　导轨

支承和引导运动部件沿着一定轨迹运动的零件称为导轨副,也常简称为导轨。导轨在机床装备中是十分重要的部件。

　　按运动学原理,所谓导轨就是将运动构件约束到只有一个自由度的装置。导轨副中设在支承构件上的导轨面为承导面,称为静导轨,它比较长;另一个导轨面设在运动构件上,称为动导轨,它比较短。

　　1.导轨的功能和基本要求

　　1)导轨的功用和分类

　　导轨的功用是承受载荷和导向。它承受安装在导轨上的运动部件及工件的质量和切削力,运动部件可以沿导轨运动。运动的导轨称为动导轨,不动的导轨称为静导轨或支承导轨。动导轨相对于静导轨可以做直线运动或者回转运动。

　　导轨按结构形式可以分为开式导轨和闭式导轨。开式导轨是指在部件自重和载荷的作用下,运动导轨和支承导轨的工作面(图 2-56(a)中 c 面和 d 面)始终保持接触、贴合。其特点是结构简单,但不能承受较大的倾覆力矩。

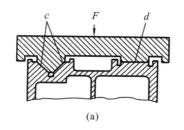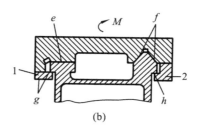

图 2-56　开式和闭式导轨
(a)开式导轨　(b)闭式导轨
1、2—压板

　　闭式导轨借助于压板使导轨能承受较大的倾覆力矩。例如,车床床身和床鞍导轨,如图 2-56(b)所示。当倾覆力矩 M 作用在导轨上时,仅靠自重已不能使主导轨面 e、f 始终贴合,需用压板 1 和 2 形成辅助导轨面 g 和 h,保证支承导轨与动导轨的工作面始终保持可靠的接触。

　　导轨副按导轨面的摩擦性质可分为滑动导轨副和滚动导轨副。在滑动导轨副中又可分为普通滑动导轨、静压导轨和卸荷导轨等。

　　2)导轨应满足的要求

　　导轨应满足精度高、承载能力大、刚度好、摩擦阻力小、运动平稳、精度保持性好、使用寿命长、结构简单、工艺性好,便于加工、装配、调整和维修、成本低等要求。

　　(1)导向精度高。导向精度是指导轨副在空载荷或切削条件下运动时,实际运动轨迹与给定运动轨迹之间的偏差。影响导向精度的因素很多,如导轨的几何精度和接触精度,导轨的结构形式,导轨和支承件的刚度,导轨的油膜厚度和油膜刚度,导轨和支承件的热变形等。

　　(2)承载能力大,刚度好。根据导轨承受载荷的性质、方向和大小,合理地选择导轨的截面形状和尺寸,使导轨具有足够的刚度,保证机床的加工精度。

　　(3)精度保持性好。精度保持性主要是由导轨的耐磨性决定的,常见的磨损形式有磨料(或磨粒)磨损、黏着磨损或咬焊、接触疲劳磨损等。影响耐磨性的因素有导轨材料、载荷状况、摩擦性质、工艺方法、润滑和防护条件等。

　　(4)低速运动平稳。当动导轨做低速运动或微量进给时,应保证运动始终平稳,不出现爬行现象。影响低速运动平稳性的因素有导轨的结构形式、润滑情况、导轨摩擦面的静、动摩擦因数的差值,以及传动导轨运动的传动系刚度。

　　(5)结构简单、工艺性好。

　　2.导轨的截面形状选择和导轨间隙的调整

　　1)直线运动滑动导轨

　　直线运动滑动导轨的截面形状主要有四种:矩形、三角形、燕尾形和圆柱形,并可互相组合,每种导轨副之中还有凸、凹之分。

　　(1)矩形导轨(见图 2-57(a))。上图是凸形,下图是凹形。凸形导轨容易清除掉切屑,但不易存留润滑油;凹形导轨则相反。矩形导轨具有承载能力大、刚度高、制造简便、检验和维修方便等优点;但存在侧向间隙,需用镶条调整,导向性差。适用于载荷较大而导向性要求略低的机床。

　　(2)三角形导轨(见图 2-57(b))。三角形导轨面磨损时,动导轨会自动下沉,自动补偿磨损量,不会产生间隙。三角形导轨的顶角 α 一般在 $90°\sim120°$ 范围内变化,α 角越小,导向性越好,但摩擦力也越大。因此,小顶角用于轻载的精密机械,大顶角用于大型或重型机床。三角形导轨结构有对称式和不对称式两种。当水平力大于垂直力,两侧压力分布不均时,采用不对称导轨。

　　(3)燕尾形导轨(见图 2-57(c))。燕尾形导轨可以承受较大的倾覆力矩,导轨的高度较低,结构紧凑,间隙调整方便,但是刚度较差,加工检验维修都不大方便。适用于受力小、层次多、要求间隙调整方便的部件。

　　(4)圆柱形导轨(见图 2-57(d))。圆柱形导轨制造方便,工艺性好,但磨损后较难调整和补偿间隙。主要用于受轴向负荷的导轨,应用较少。

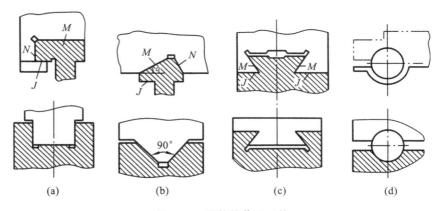

图 2-57　导轨的截面形状

(a)矩形导轨　(b)三角形导轨　(c)燕尾形导轨　(d)圆柱形导轨

　　2)回转运动导轨

　　回转运动导轨的截面形状有三种:平面环形、锥面环形和双锥面导轨。

　　(1)平面环形导轨(见图 2-58(a))。平面环形导轨结构简单、制造方便,能承受较大的轴向力,但不能承受径向力,因而必须与主轴联合使用,由主轴来承受径向载荷。这种导轨摩擦因数小,精度高,适用于由主轴定心的各种回转运动导轨的机床,如高速大载荷立式车床、齿轮机床等。

　　(2)锥面环形导轨(见图 2-58(b))。锥面环形导轨除能承受轴向载荷外,还能承受一定的径向载荷,但不能承受较大的倾覆力矩。它的导向性比平面环形导轨好,但制造较难。

　　(3)双锥面导轨(见图 2-58(c))。双锥面导轨能承受较大的径向力,轴向力和一定的倾覆力矩,但制造研磨均较困难。

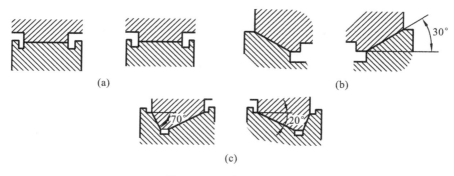

图 2-58　回转运动导轨
(a)平面环形导轨　(b)锥面环形导轨　(c)双锥面导轨

　　(4)滚动圆弧导轨。滚动圆弧导轨副分为两种:一种是滚轮圆弧导轨(见图 2-59(a)),通过带 V 形槽的滚轮轴承在 V 形导轨面上的滚动来实现圆弧运动的;另一种是滚珠圆弧导轨(见图 2-59(b)),通过多个钢球在弧形导轨上的滚道运动,可实现无间隙的高精度圆弧运动,其结构紧凑、体积小、精度高、效率高、通用性强,广泛适用于测量设备、精密机床、电子机械、医疗设备、大型转台等。

图 2-59　滚动圆弧导轨
(a)滚轮圆弧导轨　(b)滚珠圆弧导轨

　　3)导轨的组合形式

　　机床直线运动导轨通常由两条导轨组合而成,根据不同要求,机床导轨主要有如下形式的组合。

　　(1)双三角形导轨(见图 2-60)。双三角形导轨不需要镶条调整间隙,接触刚度好,导向性和精度保持性好,但是工艺性差,加工、检验和维修不方便。多用在精度要求较高的机床中,如丝杠车床、导轨磨床、齿轮磨床等。

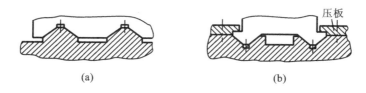

图 2-60　双三角形导轨
(a)三角形导轨　(b)V 形导轨

　　(2)双矩形导轨(见图 2-61)。双矩形导轨承载能力大,制造简单,多用在普通精度机床和重型机床中,如重型车床、组合机床、升降台铣床等。

　　双矩形导轨的导向方式有两种:由两条导轨的外侧导向时,称为宽式组合(见图2-61(a));分别由一条导轨的两侧导向时,称为窄式组合(见图2-61(b))。

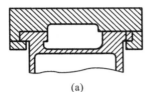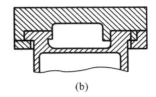

图 2-61　双矩形导轨

(a)宽式双矩形导轨　(b)窄式双矩形导轨

　　机床热变形后,宽式组合导轨的侧向间隙变化比窄式组合导轨大,导向性不如窄式。无论是宽式还是窄式组合,侧导向面都需用镶条调整间隙。

　　(3)三角形和矩形导轨的组合(图2-62)。这类组合的导轨导向性好,刚度高,制造方便,应用最广。如车床、磨床、龙门铣床的床身导轨。

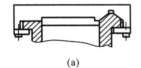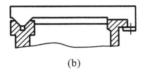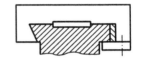

图 2-62　三角形和矩形导轨的组合

(a)三角形-矩形组合　(b)V形-矩形组合

图 2-63　矩形和燕尾形导轨的组合

　　(4)矩形和燕尾形导轨的组合(见图2-63)。这类组合的导轨能承受较大力矩,调整方便,多用在横梁、立柱、摇臂导轨中。

　　4)导轨间隙的调整

　　滑动导轨副不可能没有间隙。导轨面间的间隙对工作性能有直接影响,如果间隙过大,将影响运动精度和平稳性;间隙过小,运动阻力大,导轨的磨损加快,也影响运动快速性。因此必须保证导轨具有合理间隙,磨损后又能方便地调整。导轨间隙常用压板、镶条来调整。

　　(1)调整压板。压板用来调整辅助导轨面的间隙和承受倾覆力矩。压板用螺钉固定在运动部件上,用配刮、垫片来调整间隙。图2-64所示为矩形导轨的三种压板结构。图2-64(a)所示为用磨或刮压板3的e面和d面来调整间隙。图2-64(b)所示为用改变垫片4的厚度来调整间隙。图2-64(c)所示为通过螺钉6在压板和导轨之间用压条5调节间隙,调整方便,但刚度差。

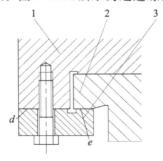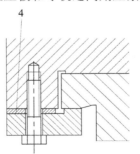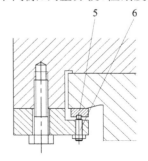

图 2-64　导轨压板调整

1—床鞍;2—床身;3—压板;4—垫片;5—压条;6—螺钉

（2）调整镶条。镶条用来调整矩形导轨和燕尾形导轨的侧向间隙。镶条应放在导轨受力较小侧。常用的镶条有平镶条和斜镶条两种。

平镶条横截面为矩形或平行四边形，其厚度均匀相等。平镶条由全长上的几个调整螺钉进行间隙调整，如图 2-65 所示。因只在几个点上受力，镶条易变形，刚度较低，目前应用较少。

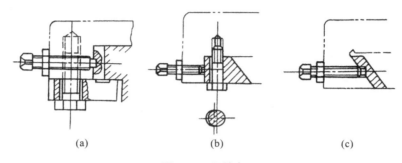

图 2-65　平镶条

(a)矩形截面平镶条　(b)梯形镶条　(c)平行四边形平镶条

斜镶条的斜度为 1∶（40～100）。斜镶条两个面分别与动导轨和支承导轨均匀接触，刚度高。通过调节螺钉或修磨垫的方式轴向移动镶条，以调整导轨的间隙。图 2-66 所示镶条是用修磨垫的办法来调整间隙。这种办法虽然麻烦些，但导轨移动时，镶条不会移动可保持间隙恒定。斜镶条由于厚度不等，在加工后应力分布不均，在调整、压紧或在机床工作状态下容易弯曲；对于两端用螺钉调整的镶条，其更易弯曲。因此，镶条在导轨间沿全长的弹性变形和比压是不均匀的，当镶条斜度和厚度增加时，不均匀度将显著增加。为了增加镶条柔度，应选用小的厚度和斜度。当镶条尺寸较大时，可将中部削低，使镶条两端保持良好接触，并可减少刮研度；或者在其上开横向槽，增加镶条柔度，如图 2-67 所示。

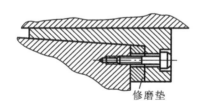

图 2-66　斜镶条的间隙调整

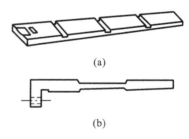

图 2-67　增加镶条柔度的结构

(a)开横向槽　(b)中部削低

3.导轨的结构类型及特点

1）滑动导轨

从摩擦性质来看，滑动导轨具有一定动压效应的混合摩擦状态。导轨的动压效应主要与导轨的滑动速度、润滑油黏度、导轨面的油沟尺寸和形式等有关。

速度较高的主运动导轨，如立式车床的工作台导轨，应合理地设计油沟形式和尺寸，选择合适黏度的润滑油，以产生较好的动压效果。

滑动导轨的优点是结构简单、制造方便和抗振性良好，缺点是磨损快。为了提高耐磨性，国内外广泛采用塑料导轨和镶钢导轨。

从图 2-68 可知：对于滑动导轨，静摩擦因数比动摩擦因数大得多；当相对运动速度较低时,导轨处于边界和混合摩擦状态,动摩擦因数随导轨的滑动速度的增加而降低;当滑动速度加大到动压效应使导轨处于液体摩擦状态时,摩擦力用于克服油层间的剪切时,动摩擦因数随导轨的滑动速度的增加而增加。对于滑动导轨,两导轨面的材料对摩擦特性也有较大影响,如氟塑料-铸铁导轨的摩擦因数小,且动、静摩擦因数的差值小。

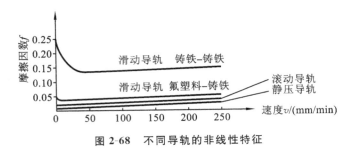

图 2-68　不同导轨的非线性特征

典型的塑料导轨为:黏贴塑料软带导轨、金属塑料复合导轨板和塑料涂层。

(1)黏贴塑料软带导轨。采用较多的黏贴塑料软带是以聚四氟乙烯为基体,添加各种无机物和有机粉末等填料,其特点是摩擦因数小,耗能低;动、静摩擦因数接近,低速运动平稳性好;阻尼特性好,能吸收振动,抗振性好;耐磨性好,有自身润滑作用,没有润滑油也能正常工作,使用寿命长;结构简单,维护修理方便,磨损后容易更换,经济性好,但它刚度较差,受力后产生变形,对精度要求高的机床有影响。

黏贴塑料导轨(见图 2-69)是采用黏结剂将聚四氟乙烯导轨软带黏结在导轨面上,使得传统导轨的摩擦形式变为铸铁-塑料摩擦副。

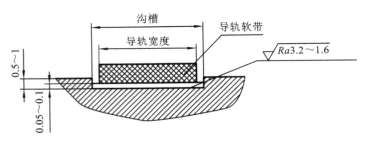

图 2-69　黏贴塑料软带的方法

导轨软带一般固定在滑动导轨副的短导轨(动导轨或上导轨),使它与长导轨(静导轨或下导轨)配合滑动,如车床可黏贴在床鞍导轨或尾座导轨,以及锲铁导轨上。

黏贴塑料软带一般黏贴在较短的动导轨上,在软带表面常开出直线形或三字形油槽。配对金属导轨面的粗糙度要求在 $0.4 \sim 0.8\ \mu m$、硬度在 25HRC 以上。

(2)镶钢导轨(见图 2-70)。镶钢导轨是将淬硬的碳钢或合金钢导轨,分段地镶装在铸铁或钢制的床身上,以提高导轨的耐磨性。在铸铁床身上镶装钢导轨常用螺钉或楔块挤紧固定,在钢制床身上镶装导轨一般用焊接方法连接。

2)静压导轨

静压导轨(见图 2-71)。同静压轴承的工作原理相似,静压导轨通常在动导轨面上均匀分布有油腔和封油面,把具有一定压力的液体或气体介质经节流器送到油腔内,在导轨面间产生压力,将动导轨微微抬起,与支承导轨脱离接触,浮在压力油膜或气膜上。

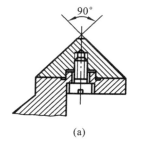
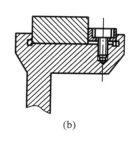

图 2-70 镶钢导轨

(a)用螺钉固定 (b)用楔块挤紧

图 2-71 开式静压导轨

1—液压泵;2—溢流阀;3—滤油器;4—节流器;5—工作台

由于静压导轨摩擦因数小,在启动和停止时没有磨损,精度保持性好。缺点是结构复杂,需要一套专门的液压或气压设备,维修、调整比较麻烦。因此,多用于精密和高精度机床或低速运动机床中。

静压导轨按结构形式分为开式和闭式两大类。

图 2-71 所示为定压式开式静压导轨。来自液压泵 1 的压力油 p_s 经节流器 4 节流后压力降为 p_b。进入导轨油腔,然后从油腔四周的油封间隙处流出,压力降为零。油腔内的压力油产生上浮力,与工作台 5 和工件的自重 W 和切削力 F 平衡,将动导轨浮起,上下导轨面间成为纯液体摩擦。当作用在动导轨上的载荷 $F+W$ 增大时,工作台失去平衡而下降,导轨油封间隙减小,液阻增大,油液外泄的流量减小,由于节流器的调压作用,使油腔压力 p_b 随之增大,上浮力提高,平衡了外载。由于上浮力的调整是因油封间隙变化而引起的,因此工作台随载荷的变化位置略有变动。

图 2-72 所示为闭式静压导轨,多采用可变节流器。当动导轨上受载荷 $F+W$ 作用时,平衡破坏,动导轨下降,上油封间隙 h_1 减小,上油封液阻 R_1 增大;下油封间隙 h_2 增大,下油封液阻 R_2 减小。则流经节流器上腔的流量减小,压力降减小,上油腔 1 中的压力 p_{b1} 升高;流经节流器下腔的流量增大,压力降增大,使下油腔压力 p_{b2} 降低。也因 $p_{b1} > p_{b2}$,节流器内的薄膜向下变形,使其上间隙增大,节流液阻 R_{j1} 减小;下间隙减小,节流液阻 R_{j2} 增大。

四个液阻组成一个威斯顿桥,油腔压力 p_{b1} 和 p_{b2} 可表示为

$$p_{b1} = p_s R_1 / (R_{j1} + R_1)$$
$$p_{b2} = p_s R_2 / (R_{j2} + R_2)$$

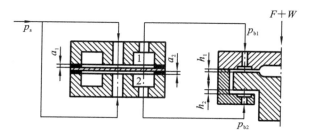

图 2-72 闭式静压导轨

由上式可见,可变节流器上下油腔的节流液阻与导轨上下油封液阻的阻值成反比,增强了油腔压力随外载荷变化的反馈能力,减少外载荷变化引起工作台位置的变化,即提高了导轨的刚度。因此采用闭式导轨,油膜刚度较高,能承受较大载荷,并能承受偏载和颠覆力矩。

气体静压导轨的工作原理与液体静压导轨类同。

3)卸荷导轨

卸荷导轨用来降低导轨面的压力,减少摩擦力,从而提高导轨的耐磨性和低速运动的平稳性,尤其是对大型、重型机床来说,工作台和工件的质量很大,导轨面上的摩擦力很大,常采用卸荷导轨。

导轨的卸荷方式有机械卸荷、液压卸荷和气压卸荷。

(1)机械卸荷导轨。图 2-73 所示的是常用的机械卸荷装置。导轨上的一部分载荷由支承在辅助导轨面 a 上的滚动轴承 3 承受。卸荷力的大小通过螺钉 1 和碟形弹簧 2 调节。卸荷点的数目由动导轨上的载荷和卸荷系数决定。卸荷系数 α_H 表示导轨卸荷量的大小,可表示为

$$\alpha_H = \frac{F_H}{F_w}$$

式中: F_w ——导轨上各支承所承受的载荷(N);

$\quad\ F_H$ ——导轨上一个支承的卸荷力(N)。

对于大型、重型机床,导轨上承受的载荷较大,卸荷系数应取大值,一般 $\alpha_H = 0.7$;对于精度要求较高的机床,为保证加工精度,防止产生漂浮现象,α_H 应取较小值,$\alpha_H \leqslant 0.5$。机械卸荷方式的卸荷力不能随外载荷的变化而调节。

(2)液压卸荷导轨。将高压油压入工作台导轨上的一串纵向油槽,产生向上的浮力,分担工作台的部分外载,起到卸荷的作用。如果工作台上工件的质量变化较大,可采用类似静压导轨的节流器调整卸荷压力。如工作台全长上受载不均匀,可用节流器调整各段导轨的卸荷压力,以保证导轨全长保持均匀的接触压力。带节流器的液压卸荷导轨与静压导轨的不同之处是后者的上浮力足以将工作台全部浮起,形成纯流体摩擦;而前者的上浮力不足以将工作台全部浮起。但由于介质的黏度较高,由动压效应产生的干扰较大,难以保持摩擦力基本恒定。

(3)气压卸荷导轨。气压卸荷导轨的基本原理如图 2-74 所示。压缩空气进入工作台的气囊,经导轨面间由表面粗糙而形成的微小沟槽流入大气,导轨间的气压呈梯形分布形成一个气垫,产生的上浮力对导轨进行卸荷。气垫的数量根据工作台的长度和刚度而定,长度较短或刚度较高时,气垫数量可取少些,每个导轨面至少应有两个气垫。

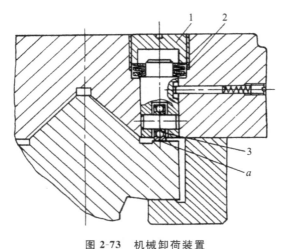

图 2-73　机械卸荷装置

1—螺钉;2—碟形弹簧;3—滚动轴承

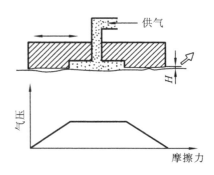

图 2-74　卸荷气垫

气压卸荷导轨以压缩空气作为介质,无污染、无回收问题;且黏度低,动压效应影响小。但由于气体的可压缩性,气体静压导轨的刚度不如液体静压导轨的高。为了兼顾精度和阻尼的要求,应使摩擦力基本保持恒定,即卸荷应力应随外载荷变化能自动调节,出现了自动调节气压卸荷导轨,也称半气浮导轨。

4)滑动导轨的设计

滑动导轨的设计主要有如下内容。

(1)选择滑动导轨的类型和截面形状。

(2)根据机床工作条件、使用性能,选择出合适的导轨类型;再依照导向精度和定位精度、加工工艺性、要保证的结构刚度,确定导轨的截面形状。

(3)选择合适的导轨材料、热处理方法,保证导轨耐磨性和使用寿命。

(4)进行滑动导轨的结构设计和计算,主要有导轨受力分析、压强计算、验算磨损量和确定合理的结构尺寸,可查阅有关设计手册。

(5)设计导轨调整间隙装置和补偿方法。

(6)设计润滑、防护系统装置。

(7)制订导轨制造加工、装配的技术要求。

5)直线滚动导轨副

在静、动导轨面之间放置滚动体,如滚珠、滚柱、滚针或滚动导轨块,组成滚动导轨。滚动导轨与滑动导轨相比,具有如下优点:摩擦因数小,动、静摩擦因数很接近,摩擦力小,启动轻便,运动灵敏,不易爬行;磨损小,精度保持性好,使用寿命长;具有较高的重复定位精度,运动平稳;可采用油脂润滑,润滑系统简单。常用于对运动灵敏度要求高的地方,如数控机床和机器人或者精密定位微量进给机床中。滚动导轨同滑动导轨相比,抗振性差,但可以通过预紧方式提高;结构复杂,成本较高。

直线滚动滑轨由钢珠在滑块与滑轨之间做循环滚动,使得负载平台能沿着滑轨轻易地以高精度做线性运动,其摩擦因数可降至传统滑动导轨的1/50,使之能轻易地达到 μm 级的定位精度。

(1)直线滚动导轨副的工作原理。图 2-75 所示为数控机床中常采用的直线滚动导轨副,它由导轨条 1 和滑块 5 组成。导轨条是支承导轨,一般有两根,安装在支承件(如床身)上,滑块安装在运动部件上,它可以沿导轨条做直线运动。每根导轨条上至少有两个滑块。若运动件较长,可在一根导轨条上装 3 个或更多的滑块。如果运动件较宽,也可用 3 根导轨条。滑块 5 中装有两组滚珠 4,两组滚珠各有自己的工作轨道和返回轨道,当滚珠从工作轨道滚到滑块的端部时,经端面挡板 2 和滑块中的返回轨道孔返回,在导轨条和滑块的滚道内连续地循环滚动为防止灰尘进入,采用了密封垫 3 密封。

(2)直线滚动导轨预紧。为了提高承载能力、运动精度和刚度,直线滚动导轨可以进行预紧。

通常由制造厂用选配不同直径钢球的办法确定间隙或预紧,用户可根据对预紧要求订货。直线滚动导轨副的预紧可以分为四种情况:重预载 F_0,预载力为 $0.1C_d$(C_d 为额定动载荷);中预载 $F_1=0.05C_d$;轻预载 $F_2=0.025C_d$;无预载 $F_3=0$。根据规格不同,无预载留有 $3\sim28\ \mu m$ 间隙,常用在辅助导轨、机械手等。轻预载用于精度要求高、载荷小的机床,如磨床进给导轨、工业机器人等。中预载用于对刚度和精度均要求较高的场合,如数控机床导轨。重预载多用在重型机床。

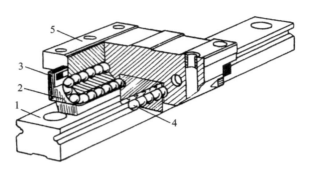

图 2-75　直线滚动导轨副

1—导轨条；2—端面挡板；3—密封垫；4—滚珠；5—滑块

（3）直线滚动导轨的设计与选定。目前，直线滚动导轨副基本上已系列化、规格化和模块化，由专门制造厂生产，用户可根据需要订购。如国产的 GGB 型直线滚动导轨是四方向等载荷型，有 AA、AB 两种尺寸系列，以导轨条的宽度 B 表示规格大小，每个系列中，从 16～65 共 9 种规格。

国外如 REXROTH、STAR、THK 等都有较高精度和刚度的直线滚动导轨副供用户选用。

因此，滚动导轨的设计，主要是根据导轨的工作条件、受力情况、使用寿命等要求，选择直线滚动导轨副的型号、数量，并进行合理的配置。先要计算直线滚动导轨副的受力，再根据导轨的工作条件和寿命要求计算动载荷，然后选择出直线滚动导轨副的型号，再验算寿命是否符合要求，最后进行导轨的结构设计。直线滚动导轨的计算可查阅有关设计手册。

2.3.2　支承与床身部件

1. 支承件的功能和应满足的基本要求

1）支承件的功能

支承件是机床装备的基础构件，如床身、立柱、横梁、底座等，相互固定连接成机床的基础和框架。机床上其他零部件可以固定在支承件上，或者工作时在支承件的导轨上运动。在切削加工中，刀具与工件间的相互作用的力最终都由支承件承受。因此，支承件的主要功能是保证机床各零部件之间的相互位置和相对运动精度，并保证机床有足够的静刚度、抗振性、热稳定性和耐用度。

2）支承件应满足的基本要求

（1）应具有足够的刚度和较高的刚度/质量比。

（2）应具有较好的动态特性，包括较大的位移阻抗（动刚度）和阻尼；整机的低阶频率较高，各阶频率不致引起结构共振；不会因薄壁振动而产生噪声。

（3）热稳定性好，热变形对机床加工精度的影响较小。

（4）排屑畅通、吊运安全，并具有良好的结构工艺性。

2. 支承件的结构设计

支承件是机床的一部分，因此设计支承件时应首先考虑所属机床的类型、布局及常用支承件的形状。在满足机床工作性能的前提下，综合考虑其工艺性。还要根据其使用要求进行受力和变形分析，再根据所受的力和其他要求（如排屑、吊运、安装其他零件等）进行结构设计，初步决定其形状和尺寸；然后，可以利用计算机进行有限元计算，求出其静态刚度和动态特性；再对设计进行修改和完善,选出最佳结构形式。既能保证支承件具有良好的性能,又能尽量减轻质量。

1)机床的类型、布局和支承件的形状

(1)机床的类型。机床根据所受外载荷的特点,可分为以下三类。

①中小型机床。这类机床的外载荷以切削力为主,工件的质量、移动部件(如车床的刀架)的质量等相对较小,在进行受力分析时可忽略不计。例如车床的刀架从床身的一端移至床身的中部时引起床身弯曲变形可忽略不计。

②精密和高精密机床。这类机床以精加工为主,切削力很小。外载荷以移动部件的重力以及切削产生的热应力为主。如双柱立式坐标镗床,在分析横梁受力和变形时,主要考虑主轴箱从横梁一端移至中部时引起的横梁的弯曲和扭转变形。

③大型和重型机床。这类机床工件较重,移动件的重量较大,切削力也很大,因此受力分析时必须同时考虑工件重力、移动件重力和切削力等载荷,如重型车床、落地镗铣床及龙门式机床等。

(2)机床的布局形式对支承件形状的影响。图 2-76 所示的卧式车床,因采用不同布局导致车床床身构造和形状不同。图 2-76(a)所示的是水平床身、水平拖板;图 2-76(b)所示的是后倾床身、水平拖板;图 2-76(c)所示的是水平床身、前倾拖板;图 2-76(d)所示的是前倾床身、前倾拖板。床身导轨的倾斜角度有 30°、45°、60°、75°。小型数控车床采用 45°、60°的较多。中型卧式车床采用前倾床身、前倾拖板布局形式较多,其优点是排屑方便,不使切屑堆积在导轨上,否则热量传递给床身易产生热变形;容易安装自动排屑装置;床身设计成封闭的箱形,能保证有足够的抗弯和抗扭强度。

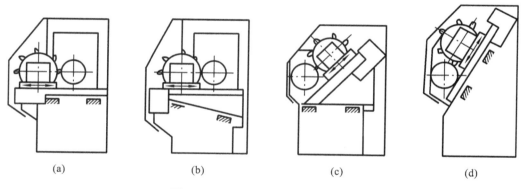

(a)　　　　　　　(b)　　　　　　　(c)　　　　　　　(d)

图 2-76　卧式数控车床的布局形式

(a)水平床身、水平拖板;(b)后倾床身、水平拖板　(c)水平床身、前倾拖板　(d)前倾床身、前倾拖板

(3)支承件的形状。支承件的形状基本上可以分为以下三类。

①箱形类。支承件在三个方向的尺寸上都相差不多,如各类箱体、底座、升降台等。

②板块类。支承件在两个方向的尺寸上比第三个方向大得多,如工作台、刀架等。

③梁类。支承件在一个方向的尺寸比另两个方向的尺寸大得多,如立柱、横梁、摇臂、滑枕、床身等。

2)支承件及床身的截面形状

支承件结构的合理设计的前提是在最小质量条件下,具有最大静刚度。静刚度主要包括弯曲刚度和扭转刚度,均与截面惯性矩成正比。支承件截面形状不同,即使同一材料、相等的截面积,其抗弯和抗扭惯性矩也不同。表 2-7 所示为截面积皆近似为 $100\ mm^3$ 的 8 种不同截面形状的抗弯和抗扭惯性矩的比较。比较后得出下列结论。

(1)空心截面结构件的刚度都比实心的大;同样的断面形状的结构件,截面积相同,外形尺寸大而壁薄的截面比外形尺寸小而壁厚的截面的抗弯刚度和抗扭刚度都高。所以,为提高支承件刚度,支承件的截面应是中空形状,尽可能加大截面尺寸,在工艺可能的前提下壁厚尽量薄一些。当然壁厚不能太薄,以免出现薄壁振动。

(2)圆(环)形截面的抗扭刚度比矩形好,而抗弯刚度比矩形低。因此,以承受弯矩为主的支承件的截面形状应取矩形,并以其高度方向为受弯方向;以承受扭矩为主的支承结构的截面形状应取圆(环)形。

(3)封闭截面的刚度远远大于开口截面的刚度,特别是抗扭刚度。设计时应尽可能把支承件的截面做成封闭形状。

表 2-7　不同截面的抗弯抗扭惯性矩

序号	截面形状/mm	惯性矩计算值/mm⁴		序号	截面形状/mm	惯性矩计算值/mm⁴	
		抗弯	抗扭			抗弯	抗扭
1	φ113	$\dfrac{800}{1.0}$	$\dfrac{1600}{1.0}$	5	100×100	$\dfrac{833}{1.04}$	$\dfrac{1400}{0.88}$
2	φ160/φ113, 23.5	$\dfrac{2412}{3.02}$	$\dfrac{4824}{3.02}$	6	100, 142, 142	$\dfrac{2555}{3.19}$	$\dfrac{2040}{1.27}$
3	φ196/φ160, 18	$\dfrac{4030}{5.04}$	$\dfrac{8060}{5.04}$	7	50×200	$\dfrac{3333}{4.17}$	$\dfrac{680}{0.43}$
4	φ196/φ160	$\dfrac{108}{0.07}$		8	85, 200, 235, 50	$\dfrac{5860}{7.325}$	$\dfrac{1316}{0.82}$

图 2-77 所示的机床床身均为空心矩形截面,其中图 2-77(a)所示为典型的车床类床身,工作时承受弯曲和扭转载荷,并且床身上需有较大空间排除大量切屑和冷却液。

图 2-77(b)所示的是镗床、龙门刨床等机床的床身,主要承受弯曲载荷。由于切屑不需要从床身排除,所以顶面多采用封闭的,台面较低,以便于工件的安装调整。

图 2-77(c)所示为大型、重型机床的床身,采用三道墙壁结构。对于重型机床来说,可采用双层壁结构床身,以便进一步提高刚度。

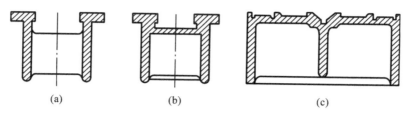

图 2-77　机床床身截面图

(a)车床类床身　(b)镗床、龙门刨床类床身　(c)大型、重型机床床身

3)支承件及床身的肋板、肋条的布置

肋板、肋条是指为了提高刚度,在支承件及床身的板壁一侧(多在内侧)增加的一些板和条,它能使板壁的局部载荷传递给其他壁板,从而使整个结构件承受载荷,加强结构件的自身和整体刚度(见图 2-78)。肋板的布置取决于支承件的受力变形方向。其中,水平布置的肋板、肋条有助于提高支承件水平面内弯曲刚度;垂直布置的肋板、条有助于提高支承件垂直面内的弯曲刚度;而斜向布置的肋板、条能同时提高支承件的抗弯和抗扭刚度。

图 2-79 所示的是在立柱中采用肋板的两种结构形式,图 2-79(a)中立柱加有菱形加强肋,形状近似正方形。图 2-79(b)中加有 X 形加强肋,形状也近似为正方形。因此,两种结构抗弯和抗扭刚度都很高,应用于受复杂的空间载荷作用的机床。如加工中心、镗铣床等。

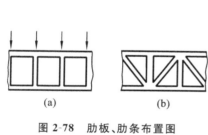

图 2-78　肋板、肋条布置图

(a)正方形　(b)X 形

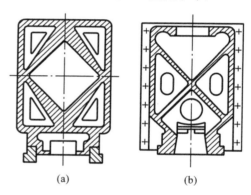

图 2-79　立式加工中心立柱

(a)菱形加强肋　(b)X 形加强肋

支承件及床身的内壁配有肋条,主要为了减小局部变形和薄壁振动,提高支承件的局部刚度。如图 2-80 所示,肋条可以纵向、横向和斜向放置,常常布置成交叉排列,如井字形、米字形等。必须使肋条位于壁板的弯曲平面内,才能有效地减少壁板的弯曲变形。肋条厚度一般是床身壁厚的 0.7～0.8 倍。

局部增设肋条,提高局部刚度的例子如图 2-81 所示。图 2-81(a)表示在支承件的固定螺栓、连接螺栓或地脚螺栓处的加强肋条。图 2-81(b)所示为床身导轨处的加强肋条。

4)合理选择支承件及床身的壁厚

为减轻机床的质量,支承件的壁厚应在满足工艺要求的前提下,尽可能选择得薄些。

铸铁支承件的外壁厚可根据当量尺寸 C 来选择。当量尺寸 C(m)可表示为

$$C=(2L+B+H)/3$$

式中:L、B、H——支承件的长、宽、高。

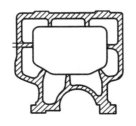

图 2-80 立柱肋条布置图

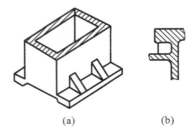

图 2-81 局部加强肋

(a)底板加强肋 (b)导轨加强肋

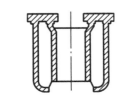

图 2-82 双层壁结构

根据算出的 C 值按表 2-8 选择最小壁厚 t,再综合考虑工艺条件、受力情况,可适当加厚。壁厚应尽量均匀。

表 2-8 根据当量尺寸选择壁厚

C/m	0.75	1.0	1.5	1.8	2.0	2.5	3.0	3.5	4.0
t/mm	8	10	12	14	16	18	20	22	25

焊接支承件及床身一般采用钢板与型钢焊接而成。由于钢的弹性模量约比铸铁大一倍,板焊接床身的抗弯刚度约为铸铁床身的 1.45 倍。所以钢在承受同样载荷的情况下,壁厚可做得比铸件薄 2/3～4/5,以减小质量。具体数字可参考表 2-9 选用。但是,钢的阻尼是铸铁的 1/3,抗振性较差,所以焊接支承件在结构和焊缝上要采取抗振措施。

表 2-9 焊接床身壁厚选择

机床规格 壁或肋的位置及承载情况	壁厚/mm	
	大型机床	中型机床
外肋和纵向主肋	20～25	8～15
肋	15～20	6～12
导轨支承壁	30～40	18～25

焊接支承件及床身依靠封闭截面形状,正确布置肋板和肋条来提高刚度。壁厚过薄将会使支承件及床身的壁板动刚度急剧降低,在工作过程中产生振动,而引起较大的噪声。所以应根据壁板刚度合理地确定壁厚,防止薄壁振动。

大型机床以及承受载荷较大的导轨处的壁板往往采用图 2-82 所示的双层壁结构,以提高刚度。一般选用双层壁结构的壁厚度 $t \geqslant 3～6$ mm。

3. 支承件与床身的材料

支承件与床身常用的材料有铸铁、钢板和型钢、石材、预应力钢筋混凝土、树脂混凝土等。

1)铸铁

一般支承件与床身用灰铸铁制成,在铸铁中加入少量合金元素可提高耐磨性。铸铁铸造性能好,容易获得复杂结构的结构件,同时铸铁的内摩擦力大,阻尼系数大,使振动衰减的性能好,成本低;但是铸铁件需要木模芯盒,制造周期长,有时会产生缩孔、气泡等缺陷;适合成批生产。

表 2-10 为常用的灰铸件的性能,其中 HT100 称为Ⅲ级铸铁,其力学性能最差,一般用作镶装导轨的支承件;HT150 称为Ⅱ级铸铁,它流动性好,铸造性能好,但力学性能较差,适用于

形状复杂的铸件、重型机床床身及受力不大的床身和底座；HT200 称为 Ⅰ 级铸铁，抗压抗弯性能较好，可制成带导轨的支承件与床身，但不适宜制作结构太复杂的零件。

表 2-10　常用灰铸铁的力学性能

牌号		单铸试棒的力学性能		不同壁厚的铸件力学性能			
新牌号	旧牌号	$[\sigma_b]$		铸件壁厚/mm		$[\sigma_b]$	
		MPa	kgf/mm²	>	≤	MPa	kgf/mm²
HT100	HT10-26	100	10.2	2.5	10	130	13.3
				10	20	100	10.2
				20	30	90	9.2
				30	50	80	8.2
HT150	HT15-33	150	15.3	2.5	10	175	17.8
				10	20	145	14.8
				20	30	130	13.3
				30	50	120	12.2
HT200	HT20-40	200	20.4	2.5	10	220	22.4
				10	20	195	19.9
				20	30	170	17.3
				30	50	160	16.3

为增加支承件耐磨性，也可采用高磷铸铁、磷铜钛铸铁、铬钼铸铁等合金铸铁。

铸造支承件及床身要进行时效处理，以消除内应力。

2）钢焊接结构

用钢板和型钢等焊接支承件，其特点如下。

（1）制造周期短，省去制作木模和铸造工艺。

（2）支承件及床身可制成封闭结构，刚度好。

（3）便于产品更新和结构改进。

随着计算技术的应用，可以对焊接件结构负载和刚度进行优化处理，即通过有限元法进行分析，根据受力情况合理布置肋板，选择合适厚度的材料，以提高大件的动静刚度。因此，近 20 年来，国外支承件用钢焊接结构件代替铸件的趋势不断扩大，开始在单件和小批生产的重型机床和超重型机床上应用，逐步发展到一定批量的中型机床中。

钢焊接结构的缺点是钢材料内摩擦阻尼约为铸铁的 1/3，抗振性较铸铁差，为提高机床抗振性能，可采用提高阻尼的方法来改善动态性能。

3）预应力钢筋混凝土

主要用于制作不常移动的大型机械的机身、底座、立柱等支承件。预应力钢筋混凝土支承件的刚度和阻尼比铸铁大几倍，抗振性好，成本较低。用钢筋混凝土制成支承件时，钢筋的配置对支承件影响较大。一般三个方向都要配置钢筋，总预拉力为 120～150 kN。其缺点是脆性大，耐蚀性差，油渗入导致材质疏松，所以表面应进行喷漆或喷塑处理。

图 2-83 所示为某数控车床的底座和床身，底座 1 为钢筋混凝土，混凝土的内摩擦阻尼很高，所以机床的抗振性很高。床身 2 为内封砂芯的铸铁床身，也可提高床身的阻尼。

4）天然石材

天然石材有花岗石与大理石。天然花岗石与大理石的支承件及床身具有以下特点。

（1）机械构件刚度好，硬度高，耐磨性比铸铁的高 5～6 倍，加工方便，通过研磨和抛光容易得到很高的精度和较低的表面粗糙度。

（2）经长期天然时效，内应力完全消失，因此精度保持性好，能在重负荷下保持高精度。

（3）抗振性好，阻尼系数比钢大 15 倍。

（4）组织结构均匀，使热系数和线膨胀系数小，热稳定性好。

花岗石与大理石支承件及床身主要用于高精度的装备（如三坐标测量机（见图2-84）、印制电路板精密数控钻床、气浮导轨基座等）。

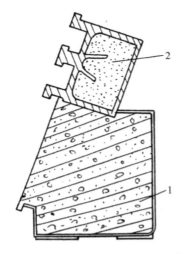

图 2-83　数控车床的底座和床身示意图
1—混凝土底座；2—内封砂芯的床身

图 2-84　采用天然石材工作台和底座的三坐标测量机

5）树脂混凝土

树脂混凝土是制造机床支承件与床身的一种新型材料，也称人造花岗岩。

树脂混凝土采用合成树脂（如不饱和聚酯树脂、环氧树脂、丙烯酸树脂等）为黏结剂，加入固化剂、稀释剂、增韧剂等将骨料固结而成。固化剂作用是与树脂发生反应，使原有的线型结构的热塑性材料转化成体型结构的热固性材料。稀释剂的作用是降低树脂的黏度，使浇铸时有较好的渗透力，防止固化时产生气泡。增韧剂用来提高韧度，提高抗冲击强度和抗弯强度。骨料可分为细骨料（如河沙、硅沙等）和粗骨料（如卵石、花岗岩、石灰石等碎石），有时还要添加些粉末填料，以便改善树脂混凝土的力学性能，如提高耐磨性、抗拉压强度。

树脂混凝土特点如下。

（1）刚度高，具有良好的阻尼性能，阻尼比为灰铸铁的 8～10 倍，抗振性好。

（2）热容量大，热传导率低，传热系数只为铸铁的 1/25～1/40，热稳定性高，其构件热变形小。

（3）质量小，相同体积为铸铁的 1/3。

（4）可获得良好的几何形状精度，表面粗糙度也较低。

（5）对切削油、润滑剂、冷却液有极好的耐蚀性。

（6）与金属黏结力强，可根据不同的结构要求，预埋金属件，使机械加工量减少，降低成本。

（7）浇注时无大气污染；生产周期短，工艺流程短。

（8）浇注出的床身静刚度比铸铁床身的提高 16%～40%。

树脂混凝土的力学性能与铸铁的比较见表 2-10。

表 2-10　树脂混凝土的力学性能与铸铁的比较

性能	单位	树脂混凝土	铸铁	性能	单位	树脂混凝土	铸铁
密度		2.4	7.8	对数衰减率		0.04	
弹性模量	MPa	3.8×10^4	3.8×10^4	线胀系数		16×10^{-6}	11×10^{-6}
抗压强度	MPa	145		传热系数	W/(m²·K)	1.5	54
抗拉强度	MPa	14	250	比热容	J/(kg·K)	1250	437

树脂混凝土支承件与床身在高速、高效、高精度加工机床中具有广泛的应用前景。

4.提高支承件结构性能的措施

（1）提高支承件的静刚度和固有频率的主要方法如下。

①根据支承件受力情况，合理地选择支承件的材料，截面形状和尺寸，壁厚，合理地布置肋板和肋条，以提高结构整体和局部的弯曲刚度和扭转刚度。

②用有限元方法进行定量分析，以便在较小质量下得到较高的静刚度和固有频率。

③在刚度不变的前提下，减小质量可以提高支承件的固有频率。

④改善支承件间的接触刚度以及支承件与地基连接处的刚度。

例如：某数控车床的床身（见图 2-85）采用倾斜式空心封闭箱形结构，排屑方便，抗扭刚度高。某加工中心床身（见图 2-86）采用三角形肋板结构，抗扭抗弯刚度均较高。图 2-79 所示的是立式加工中心立柱采用的两种结构形式。图 2-79(a) 所示为在立柱加菱形加强肋，形状为正方形；图 2-79(b) 所示的是 X 形加强肋，截面形状近似正方形。这两种结构使得在两个方向的抗弯刚度基本相同，抗扭刚度也较高，特别适合受复杂空间载荷作用的机床。

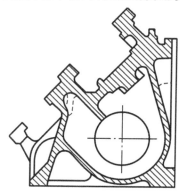

图 2-85　数控车床床身截面图

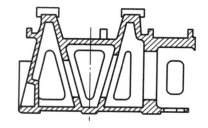

图 2-86　加工中心床身截面图

图 2-87 所示的是大型滚齿机立柱和床身截面示意图，采用双层壁加强肋的封闭式框架结构，刚度好，并将其内腔设计成供液压油循环的通道使床身温度场一致，防止热变形。

（2）提高动态特性。

①改善阻尼特性。

a.结构件内腔填充。对于铸铁件而言，不清除内部砂芯，或在支承件中填充型砂或混凝土等阻尼材料，可以起到减振作用，如图 2-88 所示的车床床身、图 2-89 所示的镗床主轴箱，将铸造砂芯封装在箱内，增大阻尼，提高了动态特性。

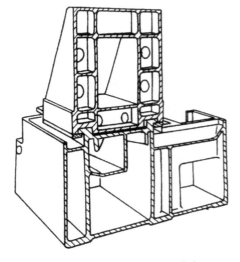

图 2-87　滚齿机的立柱和床身

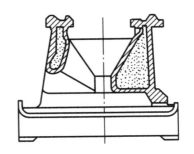

图 2-88　封砂结构的床身

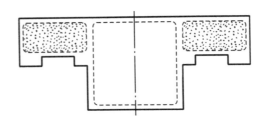

图 2-89　主轴箱的截面图

对于焊接结构件也可以在内腔中填充混凝土来减振。

b. 增加接合面间的摩擦阻尼。对于焊接支承件与床身,还可以充分利用接合面间的摩擦阻尼来减小振动。即两焊接件之间留有贴合而未焊死的表面,在振动过程中,两贴合面之间产生的相对摩擦起阻尼作用,使振动减小。间断焊缝虽使静刚度有所下降,但阻尼比大为增加,使动刚度大幅度增大。

图 2-90 所示为三种板状结构。图 2-90(a)所示为厚度为 20 mm 的铸铁板;图 2-90(b)所示为两块厚度为 10 mm 的钢板点焊在一起,中间构成摩擦面,其阻尼比已超过图 2-90(a)的铸铁板;图 2-90(c)所示为两块厚度为 10 mm 的钢板,四周焊在一起,中间摩擦面构成的阻尼比大大超过铸铁板。不言而喻,采用合理焊缝设计得到的阻尼比可以是材料本身阻尼的 10~100 倍。

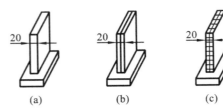

图 2-90　焊接件减振板

(a)铸铁板　(b)点焊在一起的两块钢板　(c)四周焊在一起的两块钢板

　　c. 表面采用阻尼涂层。弯曲构件表面喷涂一层具有高内阻尼和较高弹性的黏弹性材料，涂层愈厚，阻尼愈大。这种方法常用于钢板焊制的支承件上。采用阻尼涂层不改变原设计的结构和刚度，就能获得较高的阻尼比，既提高了抗振性，又提高了对噪声辐射的吸收能力。

　　如某铣床悬梁（见图 2-91）是一个封闭的箱形铸件。在悬梁端部空间装有四个铁块 1，并填满直径为 6～8 mm 的钢球 2，再注入高黏度的油 3。振动时，油在钢球间产生的摩擦及钢球、铁块间的碰撞可耗散振动能量，增大阻尼。

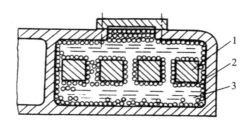

图 2-91　悬梁的阻尼
1—铁块；2—钢球；3—高黏度油

　　②采用新材料制造支承件。树脂混凝土材料问世以来，由于它具有刚度高、抗振性好、热变形小、耐化学腐蚀的特点，被国外和国内广泛研究。现在英国、美国、日本、德国、瑞士都已在实际中应用。我国也已成功地应用于精密外圆磨床中。

　　（3）提高热稳定性。机床热变形是影响加工精度的重要因素之一，应设法减少热变形，特别是不均匀的热变形以降低热变形对精度的影响。主要方法如下。

　　①控制温升。机床运转时，可采取适当地加大散热面积、加设散热片、设置风扇等措施改善散热条件，迅速将热量散发到周围空气中，则机床的温升不会很高。

　　另外，还可以采用分离或隔绝热源的方法，如将主要热源（液压油箱、变速箱、电动机等）移到与机床隔离的地基上；在支承件中布置隔板来引导气流经过大件内温度较高的部位，将热量带走；在液压马达、液压缸等热源外面加隔热罩，以减少热源热量的辐射；采用双层壁结构，之间有空气层，使外壁温升较小，又能限制内壁的热胀作用。

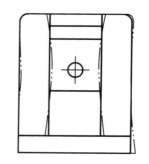

图 2-92　立柱热对称结构

　　②采用热对称结构。热对称结构是指在发生热变形时，由于支承件两侧热变形的对称性，其工件或刀具回转中心线的位置基本不变，因而减小了对加工精度的影响。如图 2-92 所示的双立柱结构的加工中心或卧式坐标镗床，其主轴箱装在框式立柱内，且以左右两立柱的侧面定位。由于两侧热变形的对称性，主轴中心线的升降轨迹不会因立柱的热变形而左右倾斜，从而保证了定位精度。

　　③采用热补偿装置。采用热补偿的基本方法是在热变形的相反方向上采取措施，产生相应的反方向热变形，使两者之间的影响相互抵消，减少综合热变形。

　　目前，国内外都已能利用计算机和检测装置进行热位移补偿，预测热变形规律，然后建立数学模型存入计算机中进行实时处理，进行热补偿。

2.4　进给传动部件

2.4.1　进给传动部件的功能和基本要求

进给传动部件用来实现机床的进给运动和辅助运动。机床的能力在很大程度上取决于进给传动方式。

1. 进给传动部件的组成

传统机床进给传动部件一般由动力源、变速机构、换向机构、运动分配机构、过载保险机构、运动转换机构和执行件等组成。

(1)进给传动可以采用单独电动机作为动力源,便于缩短传动链,实现几个方向进给运动和机床自动化;也可以与主传动共用一个动力源,便于保证主传动和进给运动之间的严格传动比关系,适用于有内联传动链的机床,如车床、齿轮加工机床等。

(2)进给传动部件的变速机构用来改变进给量大小。常用的有交换齿轮变速、滑移齿轮变速、齿轮离合器变速、机械无级变速和伺服电动机变速等。设计时,若几个进给运动共用一个变速机构,应将变速机构放置在运动分配机构前面。

(3)换向机构有两种:一种是进给电动机换向,换向方便,但换向次数不能太频繁;另一种是用齿轮换向(圆柱或锥齿轮),这种方式换向可靠,广泛用在各种机床中。运动分配机构用来转换传动路线,常采用离合器。

(4)过载保险机构的作用是在过载时自动断开进给运动,过载排除后自动接通。常用的有牙嵌离合器、片式安全离合器、脱落蜗杆等。

(5)运动转换机构用来变换运动的类型(回转运动变直线运动),如齿轮齿条、蜗杆蜗条、丝杠螺母等。数控机床和精密机床采用滚珠丝杠和螺母机构,无间隙,传动精度高且平稳。

(6)在现代数控机床中,进给运动则由数控坐标轴实现,其结构和组成将是一个全新的概念。

2. 进给传动部件设计应满足的基本要求

(1)具有足够的静刚度和动刚度。

(2)具有良好的快速响应性,低速进给运动或微量进给时不爬行,运动平稳,灵敏度高。

(3)抗振性好,不会因摩擦自振而引起传动件的抖动或齿轮传动的冲击噪声。

(4)具有足够宽的调速范围,保证实现所要求的进给量,以适应不同的加工材料,使用不同刀具,满足不同的零件加工要求,能传动较大的扭矩。

(5)传动精度和定位精度高。

(6)结构简单,加工和装配工艺性好。调整维修方便,操作轻便灵活。

2.4.2　机械进给传动部件的设计的特点

根据加工对象、成形运动、进给精度、运动平稳性及生产率等因素的要求,不同类型的机床实现进给运动的传动类型各不相同,主要有机械进给传动、液压进给传动、电气伺服进给传动等。机械进给传动系虽然结构较复杂,制造及装配工作量较大,但由于工作可靠,便于检查和维修,仍有很多机床采用。

1. 进给传动是恒扭矩传动

切削加工中,当进给量较大时,一般采用较小的背吃刀量;当背吃刀量较大时,多采用较小的进给量。所以,在各种不同进给量的情况下,产生的切削力大致相同,而进给力则是切削力在进给方向的分力,因此也大致相同。所以进给传动与主传动不同,驱动进给运动的传动不是恒功率传动,而是在恒扭矩传动。

2. 进给传动部件中各传动件的计算转速是其最高转速

因为进给传动是恒扭矩传动,在各种进给速度下,末端输出轴上受的扭矩是相同的,设是 $T_末$。进给传动系中各传动件(包括轴和齿轮)所受的扭矩可表示为

$$T_i = T_末 n_末 / n_i = T_末 u_i$$

式中: T_i——第 i 个传动件承受的扭矩;

$n_末$、n_i——末端输出轴和第 i 轴的转速;

u_i——第 i 个传动件传至末端输出轴的传动比,如有多条传动路线,取其中最大的传动比。

由上式可知, u_i 越大,传动件承受的扭矩越大。在进给传动系的最大升速链中,各传动件至末端输出轴的传动比最大,承受的扭矩也最大。故各传动件的计算转速是其最高转速。

例如图 2-93 所示的中型升降台铣床进给部件的转速图。由电动机经 $3 \times 3 \times 2$ 齿轮变速,然而通过 $1:1$ 的定比传动到主轴 V,可以得到 9~450 r/min 的 18 种进给速度。主轴 V 的计算转速为其最高转速 450 r/min。其余各轴的计算转速在其最高升速传动路线上,如图中粗线所示,图中双圈所示是各轴的计算转速。

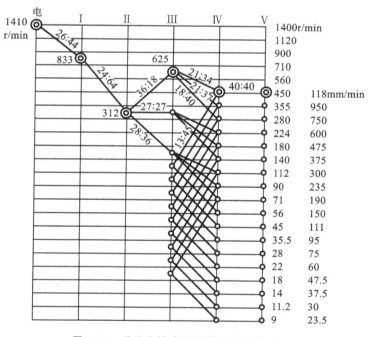

图 2-93　升降台铣床进给传动部件转速图

3. 进给传动的转速图为"前疏后密"结构

一般来说,传动件至末端输出轴的传动比越大,传动件承受的扭矩越大。由于进给传动是恒扭矩传动,其转速图的设计正好与主传动的相反,是前疏后密的结构,即采用扩大顺序与传

动顺序不一致的结构式,如 $Z=16=2_8\times2_4\times2_2\times2_1$,这样可以使进给部件内更多的传动件至末端输出轴的传动比较小,承受的扭矩也较小,从而减小各中间轴和传动件的尺寸。

4. 进给传动的变速范围

进给传动速度低,受力小,消耗功率小,齿轮模数较小,因此,进给传动变速组的变速范围可取比主变速组较大的值。

为缩短进给传动链,减小进给箱的受力,提高进给传动的稳定性,进给传动部件的末端常采用降速比很大的传动机构,如蜗杆蜗轮、丝杠螺母、行星齿轮机构等。

5. 进给传动部件采用传动间隙消除机构

对于精密机床、数控机床的进给传动部件,为保证传动精度和定位精度,尤其是换向精度,要设计相应的机构来消除传动间隙,如齿轮传动间隙消除机构和丝杠螺母传动间隙消除机构等。

6. 快速空程传动的采用

为缩短进给空行程时间,要设计快速空行程传动机构。快速与工进需在带负载运行中变换,如采用超越离合器、差动机构或电气伺服进给传动等。

7. 微量进给机构的采用

有些场合的进给运动的进给量极小,例如每次小于 2 μm,或进给速度小于 10 mm/min,需采用微量进给机构。

微量进给机构有自动和手动两类。自动微量进给机构采用各种驱动元件,使进给能自动地进行;手动微量进给机构主要用于微量调整精密机床的一些部件,如坐标镗的工作台和主轴箱、数控机床的刀具尺寸补偿等。

常用的微量进给机构中最小进给量大于 1 μm 的机构有蜗杆传动、丝杠螺母传动、齿轮齿条传动等,适用于进给行程大、进给量、进给速度变化范围宽的机床;小于 1 μm 的进给机构有磁致伸缩传动、热应力传动和电致伸缩传动等。都是利用材料的物理性能实现微量进给。特点是结构简单、位移量小、行程短。

磁致伸缩传动(见图 2-94)是靠改变软磁材料(如铁钴合金、铁铝合金等)的磁化状态,使其尺寸和形状产生变化,以实现步进或微量进给,适用于小行程微量进给。

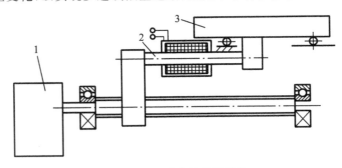

图 2-94　磁致伸缩微量进给

1—电动机;2—磁致伸缩材料棒;3—工作台

热应力传动(见图 2-95)是利用金属杆(管)件的热伸长驱使执行部件运动,来实现步进式微量进给,进给量小于 0.5 μm,其重复定位精度不太稳定。

电致伸缩是压电效应的逆效应。当晶体带电或处于电场中,其尺寸发生变化,将电能转换为机械能以实现微量进给。其进给量小于 0.5 μm,适用于小行程微量进给。

图 2-96 所示为一种轧机轧辊微量进给示意图。压电陶瓷元件 1 在电场作用下伸缩,使机架 2 产生弯曲变形,改变轧辊 3 之间的距离。控制压电陶瓷元件的外加电压,就可以微量控制轧辊间的距离(可达 0.1 μm)。

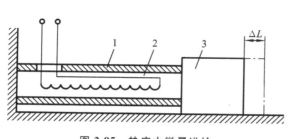

图 2-95　热应力微量进给

1—金属管;2—电热元件;3—工作台

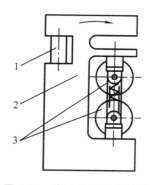

图 2-96　电致伸缩微量进给

1—压电陶瓷元件;2—机架;3—轧辊

对微量进给机构的基本要求是灵敏度高,刚度好,平稳性好,低速进给时速度均匀,无爬行,精度高,重复定位精度好,结构简单,调整方便,操作方便灵活等。

2.4.3　电气伺服进给系统

伺服系统又称随动系统,是用来精确地跟随或复现某个过程的反馈控制系统。伺服系统是物体的位置、方位、状态等输出被控量能够跟随输入目标(或给定值)的任意变化的自动控制系统。它的主要任务是按控制命令的要求、对功率进行放大、变换与调控等处理,使驱动装置输出的力矩、速度和位置控制非常灵活方便。在很多情况下,伺服系统专指被控制量(系统的输出量)是机械位移或速度、加速度的反馈控制系统,其作用是使输出的机械位移(或转角)准确地跟踪输入的位移(或转角),其结构组成和其他形式的反馈控制系统没有原则上的区别。

从系统组成元件的性质来看,有电气伺服系统、液压伺服系统和电气-液压伺服系统等。

1. 电气伺服进给系统

电气伺服系统是数控装置和机床之间的联系环节,是以机械位置或角度作为控制对象的自动控制系统,其作用是接受来自数控装置发出的进给脉冲,经变换和放大后驱动工作台按规定的速度和距离移动。

电气伺服系统按控制方式分为开环、闭环和半闭环系统。

1)开环系统

开环系统主要由驱动电路,执行元件和机床三大部分组成。常用的执行元件是步进电动机,通常称以步进电动机作为执行元件的开环系统为步进式伺服系统。在这种系统中,如果是大功率驱动时,用步进电动机作为执行元件。驱动电路的主要任务是将指令脉冲转化为驱动执行元件所需的信号。

如图 2-97 所示。开环系统对工作台实际位移量没有检测和反馈装置。数控装置发来的每一个进给脉冲由步进电动机直接变换成一个转角(步距角),再通过齿轮(或同步齿形带、滚珠丝杠螺母)带动工作台移动。

开环伺服系统的精度取决于步进电动机的步距角精度,步进电动机至执行部件间传动部

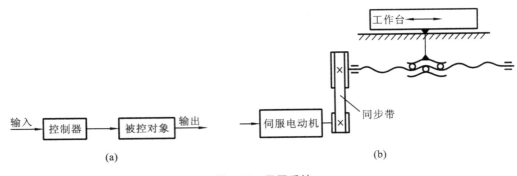

图 2-97　开环系统

(a)系统框图　(b)系统原理图

件的传动精度。这类系统的定位精度较低,但系统简单,调试方便,成本低,适用于精度要求不高的数控机床中。

2)闭环系统

在闭环系统中,使用位移测量元件测量机床执行部件的移(转)动量,将执行部件的实际移(转)动量和控制量进行比较,比较后的差值用信号反馈给控制系统,对执行部件的移(转)动进行补偿,直至差值为零。例如,在图 2-98 所示的闭环系统中,检测元件安装在工作台上,直接测量工作台的位移,将测得的位移量反馈到数控装置,与要求的进给位移量进行比较,根据比较结果增加或减少发出的进给脉冲数,由伺服电动机校正工作台的位移误差。

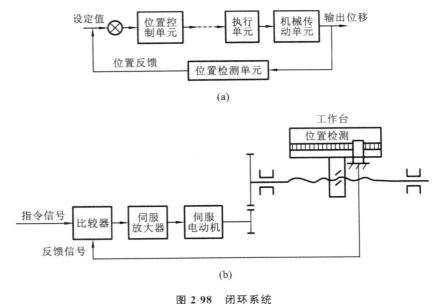

图 2-98　闭环系统

(a)系统框图　(b)系统原理图

为提高系统的稳定性,闭环系统除了检测执行部件的位移量外,还检测其速度。

闭环控制可以消除整个系统的误差、间隙和失动,其定位精度取决于检测装置的精度,其控制精度、动态性能等较开环系统好;但系统比较复杂,安装、调整和测试比较麻烦,成本高,适用于精密型数控机床。

3)半闭环系统

如果检测元件不是直接安装在执行部件上,而是安装在进给传动系中间部位的旋转部件上,称为半闭环系统。图 2-99(a)所示为将检测元件安装到丝杠的端部,用于测量丝杠的转动,间接测量工作台的移动;图 2-99(b)所示则是将检测元件安装在伺服电动机的端部。

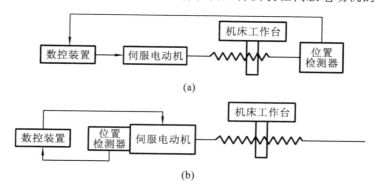

图 2-99　半闭环系统

(a)从丝杠轴反馈　(b)从伺服电动机轴反馈

半闭环系统只能补偿环路内部传动链的误差,不能纠正环路之外的误差。如丝杠螺母的导程误差和间隙、丝杠轴承的轴向跳动等误差等均在环路之外,则无法补偿。

由于惯性较大的工作台在闭环之外,系统稳定性较好。与闭环系统相比,半闭环系统结构简单,调整容易,价格低,所以应用较多。

综上所述,对伺服系统的基本要求是稳定性要好,精度要高,快速响应好,定位精度高。影响机床伺服系统性能的主要因素有:进给传动件的间隙;机床运动部件的振动和摩擦;机床的刚度和抗振性;系统的质量和惯量;低速运动的平稳性和无爬行现象等。

2.电气伺服进给系统驱动部件

电气伺服进给系统由伺服驱动部件和机械传动部件组成。伺服驱动部件有步进电动机、直流伺服电动机和交流伺服电动机;机械传动部件如齿轮、滚珠丝杠螺母等。

1)对进给驱动部件的基本要求

(1)调速范围要宽,以满足使用不同类型刀具对不同零件加工所需要的切削条件,且低速运行平稳,无爬行。

(2)快速响应好,即跟踪指令信号响应要快,无滞后,电动机具有较小的转动惯量。

(3)抗负载振动能力强,切削中受负载冲击时,系统的速度仍基本不变,在低速下有足够的负载能力。

(4)可承受频繁启动、制动和反转。

(5)振动和噪声小,可靠性高,使用寿命长。

(6)调整、维修方便。

2)驱动部件的类型和特点

常用的进给驱动部件如图 2-100 所示。

(1)步进电动机及驱动器(见图 2-100(a))。步进电动机是将电脉冲信号变换成角位移(或线位移)的一种机电式数模转换器。它每接受数控装置输出的一个电脉冲信号,电动机轴就转过一定的角度,这称为步进电动机的步距角。角位移与输入脉冲个数成严格的比例关系,步进电动机的转速与控制脉冲的频率成正比,其步距角用 α 表示,有

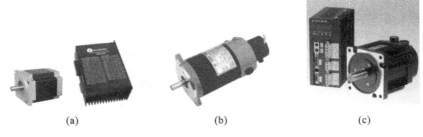

图 2-100　进给驱动部件

(a)步进电动机及驱动器　(b)直流伺服电动机　(c)交流伺服电动机及驱动器

$$\alpha=\frac{360^\circ}{PZK}$$

式中:P——步进电动机相数;

　　Z——步进电动机转子的齿数;

　　K——通电系数,当仅单拍通电(或仅双拍通电)时 $K=1$,单、双拍通电时 $K=2$。

步进电动机的转速可以在很宽的范围内调节,改变绕组通电的顺序,可以控制电动机的旋转方向。

步进电动机的优点是没有累积误差,结构简单,使用、维修方便,制造成本低,带动负载惯量的能力大,适用于中、小型机床和速度精度要求不高的地方;缺点是效率较低,发热大,有时会"失步"。

(2)直流伺服电动机(见图 2-100(b))。机床上常用的直流伺服电动机主要有小惯量直流电动机和大惯量直流电动机。小惯量直流电动机的优点是转子直径较小、轴向尺寸大。长径比约为 5,故转动惯量小,仅为普通直流电动机的 1/10 左右,因此响应时间快;缺点是额定扭矩较小,一般必须与齿轮降速装置相匹配。常用于高速、轻载的小型数控机床中。

大惯量直流伺服电动机又称宽调速直流电动机,有电励磁和永久磁铁励磁两种类型。电励磁的特点是励磁量便于调整,成本低。永磁型直流电动机能在较大过载扭矩下长期工作,并能直接与丝杠相连而不需要中间传动装置,还可以在低速下平稳地运转,输出扭矩大。宽调速直流电动机可以内装测速发电机,还可以根据用户需要,在电动机内部加装旋转变压器和制动器,为速度环提供较高的增益,能获得高刚度和良好的动态性能。直流电动机频率高,定位精度好,调整简单,工作平稳;缺点是转子温度高,转动惯量大,时间响应较慢。

(3)交流伺服电动机及驱动器(见图 2-100(c))。交流伺服电动机内部的转子是永磁铁,驱动器控制的 U/V/W 三相电形成电磁场,转子在此磁场的作用下转动,同时电动机自带的编码器反馈信号给驱动器,驱动器根据反馈值与目标值进行比较,调整转子转动的角度。伺服电动机的精度取决于编码器的精度(线数)。

交流伺服电动机较普通交流电动机而言,具有调速范围宽、转子的惯性小和控制功率小的优点。

交流伺服电动机作为控制用电动机而言,具有如下特点。

①控制精度高。以全数字式交流伺服电动机为例,对于带标准 2500 线编码器的电动机而言,由于驱动器内部采用了四倍频技术,其脉冲当量为360°/10000＝0.036°。对于带 17 位编码器的电动机而言,驱动器每接收 $2^{17}=131072$ 个脉冲电动机转一圈,即其脉冲当量为360°/131072＝9.89″,是步距角为 1.8°的步进电动机的脉冲当量的 1/655。

②低速稳定。交流伺服电动机运转非常平稳,即使在低速时也不会出现振动现象。交流伺服系统具有共振抑制功能,可涵盖机械的刚度不足,并且系统内部具有频率解析机能(FFT),可检测出机械的共振点,便于系统调整。

③矩频特性好。交流伺服电动机为恒力矩输出,即在其额定转速(一般为 2000～3000 r/min),都能输出额定转矩。在额定转速以上为恒功率输出。

④过载能力强。具有速度过载和转矩过载能力。其最大转矩为额定转矩的三倍,可用于克服惯性负载在启动瞬间的惯性力矩。步进电动机因为没有这种过载能力,为了克服这种惯性力矩,在选型时往往需要选取较大转矩的电动机,而机器在正常工作期间又不需要那么大的转矩,便出现了力矩浪费的现象。

⑤控制性能可靠。交流伺服驱动系统为闭环控制,驱动器可直接对电动机编码器反馈信号进行采样,内部构成位置环和速度环,一般不会出现步进电动机的丢步或过冲的现象,控制性能更为可靠。

⑥具有快速响应能力。交流伺服系统的加速性能较好,以某 400 W 交流伺服电动机为例,从静止加速到其额定转速 3000 r/min 仅需几毫秒,可用于要求快速启停的控制场合。

(4)直线电动机。直线电动机也称线性电动机,是一种将电能直接转换成直线运动机械能,而不需要任何中间转换机构的传动装置。直线电动机是适应超高速加工技术发展的需要而出现的一种新型电动机。

直线电动机驱动系统替换了传统的由回转型伺服电动机加滚珠丝杠的伺服进给系统,从电动机到工作台之间的一切中间传动都没有了,可直接驱动工作台进行直线运动,使工作台的加/减速提高到传统机床的 10～20 倍,使速度提高 3～4 倍。

直线电动机的工作原理同旋转电动机相似,可以看成是将旋转型电动机沿径向剖开,向两边拉开展平后演变而成,如图 2-101 所示。原来的定子演变成直线电动机的初级,原来的转子演变成直线电动机的次级,原来的旋转磁场变成了平磁场。

在为使初级和次级之间能够在一定移动范围内做相对直线运动,直线电动机的初级和次级长短是不一样的。可以是短的次级移动,长的初级固定,如图 2-102(a)所示;也可以是短的初级固定,长的次级移动,如图 2-102(b)所示。

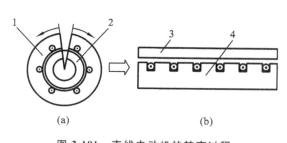

图 2-101　直线电动机的转变过程
(a)沿径向剖开　(b)把圆周展成直线
1—定子(初级);2—转子(次级);3—次级;4—初级

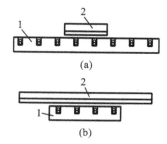

图 2-102　直线电动机的形式
(a)短次级　(b)短初级
1—初级;2—次级

采用直线电动机驱动方式,省去减速器(如齿轮、同步齿形带等)和滚动丝杠副等中间环节,不仅简化机床结构,而且避免了因中间环节的弹性变形、磨损、间隙、发热等因素带来的传动误差;无接触地直接驱动,使其结构简单,维护简便,可靠性高,体积小,传动刚度高,响应快,可得到较高的瞬时加/减速度。据文献介绍,它的最大移动速度可达到 150～180 m/min,最大加/减速度为 1～8g。

在图 2-103 中,采用短初级直线电动机驱动,无间隙直线滚动导轨导向,与光栅测量系统形成全闭环的高速、高精度进给系统。

(5)力矩电动机(见图 2-104)。力矩电动机是为了满足进给系统低转速、大转矩的要求而设计的一种具有软机械特性(即恒功率调速)和宽调速范围的特种电动机。

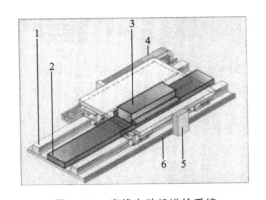

图 2-103　直线电动机进给系统

1—无间隙的导轨系统;2—次级部分;3—初级部分;
4—电缆拖链;5—测量系统;6—光栅

图 2-104　力矩电动机

力矩电动机包括:直流力矩电动机、交流力矩电动机和无刷直流力矩电动机。其工作原理与普通电动机基本相似,不同的是电动机转子的电阻比普通电动机大,这样,力矩电动机的机械特性比普通电动机要软的多。

直流力矩电动机采用扁平结构设计,它能够长期处于启动(堵转)状态下工作,力矩电动机可以不经过齿轮减速而直接驱动负载,这样不仅可以省去复杂的减速机构,同时还能够免除齿轮间隙引起的误差。

力矩电动机具有反应速度快、转矩和转速波动小、能在低转速下稳定运行、机械特性和调节特性线性度好等优点,特别适合于高精度的位置伺服系统和低速控制系统。

3)电气伺服进给传动系统中的机械传动部件

(1)机械传动部件应满足以下要求。

①机械传动部件要采用低摩擦传动。比如,导轨可以采用静压导轨、滚动导轨;丝杠传动可采用滚珠丝杠螺母传动;齿轮传动采用磨齿齿轮。

②伺服系统和机械传动匹配要合适。输出轴上带有负载的伺服电动机的时间常数与伺服电动机本身所具有的时间常数不同,如果惯性矩和齿轮等匹配不当,就达不到快速反应的性能。

③选择最佳降速比来降低惯量,最好采用直接传动方式。

④采用预紧办法来提高整个系统的刚度。

⑤采用消除传动间隙的方法,减小反向死区误差,提高运动平稳性和定位精度。

总之,为保证伺服系统的工作稳定性和定位精度,要求机械传动部件无间隙、低摩擦、低惯量、高刚度、高谐振和适宜的阻尼比。

（2）机械传动部件设计的内容如下。

机械传动部件主要指齿轮（或同步齿轮带）和丝杠螺母传动副。电气伺服进给系统中，运动部件的移动是靠脉冲信号来控制，要求运动部件动作灵敏、低惯量、定位精度好，具有适宜的阻尼比及传动机构不能有反向间隙。

①最佳降速比的确定。传动副的最佳降速比应按最大加速能力和最小惯量的要求确定，以降低机械传动部件的惯量。

对于开环系统，传动副的设计主要是由机床所要求的脉冲当量与所选用的步进电动机的步距角决定的。降速比为

$$u = \frac{\alpha L}{360° Q}$$

式中：α——步进电动机的步距角（(°)/plus）；

　　　L——滚珠丝杠的导程（mm）；

　　　Q——脉冲当量（mm/plus）。

对于闭环系统，主要由驱动电动机的最高转速或扭矩与机床要求的最大进给速度或负载扭矩决定，降速比为

$$u = \frac{n_{dmax} L}{v_{max}}$$

式中：n_{dmax}——驱动电动机最大转速（r/min）；

　　　L——滚珠丝杠导程（mm）；

　　　v_{max}——工作台最大移动速度（mm/min）。

设计中、小型数控车床时，通过选用最佳降速比来降低惯量，应尽可能使传动副的传动比 $u=1$，这样可选用驱动电动机直接与丝杠相连接的方式。

②滚珠丝杠及其支承。

a. 滚珠丝杠及其支承的设计。滚珠丝杠是将旋转运动转换成执行件的直线运动的运动转换机构，如图 2-105 所示，由螺母、丝杠、滚珠、回珠器、密封环等组成。滚珠丝杠的摩擦因数小，传动效率高。

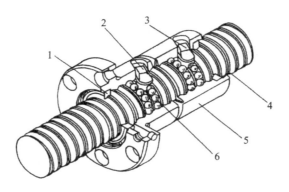

图 2-105　滚珠丝杠螺母副的结构
1—密封环；2、3—回珠器；4—丝杠；5—螺母；6—滚珠

滚珠丝杠主要承受轴向载荷，因此对丝杠轴承的轴向精度和刚度要求较高，常采用角接触球轴承或双向推力圆柱滚子轴承与滚针轴承的组合轴承方式。见图 2-106 和图 2-107。

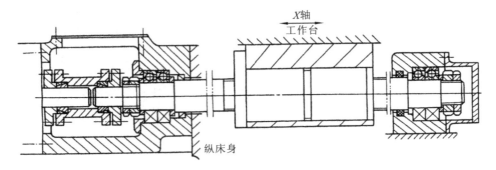

图 2-106　采用角接触球轴承的支承方式

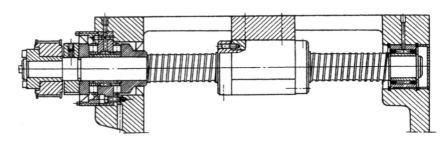

图 2-107　采用双向推力圆柱滚子轴承的支承方式

　　角接触球轴承有多种组合方式,可根据载荷和刚度要求而选定。一般中、小型数控机床多采用这种方式。而组合轴承多用于重载、丝杠预拉伸和要求轴向刚度高的场合。

　　一般来说,滚珠丝杠的支承方式如图 2-108 所示。

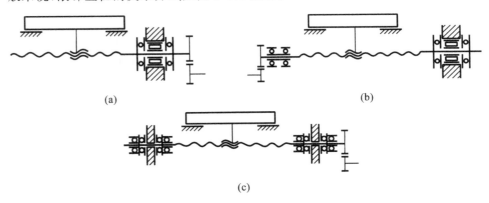

图 2-108　滚珠丝杠的支承方式
(a)一端固定,另一端自由　(b)一端固定,另一端游动　(c)两端固定

　　图 2-108(a)所示为一端固定,另一端自由,这种支承方式结构虽然简单,但是丝杠的轴向刚度低、压杆稳定性低、临界转速低。设计时应尽量使丝杠受拉伸力。这种方式适用于丝杠较短、转速较低和丝杠竖直安装的场合。

　　图 2-108(b)所示为一端固定,另一端游动的支承方式,需保持螺母与两端支承的同轴度,因而结构和工艺都较复杂,丝杠的轴向刚度与图 2-108(a)相同,压杆稳定性与临界转速比图 2-108(a)的高,且丝杠有热膨胀的余地。适用于丝杠较长、并且卧式安装的设备。图 2-107 所示为应用于数控车床中的一个例子。

图 2-108(c)所示为两端固定的支承方式,高速度、高精度、高刚度的机床进给机构滚珠丝杠通常采用这种支承方式。虽然结构较复杂,制造、装配、调整难度大,但是丝杠的轴向刚度是图 2-108(a)的 4 倍,丝杠不受压,无压杆稳定性问题,临界转速也很高,并且可以通过预拉伸减少丝杠自重下垂和补偿热膨胀,图 2-106 所示的是这种方式的应用实例,可以通过拧紧螺母调整丝杠的预拉伸量。

b. 丝杠的拉压刚度计算。丝杠传动的综合拉压刚度主要由丝杠的拉压刚度、支承刚度和螺母刚度三部分组成。丝杠的拉压刚度不是一个定值,它随螺母至轴向固定端的距离而变。一端轴向固定的丝杠(见图 2-108(a)、(b))的拉压刚度 $k(\mathrm{N}/\mu\mathrm{m})$ 为

$$k=\frac{AE}{L_1}\times10^{-6}$$

式中:A——螺纹底径处的截面积(mm^2);

E——弹性模量(钢的弹性模量 $E=2\times10^{11}\ \mathrm{N/m}^2$);

L_1——螺母至固定端的距离(m)。

两端固定的丝杠(图 2-106(c)),刚度 $k(\mathrm{N}/\mu\mathrm{m})$ 为

$$k=\frac{4AE}{L}\times10^{-6}$$

式中:L——两固定端的距离(m)。

可以看出,一端固定,当螺母至固定端的距离 L_1 等于两支承端的距离 L 时,刚度最低。在 A、E、L 相同的情况下,两端固定丝杠的刚度为一端固定时的 4 倍。

因传动刚度的变化而引起的定位误差 $\delta(\mu\mathrm{m})$ 可表示为

$$\delta=\frac{Q_1}{k_1}-\frac{Q_2}{k_2}$$

式中:Q_1,Q_2——不同位置时的进给力(N);

k_1,k_2——不同位置时的传动刚度($\mathrm{N}/\mu\mathrm{m}$)。

因此,为确保系统的定位精度,机械传动部件的刚度应足够大。

c. 滚珠丝杠螺母副间隙消除和预紧。滚珠丝杠在轴向载荷作用下,滚珠和螺纹滚道接触区会产生接触变形,接触刚度与接触表面预紧力成正比。如果滚珠丝杠螺母副间存在间隙,接触刚度较小,当滚珠丝杠反向旋转时,螺母不会立即反向,存在死区,影响丝杠的传动精度。因此,同齿轮的传动副一样,滚珠丝杠螺母副必须消除间隙,并施加预紧力,以保证丝杠、滚珠和螺母之间没有间隙,提高螺母丝杠螺母副的接触刚度。

滚珠丝杠螺母副通常采用双螺母结构,如图 2-109 所示。通过调整两个螺母之间的轴向位置使两螺母的滚珠在承受工作载荷前,分别与丝杠的两个不同的侧面接触,产生一定的预紧力,以达到提高轴向刚度的目的。

调整预紧有多种方式,如图 2-109(a)所示的是垫片调整式,通过改变垫片的厚薄来改变两个螺母之间的轴向距离,实现轴向间隙消除和预紧。这种方式的优点是结构简单、刚度高、可靠性好;缺点是精确调整较困难,当滚道和滚珠有磨损时不能随时调整。图 2-109(b)所示的是齿差调整式,左、右螺母法兰外圆上制有外齿轮,齿数常相差 1。这两个外齿轮又与固定在螺母体两侧的两个齿数相同的内齿圈相啮合。调整方法是两个螺母相对其啮合的内齿圈同向都转一个齿,则两螺母的相对轴向位移 s_0 为

$$s_0=\frac{L}{z_1z_2}$$

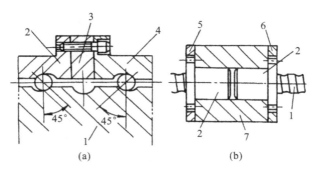

图 2-109　滚珠丝杠间隙调整和预紧

(a)垫片式　(b)齿差式

1—丝杠；2—左螺母；3—垫片；4—右螺母；5—左齿圈；6—右齿圈；7—支座

式中：L——丝杠的导程(mm)；

　　　z_1，z_2——两齿轮的齿数。

如 z_1、z_2 分别为 99、100，$L=10$ mm，则 $s_0 \approx 0.001$ mm。

d.滚珠丝杠的预拉伸。滚珠丝杠常采用预拉伸方式，提高其拉压刚度和补偿丝杠的热变形。确定丝杠预拉伸力时应综合考虑下列各因素。

· 使丝杠在最大轴向载荷作用下，在受力方向上仍能保持受拉状态，为此，预拉伸力应大于最大工作载荷的 0.35 倍。

· 丝杠的预拉伸量应能补偿丝杠的热变形。

丝杠在工作时要发热，会引起丝杠的轴向热变形，使导程加大，影响定位精度。丝杠的热变形 ΔL_1 为

$$\Delta L_1 = aL\Delta t$$

式中：a——丝杠的热膨胀系数，钢的 $a=11\times10^{-6}/℃$；

　　　L——丝杠长度(mm)；

　　　Δt——丝杠与床身的温差，一般为 $\Delta t=2\sim3$ ℃(恒温车间)。

为了补偿丝杠的热膨胀，丝杠的预拉伸量应略大于热膨胀量。发热后，热膨胀量抵消了部分预拉伸量，使丝杠内的拉应力下降，但长度却没有变化。

丝杠预拉伸时引起的丝杠伸长 ΔL(m)可按材料力学的计算公式，有

$$\Delta L = \frac{F_0 L}{AE} = \frac{4F_0 L}{\pi d^2 E}$$

式中：d——丝杠螺纹底径(m)；

　　　L——丝杠的长度(m)；

　　　A——丝杠的截面积(m²)；

　　　E——弹性模量。钢的弹性模量 $E=2\times10^{11}$ N/m²；

　　　F——丝杠的预拉伸力(N)。

则丝杠的预拉伸力 F_0(N)为

$$F_0 = \frac{1}{4L}\pi d^2 E\Delta L$$

例 2-4 某一丝杠导程为 10 mm，直径 $d=40$ mm，全长共有 110 圈螺纹，跨距(两端轴承间的距离)$L=1300$ mm，工作时丝杠温度预计比床身高 $\Delta t=2$ ℃。求预拉伸量。

解 螺纹段长度

$$L_1 = 10 \times 110 \text{ mm} = 1100 \text{ mm}$$

螺纹段热伸长量

$$\Delta L_1 = a L_1 \Delta t = 11 \times 10^{-6} \times 1100 \times 2 \text{ mm} = 0.0242 \text{ mm}$$

预伸长量应略大于 ΔL_1，取螺纹段预拉伸量 $\Delta L = 0.04 \text{ mm}$。当温升为 2 ℃时，还有 $\Delta L - \Delta L_1 = 0.0158 \text{ mm}$ 的剩余拉伸量，预拉伸力有所下降，但还未完全消失，补偿了热膨胀引起的热变形。在向丝杠厂订货时，应说明丝杠预拉伸的有关技术参数，以便特制丝杠的螺距比设计值小一些，但装配预拉伸后达到设计精度。

装配时，丝杠的预拉伸力通常用测量丝杠伸长量来控制，丝杠全长上的预拉伸量为

$$\frac{L \Delta L}{L_1} = \frac{0.04 \times 1300}{1100} \text{ mm} = 0.0473 \text{ mm}$$

③精密齿轮齿条传动。对于运动速度较高（10～30 m/min）的激光切割机床和驱动行程较长（8～30 m）的数控落地铣镗床来说，常采用伺服电动机通过减速机驱动、高精度齿轮齿条传动的结构形式。

齿轮齿条传动除具有传动比大、运动速度高、系统响应快的优点外，齿条可无限长度对接延续，使驱动行程不受限制。

采用齿轮齿条传动时，必须采取措施来消除齿侧间隙。

a. 当传动负载小时，也可采用双片薄齿轮调整法。如图 2-110 所示，通过凸耳 4、5 连接弹簧 6，将两齿轮 1、2 分别与齿条 3 齿槽的左、右两侧贴紧，从而消除齿侧间隙。图 2-111 所示用弹性元件消除齿侧间隙的方法也有较广泛的应用。

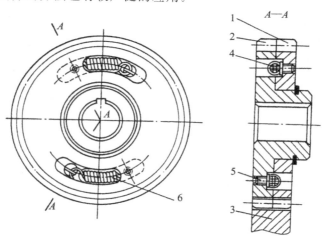

图 2-110　双片直齿轮错齿间隙消除机构

1、2、3—齿轮；4、5—凸耳；6—弹簧

b. 当传动负载大时，可采用双片厚齿轮传动的结构，图 2-112 所示为消除间隙方法的原理图。进给运动由轴 2 输入，该轴上装有两个螺旋线方向相反的斜齿轮，当在轴 2 上施加轴向力 F 时，能使斜齿轮产生微量的轴向移动。此时，轴 1 和轴 3 便以相反的方向转过微小的角度，使齿轮 4 和 5 分别与齿条齿槽的左、右侧面贴紧，从而消除齿侧间隙。

c. 随着电气控制技术的发展，出现了双电动机消隙技术。如图 2-113 所示，这项技术采用双电动机＋双减速机＋双齿轮-齿条驱动结构，由数控装置进行同步控制，通过电气预载（张力）扭矩的方式自动消除齿轮、齿条间的传动间隙，使系统在动态消除传动间隙的同时实现高速响应的随动控制，从而提高了机床的动静态传动精度。

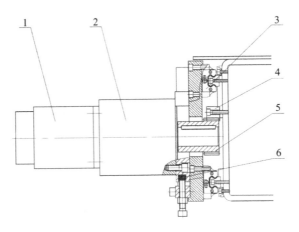

图 2-111　弹性元件消除齿侧间隙机构

1—电动机；2—减速机；3—导轨；4—齿条；5—齿轮；6—弹性元件

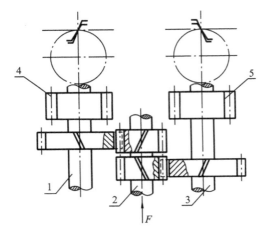

图 2-112　双片厚齿轮消除齿侧间隙机构

1、2、3—轴；4、5—齿轮

图 2-113　双电动机消除齿侧间隙机构

2.4.4　回转轴和摆动轴

机床装备除了需要直线进给传动部件外，还需要回转运动和摆动。

如立式五轴联动加工中心的回转轴有两种方式。一种是摇篮式工作台摆动（见图 2-114）。设置在床身上的工作台可以环绕 X 轴来回摆动，定义为 A 轴，A 轴一般工作范围＋30°～－120°。工作台的中间还设有一个回转台，在图示的位置上环绕 Z 轴回转，定义为 C 轴，C 轴是 360°回转。这样通过 A 轴与 C 轴的组合，固定在工作台上的工件除了底面之外，其余的五个面都可以由立式主轴进行加工。A 轴和 C 轴最小分度值一般为 0.001°，这样又可以把工件细分成任意角度，加工出倾斜面、倾斜孔等。A 轴和 C 轴如与 X、Y、Z 三直线轴实现联动，就可加工出复杂的空间曲面，

另一种是依靠立式主轴头的回转（见图 2-115）。主轴前端是一个回转头，能自行环绕 Z 轴 360°，成为 C 轴，回转头上还有带可环绕 X 轴旋转的 A 轴，一般可达±90°以上，这样也可实现上述同样的功能。这种设置方式的优点是主轴加工非常灵活，工作台可以非常大，客机庞大的机身、巨大的发动机壳都可以在这类加工中心上加工。

图 2-114　摇篮式工作台回转与摆动

图 2-115　摆头式机床主轴头

1. 数控回转工作台

1）数控回转工作台的结构与工作原理

图 2-114 所示的回转和摆动都可以用数控回转工作台的结构实现。

图 2-116 所示为闭环立式数控回转工作台，回转工作台由伺服电动机 15 驱动，通过齿轮 14、16 及蜗杆 12、蜗轮 13 带动工作台 1 回转。工作台的转角位置由圆光栅 9 测量。当控制装置发出夹紧指令时，液压缸上腔进压力油，活塞 6 向下移动，通过钢球 8 推开夹紧瓦 3 和 4，从而将蜗轮 13 夹紧。当数控回转工作台实现圆周进给运动时，控制系统发出指令，使液压缸 5

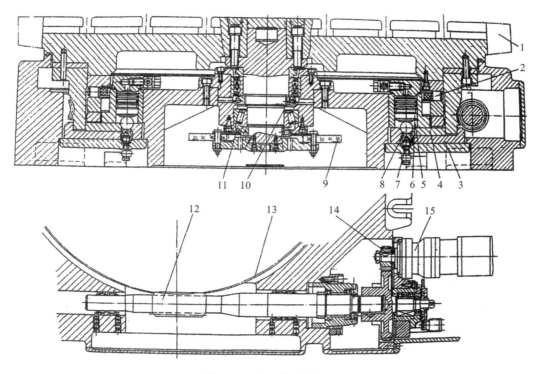

图 2-116　闭环数控转台

1—工作台；2—滚柱导轨；3、4—夹紧瓦；5—液压缸；6—活塞；7—弹簧；8—钢球；
9—光栅；10、11—轴承；12—蜗杆；13—蜗轮；14、16—齿轮；15—电动机

上腔的油液流回油箱,在弹簧 7 的作用下钢球 8 抬起,夹紧瓦松开蜗轮 13。伺服电动机通过传动装置实现工作台的分度转动、定位、夹紧或连续回转运动。

回转工作台采用圆光栅或光电编码器进行转动角度检测,检测装置将实际转动角度反馈至控制装置,与指令值进行比较,通过差值控制回转工作台的运动,提高了圆周进给运动精度。

转台的中心回转轴采用圆锥滚子轴承 11 及双列圆柱滚子轴承 10,并预紧消除其径向和轴向间隙,以提高工作台的刚度和回转精度。工作台支承在镶钢滚柱导轨 2 上,运动平稳且耐磨。

　　2)双导程蜗杆副传动提高传动精度

与普通蜗杆不同,如图 2-117 所示,双导程蜗杆齿的左右两侧面具有不同导程,同一侧是相同的,因此双导程蜗杆的齿厚从一端向另一端均匀地逐渐增厚或减薄。轴向调整蜗杆可消除或调整啮合间隙。在数控回转工作台中,采用双导程蜗杆副可大大提高传动精度。

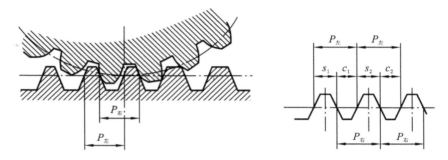

图 2-117　双导程蜗杆的齿形

双导程蜗杆副传动具有如下的特点。

(1)啮合间隙可调整得很精确,根据实际经验,侧隙调整可以小到 0.01~0.015 mm。

(2)普通蜗杆副是以蜗杆沿蜗轮径向移动来调整啮合间隙,因而改变了传动副的中心距,从啮合原理角度看,这是很合理的。

(3)双导程蜗杆副是用修磨调整环来控制沿蜗杆轴向调整量,调整准确,方便可靠;而普通蜗杆副的径向调整量较难掌握,调整时也容易产生蜗杆轴线歪斜。

(4)双导程蜗杆副的蜗杆支承直接安置在支座上,只需保证支承中心线与蜗轮中截面重合,中心距公差可略微放宽。装配时,用调整环来获得合适的啮合侧隙,这是普通蜗杆副无法办到的。

(5)双导程蜗杆副的不足之处是制造困难。

　　2. 摆头式机床主轴铣头

在大型数控龙门镗铣床中采用图 2-115 所示的摆角铣头是实现五轴加工的重要方式。

摆角铣头安装在滑枕端面,主要由连接盘、连接轴、支承体、铣头体等部件组成。连接盘与方滑枕连接在一起,连接轴通过花键与主机主轴连接并传递动力;支承体通过电动机驱动,可实现 ±200°旋转(C 轴);C 轴位置检测依靠电动机内置编码器,由接近开关检测 C 轴原点。铣头体通过电动机驱动,可实现 ±95°旋转(A 轴)。

A 轴和 C 轴是通过力矩电动机来进行直接驱动的,检测元件为绝对值角度编码器。因此摆角铣头是具有两个数控旋转轴(A、C 轴)、可与主机配合实现五轴联动的多功能附件。

习题与思考题

1. 主轴部件应满足的基本要求是什么？从速度、精度、稳定性和负载能力方面分析各种主轴的特点。

2. 按图 2-5 卧式车床主轴部件说明轴向力如何传递，间隙如何调整？

3. 试述动压、静压和动静压混合轴承的工作原理。

4. 试述车床、铣床和磨床主轴的特点。

5. 机床主传动部件都有哪些类型？由哪些部分组成？

6. 分析分级变速、无级变速和无级＋分级变速三种传动方式的优缺点和应用场合。

7. 主变速传动设计的一般原则的意义何在？

8. 多速电动机传动，交换齿轮传动和公用齿轮传动等特殊设计应用于什么场合？

9. 如何优化变速箱内各传动轴的空间布置？

10. 什么是导轨？导轨设计应该满足哪些要求？

11. 从速度、精度、稳定性和负载能力方面分析各种不同类型、结构、截面和组合导轨的特点和应用场合。

12. 支承件和床身应满足哪些基本要求？

13. 如何合理地选择材料、截面形状、尺寸、壁厚，合理地布置肋板和肋条，以提高结构整体和局部的弯曲刚度、抗扭刚度和稳定性？

14. 结构上应采用何种措施提高支承件和床身的动态特性？

15. 使用天然石材和树脂混凝土制造机床支承件与床身有哪些优缺点？

16. 机床进给传动部件应满足的基本要求是什么？从速度、精度、稳定性和负载能力方面分析各种进给传动部件的特点？

17. 试述滚珠丝杠螺母副传动机构及其各种支承方式的特点。

18. 分析、比较滚珠丝杠螺母副、齿轮齿条副和直线电机机构的优缺点和应用场合。

第3章

加 工 装 备

3.1 金属切削机床

3 1.1 基本理论和总体设计

1. 机床设计的基本理论

机床不同于一般的机械,它是用来生产其他机械的工作母机,因此在刚度、精度及运动特性方面有其特殊要求。下面简单介绍一下与上述特性相关的一些基础理论概念。

1)精度

加工中保证被加工工件达到要求的精度和表面粗糙度,并能在机床长期使用中保持这些要求,机床本身必须具备的精度称为机床精度。它包括几何精度、传动精度、运动精度、定位精度及精度保持性等几个方面。各类机床按精度可分为普通精度级、精密级和高精度级。以上三种精度等级的机床均有相应的精度标准,其允许误差若以普通级为 1,则大致比例为 $1:0.4:0.25$。在设计阶段主要从机床的精度分配、元件及材料选择等方面来提高机床精度。

几何精度是指机床空载条件下,在不运动(机床主轴不转或工作台不移动等情况下)或运动速度较低时各主要部件的形状、相互位置和相对运动的精确程度,如导轨的直线度、主轴径向跳动及轴向窜动、主轴中心线对滑台移动方向的平行度或垂直度等。几何精度直接影响加工工件的精度,是评价机床质量的基本指标。它主要取决于结构设计、制造和装配质量。

机床空载并以工作速度运动时,主要零部件的几何位置精度为运动精度,如高速回转主轴的回转精度。对于高速精密机床,运动精度是评价机床质量的一个重要指标,它与结构设计及制造等因素有关。

传动精度机即指机床传动系统各末端执行件之间运动的协调性和均匀性。影响传动精度的主要因素是传动系统的设计、传动元件的制造和装配精度。

定位精度则是指机床的定位部件运动到达规定位置的精度。定位精度直接影响被加工工件的尺寸精度和几何精度。机床构件和进给控制系统的精度、刚度以及其动态特性、机床测量系统的精度都将影响机床定位精度。

加工规定的试件,用试件的加工精度表示机床的工作精度。工作精度是各种因素综合影响的结果,包括机床自身的精度、刚度、热变形和刀具、工件的刚度及热变形等。

在规定的工作期间,保持机床所要求的精度称为精度保持性。影响精度保持性的主要因素是磨损。磨损的影响因素十分复杂,如结构设计、工艺、材料、热处理、润滑、防护、使用条件等。

2)刚度

机床刚度指机床系统抵抗变形的能力,通常表示为

$$k = \frac{F}{y} \tag{3-1}$$

式中:k——机床刚度(N/μm);

F——作用在机床上的载荷(N);

y——在载荷作用下,机床或主要零部件的变形(μm)。

作用在机床上的载荷有重力、夹紧力、切削力、传动力、摩擦力、冲击振动干扰力等。按照载荷的性质不同,可分为静载荷和动载荷。不随时间变化或变化极为缓慢的力称静载荷,如重力、切削力的静力部分等。凡随时间变化的力,如冲击振动力及切削力的交变部分等称动态力。故机床刚度相应地分为静刚度及动刚度,后者是抗振性的一部分。习惯所说的刚度一般指静刚度。

机床是由许多构件结合而成的,在载荷作用下,各构件及结合部都要产生变形,这些变形直接或间接地引起刀具和工件之间的相对位移,这个位移的大小代表了机床的整机刚度。因此,机床整机刚度不能用某个零部件的刚度评价,而是指整台机床在静载荷作用下,各构件及结合面抵抗变形的综合能力。

显然,刀具和工件间的相对位移影响加工精度,同时静刚度对机床抗振性、生产率等均有影响。因此,在机床设计中对如何提高其刚度是十分重视的。国内外对结构刚度和接触刚度做了大量的研究工作,在设计中既要考虑提高各部件刚度,同时也要考虑结合部刚度及各部件间刚度匹配。各个部件和结合部对机床整机刚度的贡献大小是不同的,设计中应进行刚度的合理分配或优化。

3)抗振性

机床抗振性是指机床在交变载荷作用下抵抗变形的能力。它包括两个方面:抵抗受迫振动的能力和抵抗自激振动的能力。前者有时习惯上称为抗振性,后者常称为切削稳定性。

(1)受迫振动。受迫振动的振源可能来自机床内部,如高速回转零件的不平衡等;也可能来自机床之外的机床。受迫振动的频率与振源激振力的频率相同,振幅与激振力大小及机床阻尼比有关。当激振频率与机床的固有频率接近时,机床将呈现"共振"现象,使振幅激增,加工表面的粗糙度值也将大大增加。机床是由许多零部件及结合部组成的复杂振动系统,它属于多自由度系统,具有多个固有频率。在其中某一个固有频率下自由振动时,各点振幅的比值称为主振型,对应于最低固有频率的主振型称为一阶主振型,依次有二阶、三阶……主振型。机床的振动乃是各阶主振型的合成。一般只需要考虑对机床性能影响最大的几个低阶振型,如整机摇摆、一阶弯曲、扭转等振型,即可较准确地表示机床实际的振动。

(2)自激振动。机床的自激振动是发生在刀具和工件之间的一种相对振动,它在切削过程中出现,由切削过程和机床结构动态特性之间的相互作用而产生的,其频率与机床系统的固有频率相接近。自激振动一旦出现,它的振幅由小到大增加很快。在一般情况下,切削用量增加,切削力越大,自激振动就越剧烈,但切削过程停止,振动立即消失。故自激振动也称为切削稳定性。

(3)振动影响因素。机床振动会降低加工精度、工件表面质量、刀具耐用度和影响生产率,并加速机床的损坏,而且会产生噪声,使操作者疲劳等。故提高机床抗振性是机床设计中的一个重要课题。影响机床振动的主要原因如下。

①机床的刚度。如构件的材料选择,截面形状、尺寸、肋板分布,接触表面的预紧力,表面粗糙度,加工方法,几何尺寸等。

②机床的阻尼特性。提高阻尼是减少振动的有效方法。机床结构的阻尼包括构件材料的内阻尼和部件结合部的阻尼。结合部阻尼往往占总阻尼的 70%~90%,故在结构设计中正确处理结合部对抗振性的影响很大。

③机床系统固有频率。若激振频率远离固有频率,将不出现共振。在设计阶段应通过分析计算,预测所设计机床的各阶固有频率是很有必要的。

4)热变形

机床在工作时受到内部热源(如电动机、液压系统、机械摩擦副、切削产生的热量等)和外部热源(如环境温度、周围热源辐射等)的影响,使机床各部分温度发生变化。因不同材料的热膨胀系数不同,机床各部分的变形不同,导致机床产生热变形。它不仅会破坏机床的原始几何精度,加快运动件的磨损,甚至会影响正常运转。据统计,由于热变形而使加工工件产生误差最大可占全部误差的 70%左右。特别对精密机床、大型机床、自动化机床、数控机床等,热变形的影响不能忽视。

机床工作时一方面产生热量,另一方面又要向周围发散热量。如果机床热源单位时间产生的热量一定,由于开始时机床的温度较低,与周围环境之间的温差小,散出的热量少,机床温度升高较快。随着机床温度的升高,温差加大,散热增加,所以机床温度的升高将逐渐减慢。当达到某一温度时,单位时间内的发热量等于散出的热量,即达到了热平衡。达到稳定温度的时间一般称为热平衡时间。机床各部分温度不可能相同,热源处最高,离热源越远则温度越低,这就形成了温度场。通常,温度场是用等温曲线来表示。通过温度场可分析机床热源并了解热变形的影响。

在设计机床时,应特别注意机床内部热源的影响,一般可采用下列措施减少热源的发热量:将热源置于易散热的位置,增加散热面积,强迫通风冷却,将热源的部分热量移至构件温升较低处以减少构件的温差,或使机床部件的热变形转向不影响加工精度处,也可设计机床预热,自动温度控制,温度补偿装置、隔热等。

5)噪声

物体振动是产生声的源泉。机床工作时各种振动频率不同,振幅也不同,它们将产生不同频率和不同强度的声音,这些声音无规律地组合在一起即成噪声。随着现代机床切削速度的提高、功率的增大、自动化功能的增多,噪声污染问题也越来越严重。降低机床噪声、保护环境是机床设计者的任务之一。机床噪声源来自以下四个方面。

(1)机械噪声。如齿轮、滚动轴承及其他传动元件的振动、摩擦等。一般速度增加一倍,噪声增加 6 dB;载荷增加一倍,噪声增加 3 dB。故机床速度提高、功率加大都可能增加噪声污染。

(2)液压噪声。如泵、阀、管道等的液压冲击、气穴、紊流产生的噪声。

(3)电磁噪声。如电动机定子内磁滞伸缩等产生的噪声。

(4)空气动力噪声。如电动机风扇、转子高速旋转对空气的搅动等产生的噪声。

6)低速运动平稳性

(1)爬行现象。机床上有些运动部件需要做低速运动或微小位移。当运动部件低速运动时,主动件匀速运动,被动件往往出现明显的速度不均匀的跳跃式运动,即时走时停或时快时慢的现象,这种现象称为爬行。

机床运动部件产生爬行,影响工件的加工精度和表面粗糙度。如精密机床和数控机床加工中的定位运动速度很低或位移极小,产生爬行则影响定位精度。在精密、自动化及大型机床中爬行是评价机床质量的一个重要指标。

(2)消除爬行的措施。为防止爬行,在设计低速运动部件时,应减少静、动摩擦因数之差;提高传动机构的刚度;提高阻尼比和降低移动件的质量。

减少静、动摩擦因数之差的方法有:用滚动摩擦代替滑动摩擦;采用卸荷导轨或静压导轨;采用减摩材料,如导轨镶装铝青铜、锌青铜或聚四氟乙烯塑料与铸铁或钢支承导轨相搭配;采用特殊的导轨油等。

2.机床系列型谱的制定

为满足国民经济不同部门对机床的要求,机床分成若干种类型,如通常所说的车床(C)、钻床(Z)、镗床(T)、磨床(M)、齿轮加工机床(Y)、螺纹加工机床(S)、铣床(X)、刨床(B)、拉床(L)、锯床(G)、特种加工机床(T)和其他机床(Q)等十二大类通用机床。同一种机床又分为大小不同的几种规格。

根据机床的生产和使用情况,在调查研究的基础上,国家标准规定每一种通用机床的主规格(主要参数)为主参数系列,这是一个等比级数的数列。例如,中型卧式车床的主参数是床身上工件最大回转直径,其系列为 250、320、400、500、630、800、1000 mm 七种规格,该系列是公比为 1.25 的等比数列。其他各类机床的主规格见国家标准《金属切削机床型号编制方法》(GB/15375—1994)。

由于各使用部门的工件和生产规模不同,对机床性能和结构的要求也就不同,因此,同一规格的一类机床还需要具备各种不同的形式,以满足各种各样的要求。通常是按照该类机床的参数标准,先确定一种用途最广、需要量较大的机床系列作为"基型系列",在此系列基础上,根据用户的需要派生出若干变型机床,形成"变形系列"。"基型"和"变型"构成了机床的"型谱"。表 3-1 为中型卧式车床的简略系列型谱表。

表 3-1　中型卧式车床的简略系列型谱表

最大工件直径/mm ＼ 类型	万能式	马鞍式	提高精度	无丝杠式	卡盘式	球面加工	端面车床
250	○		△	△			
320	○		△	△			
400	○	△	△	△	△	△	
500	○	△		△	△	△	
630	○	△		△	△	△	
800	○	△		△	△	△	△
1000	○	△		△	△	△	△

注:○——基型;△——变型。

由表 3-1 可见,每类通用机床都有它的主参数系列,而每一规格又有基型和变型,合称为这类机床的系列和型谱。机床的主参数系列是系列型谱的纵向(按尺寸大小)发展,而同规格的各种变型机床则是系列型谱的横向发展,因此,"系列型谱"也就是综合地表明机床产品规格参数的系列性与结构相似的表。

规定机床的系列型谱对机床工业的发展有很大好处,因为基型机床和变型机床之间大部分零部件是相同的(通用件或通用部件);同一系列中尺寸不同的机床,结构形式是相似的。因此,部分零部件可以通用,另一些零部件结构相似,便于设计和组织生产,可缩短设计、制造周期,降低成本,提高机床产品质量。

3.机床的运动功能设计

1)机床的工作原理

金属切削机床的基本功能是提供切削加工所必需的运动和动力。机床的基本工作原理是:通过刀具与工件之间的相对运动,由刀具切除工件加工表面多余的材料,形成工件加工表面的几何形状、尺寸,并达到其精度要求。

若机床功能的实现是由人控制的,则称为普通机床;若是自动控制的,则称为自动化机床。

可以看出,工件的加工表面是通过机床上刀具与工件的相对运动而形成的,因此要进行机床的运动设计,需要先了解工件表面的形成方法。

2)工件表面的形成方法

(1)几何表面的形成原理。由立体几何可知,任何一个表面都可以看是一条曲线(或直线)沿着另一条曲线(或直线)运动的轨迹。这两条曲线(或直线)称为该表面的发生线,前者称为母线,后者称为导线。

图 3-1 中给出了几种表面的形成原理,图中 1、2 表示发生线,图 3-1(a)、(c)所示的平面分别由直线母线和曲线母线 1 沿着直线导线 2 移动而形成的;图 3-1(b)所示的圆柱面是由直母线 1 沿轴线与它相平行的圆导线 2 运动而形成的;图 3-1(d)所示的圆锥面是由直母线 1 沿轴线与它相交的圆导线 2 运动形成的;图 3-3(e)所示的自由曲面是由曲线母线 1 沿曲线导线 2 运动而形成的。

有些表面的母线和导线可以互换,如图 3-1(a)、(b)、(e)所示;有些不能互换,如图 3-1(c)、(d)所示。

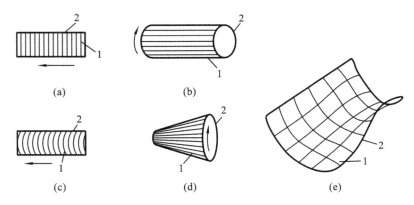

图 3-1　表面形成原理
(a)平面　(b)圆柱面　(c)平面　(d)圆锥面　(e)自由曲面
1—母线;2—导线

(2)发生线的形成。切削加工中,工件加工表面的发生线是通过刀具切削刃与工件接触并产生相对运动而形成的,有如图 3-2 所示的四种方法。

①轨迹法(描述法)。如图 3-2(a)所示,发生线 1(直导线)是由点切削刃做直线运动轨迹

形成的。因此为了形成发生线 1,刀具和工件之间需要一个相对运动。

　　②成形法(仿形法)。如图 3-2(b)所示,刀具是线切削刃,与工件发生线 1(直导线)吻合,因此发生线 1 由刀刃实现。发生线 1 的形成不需要刀具与工件的相对运动。

　　③相切法(旋切法)。如图 3-2(c)、(d)所示,当砂轮或圆柱铣刀旋转时,磨粒或切削刃形成回转面,面上的任一点与工件接触均可发生切削,故称之为面切削刃发生线 1(圆母线)是面切削刃 2 运动轨迹的切线。因此为了形成发生线 1,刀具和工件之间需要两个运动:一个是刀具的旋转,形成面切削刃 2;另一个是刀具回转中心与工件之间按圆轨迹 3 进行相对运动。

　　④范成法(滚切法)如图 3-2(e)所示,发生线 1(渐开线母线)是由切削刃 2(线切削刃)在刀具与工件做范成运动时所形成的一系列轨迹线的包络线。这时刀具与工件之间需要一个相对运动(简称范成运动)。

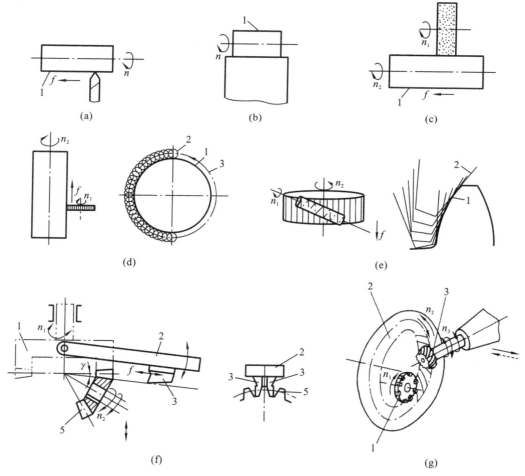

图 3-2　加工方法与形状创成运动的关系
(a)点刃车刀车外圆柱面　(b)宽刃车刀车外圆柱面　(c)砂轮磨外圆柱面
(d)盘铣刀铣外圆柱面　(e)滚齿加工　(f)锥齿轮刨齿加工　(g)弧齿锥齿轮铣齿加工

　　(3)加工表面的形成方法。加工表面的形成方法是母线形成方法和导线形成方法的组合。因此,加工表面形成所需的刀具与工件之间的相对运动也是形成母线和导线所需相对运动的组合(见形状创成运动)。

3)运动分类

(1)按运动的功能分类。为了完成工件表面的加工,机床上需要各种运动。各运动的功能是不同的,可以分为成形运动和非成形运动。

①表面成形运动。完成一个表面的加工所必需的最基本的运动,简称成形运动。根据运动在表面形成中所完成的功能,成形运动又分为主运动和形状创成运动。

a. 主运动。它的功能是切除加工表面上多余的材料,因此要求运动速度高,消耗机床的大部分动力,故称为主运动,也可称为切削运动。它是形成加工表面必不可少的运动。例如车床主轴、磨床砂轮、镗床镗刀、铣床铣刀等的回转运动皆为主运动。

b. 形状创成运动。形状创成运动是用来形成工件加工表面的发生线的。同样的加工表面,采用的刀具不同,所需的形状创成运动数目不同,图 3-2 的外圆柱面加工很能说明问题。

• 用点刃车刀车外圆柱面(见图 3-2(a)),形成直母线需要一个创成运动 f,形成圆导线需要一个形状创成运动 n,共需两个创成运动。

• 同样是车加工,也可用宽刃刀车外圆柱面(见图 3-2(b)),直母线由刀刃形成,不需创成运动,圆导线形成需要一个创成运动 n。

• 图 3-2(c)所示为用砂轮磨外圆柱面,n_1 创成砂轮的面切削刃,通过相切法由运动 n_2 创成圆母线,并通过直线运动 f 形成直母线,这是三个创成运动。

• 图 3-2(d)所示为用盘铣刀铣外圆柱面,与图 3-2(c)所示的情况相同。

• 图 3-2(e)所示为滚齿加工,滚刀的回转运动刀 n_1 和工件的回转运动 n_2 组成范成运动,创成渐开线母线,滚刀的运动 f 创成直导线(或由 f 与 n_2 复合创成螺旋导线),共需三个创成运动。

• 图 3-2(f)所示为齿线是直线的锥齿轮刨齿加工,刨刀 2(由两个刀片 3 组成)的直线运动 f 创成假想齿轮的一个齿线为直线的齿廓面(面切削刃),刀具齿廓面与工件接触创成直母线,假想齿轮摇架 1 的回转运动 n_1 与工件 5 的回转运动 n_2 组成范成运动,创成渐开线导线。

• 图 3-2(g)所示为齿线是圆弧线的弧齿锥齿轮铣齿加工,刀盘 1(上有内外刀片 5)的回转运动 n_1 创成假想齿轮的一个齿线是圆弧线的齿廓面(面切削刃),齿廓面与工件接触创成圆弧母线,假想齿轮摇架 2 的回转运动 n_2 和工件 3 的回转运动 n_3 组成范成运动,创成渐开线导线。

上述分析得出以下结论。

• 图 3-2(a)、(b)中的 n 和图 3-2(d)、(e)中的 n_1 既是形状创成运动,又是主运动,因此它们承担形成发生线和切除金属材料的双重任务。

• 图 3-2(c)中的砂轮回转运动 n_1 是主运动,只承担切削任务,不承担发生线的创成任务,即形状创成运动有时包含主运动,有时不包含主运动。

• 齿轮加工的形状创成运动与主运动的配合极其默契,其范成运动实现一般刀具(齿轮)和工件毛坯(齿轮)的啮合(加工),或者是刀具轨迹(假想齿轮)和工件毛坯(齿轮)的啮合(加工),其构思具有极大的智慧。

可见,当形状创成运动中不包含主运动时,"形状创成运动"与"进给运动"等价;当形状创成运动中包含主运动时,"形状创成运动"与"成形运动"等价。

②非成形运动。除了上述成形运动之外,机床上还需设置一些其他运动,可称非成形运动。如切入运动(使刀具切入用);分度运动(当工件加工表面由多个表面组成时,由一个表面过渡到另一个表面所需的运动);辅助运动(如刀具的接近、退刀、返回等);控制运动(如一些操

纵运动）；等等。

（2）按运动之间的关系分类。

①独立运动：与其他运动之间无严格关系要求。

②复合运动：与其他运动之间有严格关系要求，如车螺纹的复合运动。对机械传动形式的机床来讲，复合运动是通过内联系传动链来实现的。对数控机床而言，复合运动是通过数控运动轴的联动来实现的。

4）机床运动功能方案设计

（1）工艺分析。

对所设计的机床的工艺范围进行分析（对于通用机床，加工对象为工件群，选择其中几种典型工件进行分析），选择确定加工方法（从图 3-2(a)、(b)、(c)、(d)中可以看出，同一种表面有多种加工方法）。

（2）选取坐标系。

机床坐标系（即机床总体坐标系）的取法，参照数控机床坐标系，用直角坐标系，沿 X、Y、Z 轴的直线运动符号及运动量仍用 X、Y、Z 表示，绕 X、Y、Z 轴的回转运动用 A、B、C 表示，其运动量用 α、β、γ 表示。对于各运动部件的局部坐标系可按如下方法选取。

①局部坐标系固定在运动部件上。

②当各个运动部件的运动方向与机床坐标系轴线平行时，可取各局部坐标系与机床坐标系方向一致，这种取法简单，直观；也可取局部坐标系与机床坐标系方向不一致，取运动部件的运动方向为 Z_i 轴。

③当有斜置式运动时，可混合选取，即与机床坐标系轴线平行的运动，其坐标按机床坐标系选取，斜置的运动取运动方向为 Z_i 轴，为了与总体坐标区分，可用 $\overline{Z}$、$\overline{\gamma}$ 表示。

（3）写出机床运动功能式。

运动功能式表示机床的运动个数、形式（直线或回转运动）、功能（主运动、进给运动、非成形运动，分别用下标 p、f、a 表示）及排列顺序。

左边写工件，用 W 表示；右边写刀具，用 T 表示；中间写运动，按运动顺序排列；并用"/"分开。如车床的运动功能式为 $W/C_p Z_f X_f/T$，三轴升降台式铣床的运动式为 $W/X_f Y_f Z_f C_p/T$。

只有确定机床的运动功能，才能写出机床运动功能式。

（4）画出机床运动功能图。

运动功能图是将机床的运动功能式用简洁的符号和图形表达出来，是机床传动系统设计的依据。运动功能图形符号可用图 3-3 所示的符号表示。图 3-3(a)表示回转运动，图 3-3(b)表示直线运动。

图 3-3　运动功能图形符号

(a)回转运动　(b)直线运动

在表 3-2 所示的机床运动功能图上，同时注明了与其相对应的运动功能式。根据前述机床各个运动部件局部坐标系的取法，下标 p 表示主运动，f 表示进给运动，a 表示非成形运动。图中的 $\overline{C_p}$、$\overline{Z_p}$、$\overline{C_f}$、$\overline{C_a}$ 等表示沿局部坐标系的运动。

表 3-2　机床运动功能说明

机床	运动功能图	主运动	进给运动	切入运动	调整运动	功能
车床	$W/C_pZ_fX_f/T$	C_p（工件主轴）	Z_f 和 X_f			车削
铣床	$W/X_fY_fZ_fC_p/T$	C_p（刀具主轴）	X_f、Y_f 和 Z_f			铣削
刨床	$W/X_pZ_aY_f/T$	X_p（工作台）	Y_f	Z_a		刨削
外圆磨床	$W/C_fZ_fX_fB_aC_p/T$	C_p（砂轮主轴）	C_f、X_f、Z_f		B_a（磨圆锥面）	磨削外圆
摇臂钻床	$W/C_aZ_aX_aZ_fC_p/T$	C_p（钻削主轴）	Z_f		C_a、Z_a、X_a（刀具与工件的相对位置）	钻削
镗床	$W/B_aX_aZ_{r1}Y_fZ_{f2}C_pY_f/T$	C_p（镗削主轴）	Z_{f1}（镗孔进给）、Z_{f2}（镗螺纹孔进给）、Y_f（加工端面及孔槽的径向进给）		B_a、X_a、Y_a（刀具与工件的相对位置）	镗削

续表

机床	运动功能图	主运动	进给运动	切入运动	调整运动	功能
滚齿机	W/$C_f Y_a Z_f B_a \overline{C_p}$/T	$\overline{C_p}$（滚刀主轴）	$\overline{C_p}$与C_f（组成范成运动）、Z_f（创成直导线）	Y_a	B_a（调整刀具的安装角工件的齿向一致）	滚齿加工
插齿机	W/$C_{f1} Y_a Z_p C_{f2}$/T	Z_p（刀具直线运动主轴，创成直导线，同时为主运动）	C_{f1}与C_{f2}（组成范成运动，创成渐开线母线）	Y_a		插齿加工
刨齿机	W/$\overline{C_f} \overline{C_a} B_{a2} Z_a C_f B_{a1} \overline{Z_p}$/T	$\overline{Z_p}$（刀具刨削运动）	C_f、$\overline{C_f}$（组成范成运动）、$\overline{C_a}$（分度运动）	Z_a（为趋近与退离运动）	B_{a1}（按刀倾角进行调整）B_{a2}（按工件齿根角进行调整）	直齿锥齿轮刨削
铣齿机	W/$\overline{C_f} \overline{C_a} B_a Z_a C_p$/T	C_p	C_f、$\overline{C_f}$（组成范成运动）、$\overline{C_a}$（分度运动）	Z_a（为趋近与退离运动）	B_a（按工件齿根角进行调整）	弧齿锥齿轮铣削

5）绘制机床传动原理图

机床的运动功能图只表示运动的个数、形式、功能及排列顺序，不表示运动之间的传动关系。若将动力源与执行件、不同执行件之间的运动及传动关系同时表示出来，就是传动原理图。图 3-4 给出了传动原理图的所用的主要图形符号及传动原理图例子。图 3-4(d)所示为车床传动原理图，图 3-4(e)所示为滚齿机传动原理图。

图 3-4(d)、(e)中的 A 表示直线运动，B 表示回转运动，u_v 表示主运动变速传动机构的传动比，u_f 表示进给运动变速传动机构的传动比。

传动原理图对采用机械式变速传动的机床是必要的，对主传动完全采用电动机变频调速、进给电动机采用伺服电动机的数控机床而言，其作用不大。

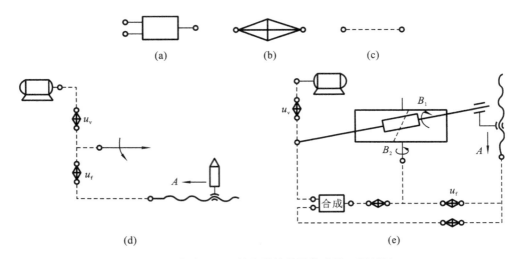

图 3-4　传动原理图的主要符号及传动原理图例子

(a)合成机构　(b)传动比可变的变速传动　(c)传动比不变的传动　(d)车床传动原理图　(e)滚齿机传动原理图

4. 机床总体结构方案设计

1)机床的结构布局形式

机床的结构布局形式有立式、卧式及斜置式等,其基础支承件的形式又有底座式,立柱式,龙门式等,基础支承件的结构又有一体式和分离式,等等。因此,同一种运动分配式又可以有多种结构布局形式,这样运动分配设计阶段评价后保留下来的运动分配式方案的结构布局方案就有很多,需要再次进行评价,去除不合理方案。该阶段评价的依据主要是定性分析机床的刚度、占地面积、与物流系统的相容性等因素。该阶段设计结果得到的是机床总体结构布局形态图,图 3-5 所示为五轴镗铣机床的结构布局形态图。

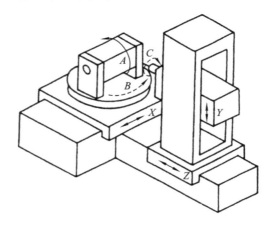

图 3-5　机床结构布局形态图

2)机床总体结构的概略形状与尺寸设计

该阶段主要是进行功能(运动或支承)部件的概略形状和尺寸设计。设计的主要依据是:机床总体结构布局设计阶段评价后所保留的机床总体结构布局形态图,驱动与传动设计结果,机床动力参数及加工空间尺寸参数,以及机床整机的刚度及精度分配。其设计过程大致如下。

(1)确定末端执行件的概略形状与尺寸。

（2）设计末端执行件与其相邻的下一个功能部件的结合部的形式、概略尺寸。若为运动导轨结合部，则执行件一侧相当滑台，相邻部件一侧相当滑座，考虑导轨结合部的刚度及导向精度，选择并确定导轨的类型及尺寸。

（3）根据导轨结合部的设计结果和该运动的行程尺寸，同时考虑部件的刚度要求，确定下一个功能部件（即滑台侧）的概略形状与尺寸。

（4）重复上述过程，直到基础支承件（底座、立柱、床身等）设计完毕。

（5）若要进行机床结构模块设计，则可将功能部件细分成子部件，根据制造厂的产品规划，进行模块提取与设置。

（6）初步进行造型与色彩设计。

（7）机床总体结构方案的综合评价。

图 3-6 所示为部分机床总体结构方案图。

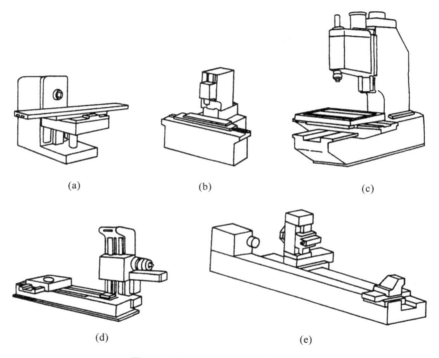

图 3-6　部分机床总体结构方案图
(a)卧式铣床　(b)立式铣床　(c)立式钻床　(d)卧式镗床　(e)车削中心

5.机床主要参数的设计计算

机床的主要技术参数包括机床的主参数和基本参数，基本参数可包括尺寸参数、运动参数及动力参数。

1）主参数和尺寸参数

机床主参数代表了机床规格大小和最大工作能力。为了更完整地表示出机床的工作能力和工作范围，有些机床还规定有第二主参数，见《GB/T15375—1994 金属切削机床型号编制方法》。通用机床主参数已有标准，根据用户需要选用相应数值即可，而专用机床的主参数一般以加工零件或被加工面的尺寸参数来代表。

机床的尺寸参数是指机床的主要结构尺寸参数，通常包括以下部分。

(1)与被加工零件有关的尺寸,如卧式车床刀架上最大加工直径,摇臂钻床的立柱外径与主轴之间的最大跨距等。

(2)标准化工具或夹具的安装面尺寸,如卧式车床主轴锥孔及主轴前端尺寸。

2)运动参数

运动参数是指机床执行件如主轴、工件安装部件(工作台、刀架)的运动速度。

(1)主运动参数。主运动为回转运动的机床,如车、钻、镗、磨、铣等机床,其主运动参数为主轴转速。对于专用机床和组合机床用于完成特定的工序。主轴可能只需一种固定转速,主轴转速可表示为

$$n=\frac{1000v}{\pi d}$$

式中:n——主轴转速(r/min);

　　　v——切削速度(m/min);

　　　d——工件或刀具直径(mm)。

对于通用机床,由于要求其完成的工艺范围较广,又要适应一定范围的不同尺寸和不同材质零件的加工需要,要求主轴具有不同的转速,需要确定主轴的变速范围。主运动可采用无级变速,也可采用有级变速;若采用有级变速,则应确定级数。

主运动为直线运动的机床,如插、刨机床,主运动参数是插刀或刨刀每分钟往复次数(次/分),或称为双行程数。

①最低(n_{min})和最高(n_{max})转速的确定。在分析所设计的机床上可能进行的工艺基础上,选择要求最高、最低转速的典型工艺。按照典型工艺的切削速度和刀具(或工件)直径,可计算出 n_{max},n_{min} 及变速范围 R_n,即

$$\left.\begin{aligned}n_{max}&=\frac{1000v_{max}}{\pi d_{min}}\\n_{min}&=\frac{1000v_{min}}{\pi d_{max}}\\R_n&=\frac{n_{max}}{n_{min}}\end{aligned}\right\}\tag{3-2}$$

式中的 v_{max}、v_{min} 可根据切削用量手册、现有机床使用情况调查或者切削试验确定,通用机床的 d_{max} 和 d_{min} 并不是指机床上可能加工的最大和最小直径,而是指实际使用情况下,采用 v_{max}(或 v_{min})时常用的经济加工直径,对于通用机床,一般取

$$\left.\begin{aligned}d_{max}&=KD\\d_{min}&=R_d d_{max}\end{aligned}\right\}\tag{3-3}$$

式中:D——机床能加工的最大直径(mm);

　　　K——系数;

　　　R_d——计算直径范围。

根据对现有同类机床使用情况的调查确定,如卧式车床 $K=0.5$,摇臂钻床 $K=1.0$,通常 $R_d=0.2\sim0.25$。

例如,对 $\phi400$ mm 卧式车床确定主轴的最高转速。根据分析,用硬质合金车刀对小直径钢材半精车外圆时,主轴转速为最高,参考切削用量资料,可取 $v_{max}=200$ m/min,对于通用车床 $K=0.5$,$R_d=0.25$,则

$$d_{max}=KD=0.5\times400\text{ mm}=200\text{ mm}$$

$$d_{min} = R_d d_{max} = 0.25 \times 200 \text{ mm} = 50 \text{ mm}$$

$$n_{max} = \frac{1000 v_{max}}{\pi d_{min}} = \frac{1000 \times 200}{\pi \times 50} \text{ r/min} = 1273 \text{ r/min}$$

通常用高速钢刀具,精车合金钢材料的梯形螺纹时主轴转速较低,取 $v_{min} = 1.5$ m/min,在 $\phi 400$ mm 卧式车床上加工丝杠最大直径在 $\phi 40 \sim \phi 50$ mm,则

$$n_{min} = \frac{1000 \times 1.5}{\pi \times 50} \text{ r/min} = 9.5 \text{ r/min}$$

实际使用中可能使用到 n_{max} 或 n_{min} 的典型工艺不一定只有一种,可以多选择几种工艺作为确定最低及最高转速的参考,同时考虑今后技术发展的储备,最后确定 $n_{max} = 1600$ r/min,$n_{min} = 10$ r/min。

②主轴转速的合理排列。确定了 n_{max} 和 n_{min} 之后,在已知变速范围内若采用有级变速,则应进行转速分级;如果采用无级变速,有时也需用分级变速机构来扩大其无级变速范围。所谓分级即在变速范围内确定中间各级转速。目前,多数机床主轴转速是按等比级数排列,其公比用符号 φ 表示。则转速数列为

$$n_1 = n_{min}, n_2 = n_{min}\varphi, n_3 = n_{min}\varphi^2, \cdots, n_Z = n_{min}\varphi_1^{Z-1}$$

主轴转速数列呈等比级数规律分布,主要原因是在转速范围内的转速相对损失均匀。如在加工中某一工序要求的合理转速为 n,而在 Z 级转速中没有这个最佳转速,而是处于 n_j 和 n_{j+1} 之间,即 $n_j < n < n_{j+1}$。若采用 n_{j+1} 比 n 转速高,由于过高的切削速度会使刀具耐用度下降。为了不降低刀具耐用度,一般选用 n_j,将造成转速损失,其转速损失为 $(n - n_j)$,相对转速损失率为

$$A = \frac{n - n_j}{n}$$

当 n 趋近于 n_{j+1} 时,仍选用 n_j,为使用转速,产生的最大相对转速损失率为

$$A_{max} = \frac{n_{j+1} - n_j}{n_{j+1}} = 1 - \frac{n_j}{n_{j+1}}$$

在其他条件(直径、进给、切深)不变的情况下,转速的损失就反映了生产率的损失。对于普通机床,如果认为每级转速的使用机会都相等,那么应使 A_{max} 为一定值,即

$$A_{max} = 1 - \frac{n_j}{n_{j+1}} = \text{const} \quad \text{或} \quad \frac{n_j}{n_{j+1}} = \text{const} = \frac{1}{\varphi}$$

则任意两级转速之间的关系为

$$n_{j+1} = n_j \varphi$$

此外,应用等比级数排列的主轴转速,可串联若干个滑移齿轮来实现。使变速传动系统更加简单。

③标准公比 φ 值和标准转速数列。标准公比的确定依据如下原则:因为转速由 n_{min} 至 n_{max} 必须递增,所以公比应大于 1;为了限制转速损失的最大值 A_{max} 不大于 50%,则相应的公比 φ 不大于 2,故 $1 < \varphi < 2$;为了使用记忆方便,转速数列中的转速系是十倍比的,故 φ 应符合如下关系,$\varphi = \sqrt[E_1]{10}$,E_1 是正整数;如采用多速电动机驱动,通常电动机转速为 3000/1500(r/min) 或 3000/1500/750(r/min),故 φ 也应符合如下关系,$\varphi = \sqrt[E_2]{2}$,E_2 也为正整数。

根据上述原则,可得标准公比如表 3-3 所示。其中 1.06、1.12、1.26 同是 10 和 2 的正整数次方,其余的只是 10 或 2 的正整数次方。

表 3-3　标准公比 φ

φ	1.06	1.12	1.26	1.41	1.58	1.78	2
$\sqrt[E]{10}$	$\sqrt[40]{10}$	$\sqrt[20]{10}$	$\sqrt[10]{10}$	$\sqrt[20/3]{10}$	$\sqrt[5]{10}$	$\sqrt[4]{10}$	$\sqrt[20/6]{10}$
$\sqrt[E]{2}$	$\sqrt[12]{2}$	$\sqrt[6]{2}$	$\sqrt[3]{2}$	$\sqrt{2}$	$\sqrt[3/2]{2}$	$\sqrt[6/5]{2}$	2
A_{max}	5.7%	11%	21%	29%	37%	44%	50%
与 1.06 关系	1.06^1	1.06^2	1.06^4	1.06^6	1.06^8	1.06^{10}	1.06^{12}

表 3-3 不仅可用于转速、双行程数和进给量数列,而且也可用于机床尺寸和功率参数等数列。对于无级变速系统,机床使用时也可参考上述标准数列,以获得合理的刀具耐用度和生产率。

当采用标准公比后,转速数列可从表 3-3 中直接查出。表中给出了以 1.06 为公比的从 1～10000 的数列。如设计一台卧式车床 $n_{min}=10$ r/min,$n_{max}=1600$ r/min,$\varphi=1.26$,查表 3-3,首先找到 10,然后每隔 3 个数($1.26=1.06^4$)取一个数,可得如下数列:10,12.5,16,20,25,31.5,40,50,63,80,100,125,160,200,250,315,400,500,630,800,1000,1250,1600。

④公比的选用。由表 3-3 可见,φ 值小则相对转速损失小,但当变速范围一定时,变速级数将增多,结构复杂。通常,对于通用机床,为使转速损失不大,机床结构又不过于复杂,一般取 $\varphi=1.26$ 或 1.41;对于大批、大量生产用的专用机床、专门化机床及自动机,$\varphi=1.12$ 或 1.41,因其生产率高,转速损失影响较大,且又不经常变速,可用交换齿轮变速,不会使结构复杂,而非自动化小型机床,加工中切削时间远小于辅助时间,对转速损失影响不大,故可取 $\varphi=$ 1.58、1.78 甚至 2。

表 3-4　标准数列

1	2	4	8	16	31.5	63	125	250	500	1000	2000	4000	8000
1.06	2.12	4.25	8.5	17	33.5	67	132	265	530	1060	2120	4200	8500
1.12	2.24	4.5	9.0	18	35.5	71	140	280	560	1120	2240	4500	9000
1.18	2.36	4.75	9.5	19	37.0	75	150	300	600	1180	2360	4750	9500
1.25	2.5	5.0	10	20	40	80	160	315	630	1250	2500	5000	10000
1.32	2.65	5.3	10.6	21.2	42.5	85	170	335	670	1320	2650	5300	10600
1.4	2.8	5.6	11.2	22.4	45	90	180	355	710	1400	2800	5600	11200
1.5	3.0	6.0	11.8	23.6	47.5	95	190	375	750	1500	3000	6000	11800
1.6	3.15	6.3	12.5	25	50	100	200	400	800	1600	3150	6300	12500
1.7	3.35	6.7	13.2	26.5	53	106	212	425	850	1700	3350	6700	13200
1.8	3.55	7.1	14	28	56	112	224	450	900	1800	3550	7100	14100
1.9	3.75	7.5	15	30	60	118	236	475	950	1900	3750	7500	15000

⑤变速范围 R_n、公比 φ 和级数 Z 的关系。由等比级数规律可知

$$R_n=\frac{n_{max}}{n_{min}}=\varphi^{Z-1}$$

$$\varphi=\sqrt[(Z-1)]{R_n}$$

则

两边取对数,可写成

$$\lg R_n = (Z-1)\lg\varphi$$

故

$$Z = \frac{\lg R_n}{\lg\varphi} + 1 \tag{3-4}$$

式(3-4)给出了 R_n、φ、Z 三者的关系,已知任意两个可求第三个,求出的 φ 和 Z 应圆整为标准数和整数。

(2)进给量的确定。数控机床中的进给广泛使用无级变速,普通机床则既有无级变速,又有有级变速。采用有级变速方式时,进给量一般为等比级数,其确定方法与主轴转速的确定方法相同。首先根据工艺要求,确定最大、最小进给量 f_{max}、f_{min},然后选择标准公比 φ 或进给量级数 Z_f,再由式(3-4)求出其他参数。但是,螺纹加工机床如螺纹车床、螺纹铣床等,因为被加工螺纹的导程是分段等差级数,其进给量按等差级数排列;利用棘轮机构实现进给的机床,如刨床、插床等,因棘轮结构关系,其进给量也是按等差级数排列。

(3)变速形式与驱动方式选择。前面已经指出,机床的主运动和进给运动的变速方式有无级和有级两种形式。变速形式的选择主要考虑机床自动化程度和制造成本两个因素。数控机床一般采用电动机无级变速形式,其他机床多采用有级变速形式或无级与有级变速组合形式。机床运动的驱动方式常用的有电动机驱动和液压驱动,驱动方式的选择主要根据机床的变速形式和运动特性要求来确定。

3)动力参数

动力参数包括机床驱动的各种电动机的功率或扭矩。机床各传动件的结构参数(轴或丝杠直径,齿轮或蜗轮的模数,皮带的类型及根数等)都是根据动力参数设计计算出来的。如果动力参数取得过大,电动机经常处于低负荷情况,功率因数小,造成电力浪费;同时,传动件及相关零件尺寸设计得过大,不但浪费材料,且使机床显得笨重。如果取得过小,机床则达不到设计提出的使用性能要求。通常动力参数可通过调查类比法(或经验公式)、相似机床试验法和计算方法来确定。下面介绍用计算方法确定动力参数。

(1)主电动机功率的确定。机床主运动电动机的功率 $P_主$ 为

$$P_主 = P_切 + P_空 + P_辅 \tag{3-5}$$

式中:$P_切$——消耗于切削的功率,又称有效功率(kW);

$P_空$——空载功率(kW);

$P_辅$——随载荷增加的机械摩擦损耗功率(kW);

①$P_切$(kW)的计算公式如下。

$$P_切 = \frac{F_z v}{60000} \tag{3-6}$$

式中:F_z——切削力;

v——切削速度,可根据刀具和工件材料及所选用的切削用量等条件,由切削用量手册查得。

专用机床工况单一,而通用机床工况复杂,切削用量等变化范围大,计算时可根据机床工艺范围内的重切削工况或机床验收负荷试验规定的切削用量作为参考来进行。

②$P_空$(kW)的计算。机床主运动空转时由于传动件摩擦、搅油、空气阻力等原因,电动机要消耗一部分功率,其值随传动件转速增大而增加,与传动件预紧程度及装配质量有关。中型

机床主传动空载功率损失可由下列实验公式估算,即

$$P_空 = \frac{Kd_{平均}}{955000}(\sum ni + Cn_主)$$ (3-7)

$$C = C_1 \frac{d_主}{d_{平均}}$$

式中:$d_{平均}$——主运动系统中除主轴外所有传动轴轴颈的平均直径(cm);

$\sum ni$——除主轴外各传动轴的转速之和(r/min);

$n_主$——主轴转速(r/min);

K——润滑修正系数,$K=30\sim50$,润滑情况好时取小值;

$d_主$——主轴前后轴颈的平均值(cm);

C_1——主轴轴承系数。

③$P_辅$的计算。机床切削时,由于传动件正压力加大,则摩擦损失将增加,显然 $P_辅$ 随 $P_切$ 的变化而变化。

$$P_辅 = \frac{P_切}{\eta_床} - P_切$$

因此,主运动电动机的功率为

$$P_主 = \frac{P_切}{\eta_床} + P_空$$ (3-8)

其中 $\eta_床 = \eta_1\eta_2\cdots$,其中 $\eta_1,\eta_2\cdots$ 为主传动系统中各传动副的机械效率。详见《机械设计手册》。当机床结构尚未确定时,应用式(3-5)有一定困难,也可用下式粗略估算主电动机功率。

$$P_主 = \frac{P_切}{\eta_床}$$ (3-9)

其中 $\eta_床$ 为机床总机械效率,主运动为回转运动时,$\eta_床=0.7\sim0.85$;主运动为直线运动时,$\eta_床=0.6\sim0.7$;对于间断工作的机床,由于允许电动机短时超载工作,故按式(3-5)、式(3-9)计算的 $P_主$ 是指电动机在允许的范围内超载时的电动机的功率,其额定功率可按下式计算。

$$P_额定 = \frac{P_主}{K}$$ (3-10)

式中:$P_额定$——选用电动机的额定功率(kW);

$P_主$——计算出的电动机功率(kW);

K——电动机超载系数,对连续工作的机床,$K=1$;对间断工作的机床,$K=1.1\sim1.25$,间断时间长的,取较大值。

(2)进给驱动电动机功率的确定。机床进给运动驱动可分成如下几种情况。

①进给运动与主运动合用一个电动机,如卧式车床、钻床等。进给运动消耗的功率远小于主传动消耗的功率,统计结果:卧式车床进给功率 $P_f=(0.03\sim0.04)P_主$;钻床进给功率 $P_f=(0.04\sim0.05)P_主$;铣床进给功率 $P_f=(0.15\sim0.20)P_主$。

②进给运动中工作进给与快速进给共用一个电动机时,由于快速进给所需功率远大于工作进给的功率,且二者不同时工作,所以不必单独考虑工作进给所需功率。

③进给运动采用单独电动机驱动,则需要确定进给运动所需功率(或扭矩)。对普通交流电动机,进给电动机功率(kW)可表示为

$$P_f = \frac{Qv_f}{60000\eta_f}$$ (3-11)

式中:Q——进给牵引力(N);

v_f——进给速度(m/min);

η_f——进给传动部件机械效率。

进给牵引力等于进给方向上切削分力和摩擦力之和,进给牵引力的估算如表 3-5 所示。

表 3-5　进给牵引力的估算

进给形式 导轨形式	水平进给	垂直进给
对三角形或二角形与矩形组合导轨	$KF_Z + f'(F_X + G)$	$K(F_Z + G) + f'F_X$
矩形导轨	$KF_Z + f'(F_X + F_Y + G)$	$K(F_Z + G) + f'(F_X + F_Y)$
燕尾形导轨	$KF_Z + f'(F_X + 2F_Y + G)$	$K(F_Z + G) + f'(F_X + 2F_Y)$
钻床主轴		$F_Q \approx F_f + f\dfrac{2T}{d}$

注:G——移动件的重力(N);

F_Z、F_Y、F_X——切削力的三个方向分力(N,在局部坐标系内),其中 F_Z 为进给方向的分力,F_X 为垂直导轨面的力,F_Y 为横向力;

F_f——钻削进给抗力;

f'——当量摩擦因数,在正常润滑条件下,铸铁对铸铁的三角形导轨的 $f'=0.17\sim0.18$,矩形导轨的 $f'=0.12\sim0.13$,燕尾形导轨的 $f'=0.2$,铸铁对塑料的 $f'=0.03\sim0.05$;滚动导轨的 $f'=0.01$ 左右;

f——钻床主轴套筒上的摩擦因数;

K——考虑倾覆力矩影响的系数;三角形和矩形导轨的 $K=0.1\sim1.15$;燕尾形导轨的 $K=1.4$;

d——主轴直径(mm);

T——主轴的转矩(N·mm)。

对于数控机床的进给运动,伺服电动机根据扭矩选择有

$$T_{电} = \frac{9550Pf}{n_{电}} \tag{3-12}$$

式中:$T_{电}$——电动机扭矩(N·m);

$n_{电}$——电动机转速(r/mm)。

(3)快速运动电动机功率的确定。快速运动电动机启动时消耗的功率最大,因其需要同时克服移动件的惯性力和摩擦力,即

$$P_{快} = P_{惯} + P_{摩} \tag{3-13}$$

式中:$P_{快}$——快速电动机功率(kW);

$P_{惯}$——克服惯性力所需的功率(kW);

$P_{摩}$——克服摩擦力所需的功率(kW);

$$P_{惯} = \frac{M_{惯}n}{9550\eta} \tag{3-14}$$

式中:$M_{惯}$——克服惯性力所需电动机轴上扭矩(N·m);

n——电动机转速(r/mm);

η——传动件的机械效率。

$$M_{惯} = J\frac{\omega_1}{t}$$

式中:J——转化到电动机轴上的当量转动惯量(kg·m²);

ω_1——电动机的角速度(rad/s);

t——电动机启动时间,对于中型机床 $t=0.5$ s,对于大型机床 $t=1.0$ s。

各运动件折算到电动机轴上的转动惯量为

$$J = \sum_k J_k \left(\frac{\omega_k}{\omega}\right)^2 + \sum_i m_i \left(\frac{v_i}{\omega}\right)^2$$

式中:ω_k——各旋转件的角转速(rad/s);

m_i——各直线移动件的质量(kg);

v_i——各直线移动件的速度(m/s)。

克服摩擦力所需的功率可参考进给运动进行计算。

应该指出的是,$P_惯$ 仅在启动过程中存在,当运动部件达到正常速度时即消失。交流异步电动机的启动转矩约为满载时额定转矩的 1.6～1.8 倍,工作时又允许短时间超载,最大转矩可为额定转矩的 1.8～2.2 倍,快速行程的时间又很短。因此可以用由式(3-11)计算出来的 $P_快$ 和由电动机转速 $n_电$ 求出的扭矩作为电动机的启动扭矩来选择电动机,这样选出来的电动机的额定功率可小于式(3-11)的计算结果。

一般普通机床的快速电动机功率和快速速度可参考表 3-6 选择。

表 3-6　机床部件空行程速度和功率

机床类型	主参数/mm	移动部件	速度/(m/min)	功率/kW
卧式车床	车床上最大回转直径			
	400	溜板箱	3～5	0.25～0.5
	630～800	溜板箱	4	1.1
	1000	溜板箱	3～4	1.5
	2000	溜板箱	3	4
立式车床	最大车削直径			
	单柱 1250～1600	横梁	0.44	2.2
	双柱 2000～3150	横梁	0.35	7.5
	5000～10000	横梁	0.3～0.37	17
摇臂钻床	最大钻孔直径			
	25～35	摇臂	1.28	0.8
	40～50	摇臂	0.9～1.4	1.1～2.2
	75～100	摇臂	0.6	3
	125	摇臂	1.0	7.5
卧式镗床	主轴直径			
	63～75	主轴箱和工作台	2.8～3.2	1.5～2.2
	85～110	主轴箱和工作台	2.5	2.2～2.8
	126	主轴箱和工作台	2.0	4
	200	主轴箱和工作台	0.8	7.5
升降台铣床	工作台工作面宽度			
	200	工作台和升降台	2.4～2.8	0.6
	250	工作台和升降台	2.5～2.9	0.6～1.7
	320	工作台和升降台	2.3	1.5～2.2
	400	工作台和升降台	2.3～2.8	2.2～3

续表

机床类型	主参数/mm	移动部件	速度/(m/min)	功率/kW
龙门铣床	工作台工作面宽度 800～1000	横梁 工作台	0.65 2.0～3.2	5.5 4
龙门刨床	最大刨削宽度 1000～1250 1250～1600 2000～2500	横梁 横梁 横梁	0.57 0.57～0.9 0.42～0.6	3.0 3～5.5 7.5～10

3.1.2　精密机床和数控机床

传统的精密机床加工精度为 0.004～0.01 mm。近 10 年来,普通级数控机床的加工精度已由 10 μm 提高到 5 μm,精密级加工中心则从 3～5 μm 提高到 1～1.5 μm,并且超精密加工精度已开始进入纳米级(0.01 μm)。

在可靠性方面,国内数控装置的 MTBF 值已达 6000 h 以上,伺服系统的 MTBF 值达到 30000 h 以上,表现出非常高的可靠性。为了实现高速、高精加工,与之配套的功能部件如电主轴、直线电动机得到了快速的发展,应用领域进一步扩大。

当然,在实际加工中有一定的误差,数控加工误差 $\Delta_{数加}$ 是由编程误差 $\Delta_{编}$、机床误差 $\Delta_{机}$、定位误差 $\Delta_{定}$、对刀误差 $\Delta_{刀}$ 等误差综合形成,即 $\Delta_{数加}=f(\Delta_{编}+\Delta_{机}+\Delta_{定}+\Delta_{刀})$

精密机床原指坐标镗床、螺纹磨床、蜗杆磨床、齿轮磨床、光学磨床、高精度外圆磨床、高精度滚刀磨床、高精度螺纹车床以及其他高精度机床,随着数控技术的发展,各类精密数控机床层出不穷,加工精度也越来越高。

1. CM6132 精密普通车床

1) 机床的主要性能和技术参数

车床适用于车削精密零件,并可以加工米制、英制、模数(蜗杆)和径节(英制蜗杆)螺纹。CM6132 精密普通车床的主要技术参数如表 3-7 所示。

表 3-7　主要技术参数

序号	项 目 内 容		主要技术参数
1	工件最大回转直径	在床面上	320 mm
		在床鞍上	175 mm
2	工件最大加工长度		750 mm
3	主轴孔径		35 mm
4	主轴前端孔锥度		莫氏 5 号
5	主轴转速范围(18 级)		19～2000 r/min
6	加工螺纹范围	米制(36 种)	0.5～44 mm
		英制(45 种)	1～92 牙/英寸
		模数螺纹(37 种)	0.25～22 mm
		径节螺纹(42 种)	2～184 径节

续表

序号	项目内容		主要技术参数
7	进给量范围	纵向	0.011～3.6 mm/r
		横向	0.006～1.544 mm/r
8	主电动机	功率	3 kW
		转速	1430 r/min
9	冷却泵电动机功率		0.125 kW
10	润滑泵电动机功率		0.12 kW

2)传动部件设计

如图 3-7 和图 3-8 所示,主传动采用分离型传动,变速箱用两个公用齿轮,由液压选择变速;主轴支承为动压轴承;进给传动采用三轴滑移公用齿轮机构,另有一套螺纹变换机构。

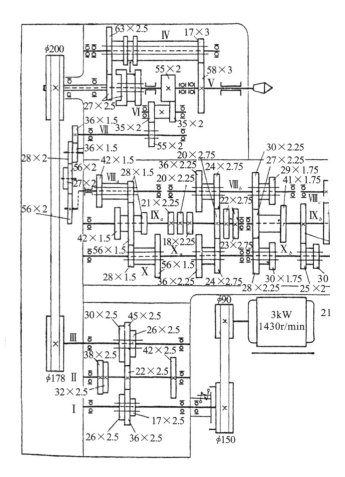

图 3-7　CM6132 传动系统图

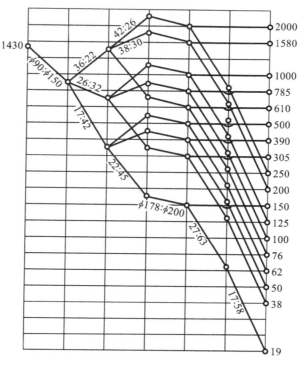

图 3-8　CM6132 转速图

3）床头箱和变速箱

如图 3-9 所示,床头箱由主轴部件和背轮机构组成。运动从变速箱经三角皮带传到带轮①上。若脱开内齿离合器②,接通背轮机构,则主轴得到 9 级低速;如使背轮机构脱开,合上内齿离合器,直接传动齿轮,则主轴得到 9 级高速。

主轴前轴承⑨和后轴承④均采用内圆外锥式结构,在箱体上安装后一起镗削,以保证前后轴承孔的同轴度。前轴承下端开通槽,装入按需要磨成一定厚度的垫片⑪,以垫补轴承下端开通槽的空隙;用背帽⑧和⑩调整前轴承和主轴轴颈的径向间隙。同样,利用背帽③和⑤调整后轴承。主轴中间装两个推力轴承,保证主轴的轴向定位,其轴向间隙由螺母⑥和⑦调整。

拨动轴Ⅶ上滑移齿轮($z=55$),可将运动(正或反)经挂轮传给进给箱。

图 3-10 所示为变速箱装在床头箱的床腿中,电动机转动经三角皮带传至带轮Ⅱ上,再通过两个三联齿轮传到轴Ⅲ,得到 9 级转速,由轴Ⅲ外侧带轮输出。

带轮①内侧装有电磁制动器,制动器壳③通过键与箱体的法兰盖④相连,衔铁②固定在带轮①上,每当主电动机断电时,制动器线圈通电,实现制动。

变速箱采用液压操纵方式。箱内两个相同的液压缸分别控制两个三联滑移齿轮。若液压缸⑪左右两端均通压力油,由于左右柱塞⑨、⑤和套⑩、⑥工作面积相等,套的环形端面积又大于柱塞端面积,圆柱销⑧处于中间位置。液压缸⑪沿圆柱销⑧移动方向开有通槽(图中虚线所示),圆柱销沿此槽可推动拨叉⑦,从而控制三联滑移齿轮处于中间啮合位置。若液压缸⑱左腔通压力油,右腔通回油,则左侧柱塞⑫将右侧柱塞⑬和套⑯压向另一边,圆柱销⑮沿槽推动拨叉⑭右移,从而使三联滑移齿轮处于右端啮合位置。与上述动作相反时,它就在左端啮合位置。拨叉带有定位孔,通过弹簧销使滑移齿轮正确定位,并通过控制微动开关发出信号。

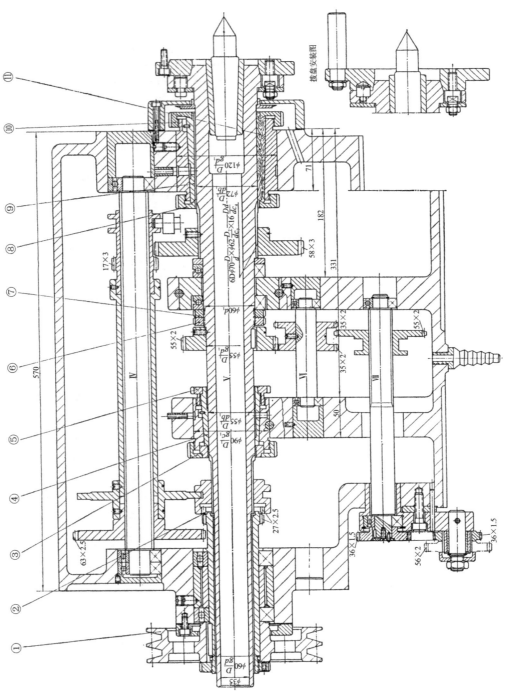

图 3-9　CM6132 床头箱结构图

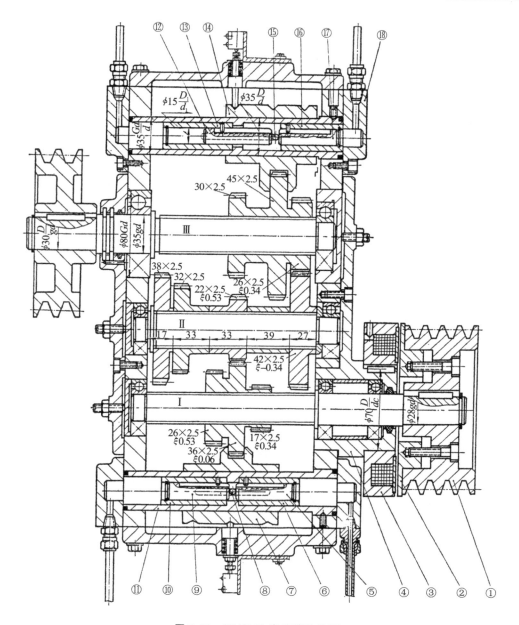

图 3-10　CM6132 变速箱结构图

2. 数控齿条插齿机

1) 工作原理

　　齿条插齿机是按展成法使用插齿刀加工齿条的加工机床。插齿时,插齿刀做上下往复的切削运动,同时与工件做相对的滚动。

　　高速和大型插齿机采用刀具让刀,中小型插齿机一般设计工件让刀。在立式插齿机上,插齿刀装在刀具主轴上,同时做旋转运动和上下往复插削运动;工件装在工作台上,做直线运动,刀架可横向移动,实现径向切入运动。刀具回程时,刀架向后稍做摆动,实现让刀运动或工作台做让刀运动。

插齿加工的原理就是齿轮和齿条无间隙啮合的原理,齿轮是插齿刀,齿条则是被加工工件。插齿加工是按滚切法进行的。如果插齿刀与被加工齿轮旋转时不成一定的比例,那么被加工件就会因被多切或少切而产生误差。为了减少这些误差,提高齿条的加工精度,就必须有准确的内联传动链。纯机械式齿条插齿机的机械传动部分较烦琐,结构复杂,不易保证加工精度。

三轴两联动数控齿条插齿机使用了三个数控轴,可实现圆周进给、径向进给和分齿运动的精确数字控制,而且机械传动链大大缩短,简化了结构,减少了传动链误差,提高了加工精度。另外,由于排除了交换齿轮和行程挡块的调整,一般调整时间仅为非数控机床调整时间的10%~30%,提高了加工效率。由于机构的简化,使机床维修方便;更由于机床的数据自诊断功能,常见故障都能及时排除。

数控齿条插齿机运动原理见图 3-11,它主要包括五大运动。

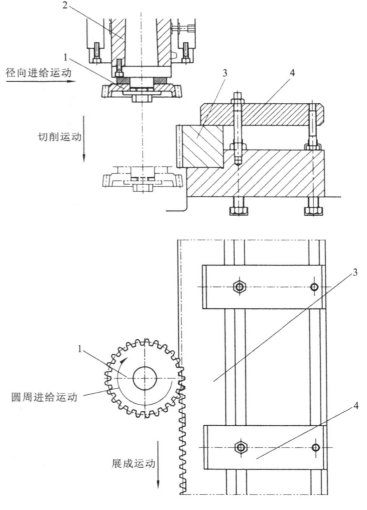

图 3-11　数控齿条插齿机运动原理

1—插齿刀;2—刀轴;3—齿坯;4—夹具

（1）主切削运动。插齿刀沿刀轴轴线方向（齿宽方向）做快速竖直往复运动，以完成切削任务，切出工件的齿廓。它以每分钟往复行程数来计算。其中向下为主运动，是工作行程；向上是非工作行程。

（2）圆周进给运动。圆周进给运动即刀轴的旋转运动。插齿刀主轴绕自己的轴线做慢速回转运动，插齿刀转动的快慢决定了工件运动的快慢，同时也决定了插齿刀每一次切削的负荷，圆周进给量的大小用插齿刀每次往复行程在分度圆圆周上所转过的弧长表示（mm/str）。显然，降低圆周进给量将会增加形成齿廓刀刃的切削次数，从而提高齿廓的曲线精度，但生产率则随之降低。

数控齿条插齿机的圆周进给运动的传动链为：伺服电动机驱动蜗轮蜗杆副（1/80），由蜗轮蜗杆副直接带动插齿刀主轴做旋转。

（3）展成运动。展成运动即滚切分齿运动。欲在齿坯上切出全部齿，必须使工作台与刀具主轴之间强制形成齿轮与齿条的啮合关系，即工作台的直线移动与插齿刀的圆周进给运动之间形成联动，这两个运动组合成的复合运动就是展成运动。展成运动时，插齿刀与齿坯的节圆上做纯滚动。

工作台的运动行程由所加工齿条的长度决定，在齿条运动的过程中，进给过程为工作行程，回位过程为非工作行程，其中非工作行程的运动速度较高。一个运动行程之后，在齿条深度方向进给一定的量，直至加工完成为止。

数控齿条插齿机的滚切分齿运动传动链：交流伺服电动机经滚珠丝杠装置（包括滚珠丝杆和螺母）驱动工作台，工作台的导向采用贴塑导轨。

（4）径向进给运动。开始径向插齿时，如插齿刀立即径向切入工件至全齿深，将会因切削负荷过大而损坏刀具和工件。为了避免这种情况，工件应该逐渐地向插齿刀（或插齿刀向工件）做径向切入运动，往往加工一个齿轮时，整个齿高要分多次径向进给。

开始加工时，工件外围上的点与插齿刀外圆相切，在插齿刀和工件做范成运动的同时，工件相对于刀具做径向切入运动。当刀具切入工件至全齿深后，径向进给运动停止，而圆周进给继续进行，直至工件齿坯再沿轴向移动一个行程，便能加工出全部完整的齿廓。

数控齿条插齿机的径向进给运动传动链为：交流伺服电动机的旋转运动经滚珠丝杠装置后变成直线运动，导向采用贴塑导轨。

（5）让刀运动。插齿刀上下往复运动中，向下是切削行程，向上是非工作行程。为了保证插齿刀做回程运动时不和齿面接触，防止刀具擦伤已加工好的齿面，并减少刀具的磨损，在回程运动时，就要求工作台（即齿坯）和插齿刀之间离开一定间隙，而在插齿刀向下切削时又要恢复原位，以便进行下一次切削。

2）主要性能和技术参数

数控齿条插齿机的主要性能和技术参数如表 3-8 所示。

表 3-8　数控齿条插齿机的主要性能和技术参数

名　　　称	数控齿条插齿机	型　　号	HYK58150
机床外形尺寸（长×宽×高）/mm		1750×2500×2520	
主电机功率/kW	4	机床重量/kg	5000
最大加工齿条长度/mm	1500	最大加工齿条宽度/mm	100
最大加工模数/mm	8	插齿刀冲程数/（次/分）	0～790，无级
最大圆周进给量/（mm/str）	1.5	插齿刀最大冲程长度/mm	125
插齿刀主轴让刀量/mm	不小于 0.5	最大径向进给量/（mm/str）	0.18

3）主轴箱

数控齿条插齿机主轴箱如图 3-12 所示,可完成插齿加工的主切削运动、圆周进给运动和让刀运动。

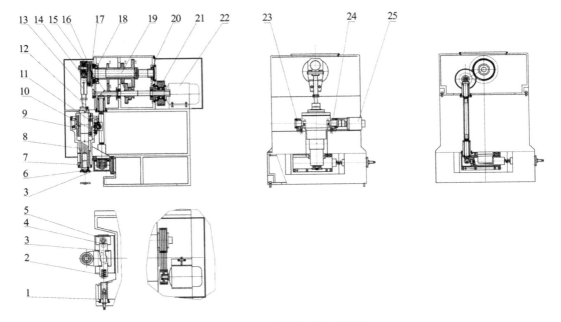

图 3-12　数控齿条插齿机主轴箱

1—螺杆;2—弹簧;3—楔块;4—滚轮;5—凸轮;6—插齿刀;7—摆架;8—刀轴;9—蜗轮;
10—定向键;11—蜗杆;12—球头杆;13—连杆;14—锥齿轮轴;15—锥齿轮套;16—偏心销;
17—偏心盘;18、20—轴承;19—主轴;21—皮带轮;22—交流电动机;23、24—支承轴;25—伺服电动机

（1）主传动。交流电动机 22 通过皮带轮与传动轴相连,传动轴上的皮带轮 21 为卸荷结构;传动轴的滑移齿轮 $z=43$、$z=68$ 可分别与主轴 19 上的固定齿轮 $z=97$、$z=72$ 啮合,实现高、低速转换;主轴由圆锥滚子轴承 18 和 20 支承,通过端面键及螺钉与偏心盘 17 固连。

不难看出,刀轴是依靠一个"曲柄滑块机构"进行上下运动,偏心盘则是机构的"曲柄";通过螺杆与偏心销 16 可调整这个"曲柄"的半径;偏心销连接的连杆 13,连杆通过球头杆 12 与刀轴 8 及插齿刀 6 相连;调节连杆长度可控制插齿刀的行程。

（2）圆周进给运动。伺服电动机 25 通过联轴节与蜗杆 11 连接,蜗杆与蜗轮 9 啮合,传动比为 80：1;蜗轮等零件与刀轴 8 之间安装的定向键 10,其作用十分关键,刀轴在蜗轮等零件中,上下可灵活运动,圆周方向则准确定位;伺服电动机转动时,蜗杆蜗轮副和蜗杆副带动刀轴 8 和插齿刀 6 在上下运动的同时实现圆周进给运动。

（3）让刀运动。刀轴上下运动与圆周进给运动都在摆架 7 内进行,摆架的回转支承是支承轴 23 和 24,楔块 3 通过摆架的卡槽控制其摆动位置。

主轴 19 通过一对 $z=70$ 的齿轮将运动传到锥齿轮套 15,锥齿轮套与锥齿轮轴 14 的相同齿数的齿轮相啮合;锥齿轮轴下面的连接杆固连了凸轮 5,因此凸轮 5 与主轴 19 转速相同。也就是说,主轴 19 连同刀轴 8 每上下运动一次,凸轮 5 都要回转一圈。

调节螺杆 1 压紧弹簧 2、楔块 3,使滚轮 4 自始至终与凸轮 5 接触。

刀轴向下运动时,凸轮 5 的圆周上曲线半径较大的部分与滚轮 4 接触,楔块 3 通过摆架 7

的卡槽控制其处于插齿加工的位置;刀轴向下运动时,凸轮 5 的圆周上曲线半径较小的圆弧段与滚轮 4 接触,摆架 7 处于回退让刀的位置。

3.1.3　专用机床

加工装备中的金属切削机床既有通用机床、数控机床,也有专用机床。通用机床和数控机床一般都有定型产品,可以根据生产线的工艺要求进行选购。专用机床没有定型产品,必须根据所加工零件的工艺要求进行专门设计。

专用机床区别于通用机床的最基本的特征就是它只用于完成某种零件的特定工序。因此,专用机床的加工范围窄,通用性较差;但它的结构比通用机床简单,生产效率比较高,自动化程度往往也比较高。所以专用机床通常只在大量、大批生产中应用。

专用机床虽然是针对加工某种零件的特定工序设计的,但在设计时应充分考虑成组加工工艺的要求,根据相似零件族的典型零件的工艺要求进行设计。典型零件是指具有相似零件族内各个零件全部结构特征和加工要素的零件,它可能是一个真实的零件,更可能是由人工综合而成的假想零件。

在设计专用机床时应采用模块化方法。将机床分成若干个大部件,各个部件按通用化原则进行设计。这样,在更换加工零件时,只需对机床关键部件进行重组和调整即可。

专用机床设计是根据生产线工艺方案设计提出的专用机床设计任务书进行的。

为使所设计的专用机床能完整地达到该工序的加工要求,专用机床设计需完成工件工序图、加工示意图、机床总联系尺寸图、生产率计算卡等,即"三图一卡"的设计工作。

1. 工件工序图

1)工件工序图的作用与要求

工件工序图是根据选定的工艺方案,表示在一台机床上或一条生产线上完成的工序内容,加工部位的尺寸及精度,技术要求,加工用定位基准,夹紧部位,以及工件的材料、硬度和在本机床加工前毛坯情况的图样。

工件工序图是在原零件图基础上,以突出本机床或生产线加工内容,辅以必要的文字说明绘制的。它是专用机床设计的主要依据,也是制造使用时检验和调整机床的重要技术文件。

2)工件工序图表示的内容

(1)加工的部位及其尺寸、精度、粗糙度及位置精度。

(2)加工前零件的形状、主要尺寸和已达到的技术要求。

(3)定位基面、夹紧部位、辅助支承位置,以及它们与主要加工部位之间的尺寸和精度。

(4)工件的名称、材料、硬度、质量以及毛坯种类、精度和加工余量等。

3)工件工序图的绘制方法

(1)用细实线画出工件的形状和轮廓尺寸,设置中间导向时,应画出工件内部肋的布置和尺寸,以便检查工件、夹具、刀具是否发生干涉,以及刀具通过的可能性。

(2)用粗实线画出本机床加工的部位,并标出本道工序加工表面的尺寸、精度、粗糙度、位置尺寸及精度和技术要求(包括本道工序对前道工序提出的要求及本机床保证的部分)。

标注位置尺寸时应从定位基准标起,采用直角坐标系标注,以便于加工及检查。

当所选用的定位基准与设计基准不一致时,还必须对加工部位要求的位置尺寸精度进行分析和换算。

不对称公差的尺寸应换算成对称公差尺寸。如尺寸 $130.0+0.1$ 应换算为 $130.05\pm$

0.05，以便进行夹具和主轴箱设计时确定导向孔与主轴孔的位置坐标尺寸。

(3)标出加工用定位基准、夹紧部位及夹紧方向，以便进行夹具的支承、定位及夹紧系统的设计。

(4)图中应注明工件的名称、编号、材料、硬度以及被加工部位的余量。

(5)绘制生产线的工件工序图时，不按各台机床绘制，一般按全线或工段来绘制，并表示出与工件输送设备有关的图形、尺寸及精度要求。

(6)必要的文字说明。如对精镗机床必须注明是否允许留有退刀痕迹，以及允许退刀痕的形状(直线或螺旋线)。

在进行工序图设计时还要认真分析孔加工的余量，特别在镗阶梯孔时，其大直径孔的单边余量应小于相邻两孔半径之差，以便镗刀能通过。

在加工毛坯时，不仅要弄清加工余量，还必须注意孔的铸造偏心及铸造毛刺的大小，以便设计的镗杆在加工时能正常通过。

图 3-13 所示为工件工序图的一个实例，这是汽车变速器箱体，加工表面包括两个端面，以及端面上的所有孔；定位采用底面和底面上的两个定位销孔。

2.加工示意图

1)加工示意图的作用

加工示意图是根据生产率要求和工序图要求而拟定的机床工艺方案，是刀具、辅具的布置图，是刀具、辅具、夹具、电气、液压、主轴箱等部件设计的重要依据，是机床布局和机床性能的原始要求，是机床试车前对刀和调整的技术资料。加工示意图又称刀具布置图。

2)多轴钻主轴箱主轴、刀具的结构

为了便于理解加工示意图的内容及绘制方法，下面介绍一下多轴钻主轴箱主轴、刀具的结构。多轴同时钻孔时，在加工终了位置，多轴箱端面到工件端面的距离是定值，然而每根主轴上的钻头加工的孔深不一定相同，这就要求钻头安装在不同的轴向位置；钻头在使用时有磨损，因此要求刀具能轴向调整以补偿磨损。为满足上述要求，多轴箱的主轴结构主要由三部分组成：钻头、接杆和主轴。

以图 3-14 所示的加工汽车变速器箱体左端面的加工示意图为例，最深孔是其左端面的 S_9、S_{10}，从其加工终了位置开始，依次画出钻头、导向套、接杆和主轴，并确定各部分轴向联系尺寸，最后确定主轴箱端面的位置。各部分轴向联系尺寸的确定方法如下。

①导向套离工件端面的距离一般按加工孔径的(1~1.5)倍取值，图中取 20 mm。

②导向套采用固定式，导向套的长度一般为加工孔径的(2~4)倍，小直径取大值、大直径取小值，图中取 42 mm。

③为便于排屑，钻头尾部螺旋槽应露出导向套外端一定距离，图中取大于 40 mm。

④以上面确定的值为基础，选取钻头的标准长度，刀具的伸出长度定为 175.5 mm，即接杆端部离导向套的距离是 69.6 mm。

⑤根据切削用量计算出主轴的传递扭矩 M，确定主轴的内、外径及悬伸长度。图中主轴内径和外径分别为 $\phi28$ 和 $\phi40$，主轴悬伸长度 $L=135$ mm。

⑥根据选择的钻头柄部的莫氏锥号和主轴前端孔内径，在接杆的设计标准中可查出接杆的规格和主要尺寸，其中包括接杆长度的推荐范围，在此可选范围内的最小值。图中接杆尾部 $d=28$ mm，钻头柄部莫氏锥度是 2 号，其长度推荐范围为(230~530)mm，取 230 mm。

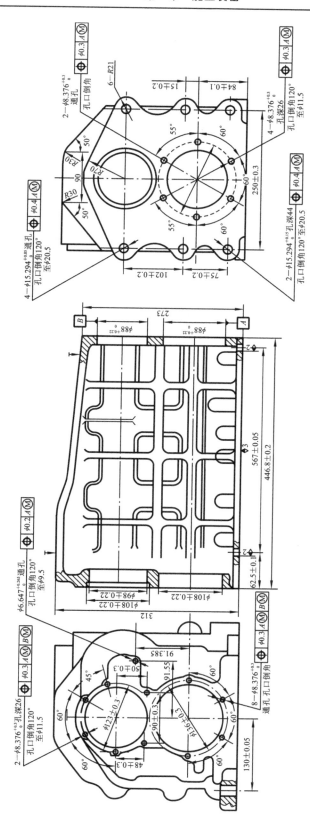

图 3-13　汽车变速器箱体工序图

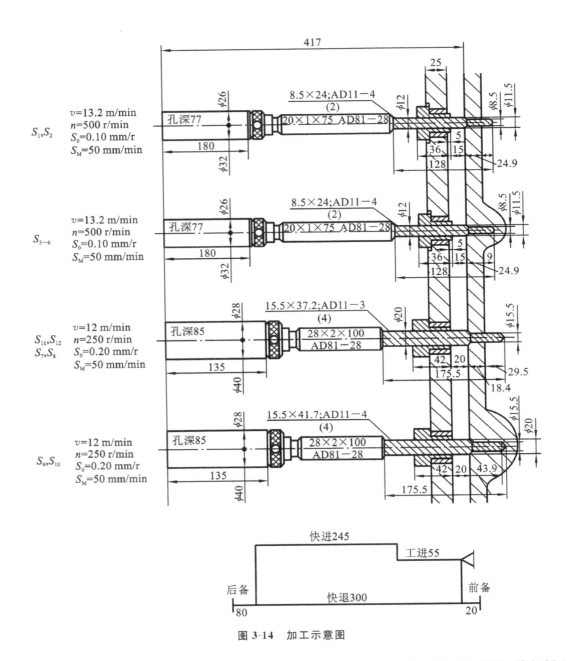

图 3-14　加工示意图

　　⑦查有关标准,主轴前端插接杆的内孔深度为 85 mm 。考虑接杆长度的调整,接杆插入主轴前端内孔的长度定为 80 mm,就可以画出主轴箱端面的位置。

　　⑧经计算,图中工件左端面到主轴箱端面的距离为 417 mm 。

　　3)动力部件行程长度的确定

　　(1)工作进给长度 $l_进$

　　由图 3-14 可知

$$l_进 = l + l_{切入} + l_{切出}$$

式中:l——工件加工部位最大长度;

　　$l_{切入}$—— 切入长度,一般取 5~8 mm;

　　$l_{切出}$—— 切出长度,钻孔取 $5+0.3d$,d 为钻头的直径。

(2)快退行程长度。为装卸工件、刀具更换及调整的方便,刀具快速退离工件应有一定的距离,即快退行程长度。

(3)快进行程长度。它等于快退行程的最后位置到第一次工作进给开始位置之间的距离。

(4)工作行程长度。它是指快进和工作进给行程长度之和。一般就等于快退的行程长度,如图 3-14 所示。

　3.机床联系尺寸总图

(1)机床联系尺寸总图的作用。机床总联系尺寸图清楚地表明了机床的结构和布局,规定各部件的轮廓尺寸及相互间的装配关系和运动关系,是开展各部件设计的依据之一。

(2)组合机床的组成如图 3-15 所示。

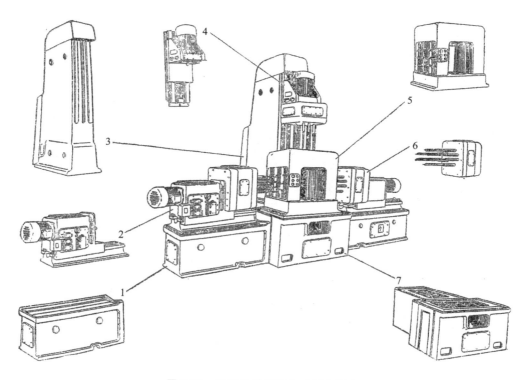

图 3-15　单工位三面复合式组合机床

1—卧式床身;2—动力头;3—立柱;4—他驱动力头;5—夹具;6—主轴箱;7—中间底座

(3)机床总联系尺寸图(见图 3-16)表示的内容如下。

①机床的布局形式。

②通用部件的型号和规格。

③主要专用部件的轮廓尺寸。

④工件及各部件间的主要联系尺寸及运动尺寸。

⑤电动机功率。

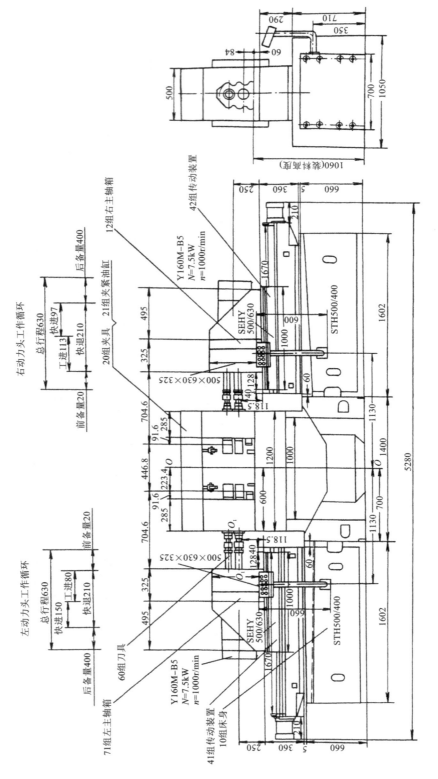

图 3-16　机床总联系尺寸图

4.组合机床主轴箱

结合图 3-13 所示的汽车变速器箱体零件的钻孔工序,进行组合机床左边主轴箱的设计和讨论。首先应该重视的是:主轴箱的通用零件是构成标准主轴箱的基础。

1)通用零件的选择

(1)通用箱体。主轴箱包括铸铁的通用主轴箱体、前盖和后盖,由于其宽度和高度的不同,有多种规格。箱体的厚度为 180 mm;基型后盖的厚度为 90 mm;基型前盖的厚度为 55 mm(卧式)。变型前盖的厚度为 70 mm(立式)。

根据前面的设计,这里选择宽度 630 mm、高度 500 mm 的通用主轴箱体。

(2)通用主轴。通用主轴按其用途不同,分钻削类和攻丝类。而通用钻削类主轴按支承结构的不同分为以下几类。

①滚锥主轴。前后支承均为圆锥滚子轴承的主轴。

②滚珠主轴。前支承为推力球轴承和深沟球轴承的组合,后支承为深沟球轴承或圆锥滚子轴承。

③滚针主轴。前后支承均由推力球轴承与无内环滚针轴承的组合。

可根据主轴的负载、速度和结构尺寸选择最合适的形式。本例分别选择滚锥主轴和滚珠主轴。

(3)通用传动轴。通用传动轴按其用途和支承的不同,分为滚锥传动轴、滚针传动轴、手柄传动轴(向前伸出手柄,用于调整)和油泵传动轴等。

(4)通用齿轮。主轴箱用的通用齿轮,分为传动齿轮、动力头齿轮和电动机齿轮。

通用齿轮的系列参数如表 3-9 所示。

表 3-9　通用齿轮的系列参数

齿轮种类	齿宽/mm	齿　　数	模数/mm	孔径/mm
传动齿轮	24	16～50(连续)	2,2.5,3	15,20,25,30,35,40
	32	16～70(16～50 连续,50～70 仅有偶数齿)	2,2.5,3,4	25,30,35,40,50,60
动力头齿轮	84(A 型)	21～26	3,4	25,30,35,50
	44(B 型)			
电动机齿轮	79	21～26	3	18,22,28,32,38

2)传动系统设计

由图 3-17 可知,左边的主轴箱需要完成两组,共计 12 个孔的钻削加工,转速分别为 500 r/min 和 250 r/min。

动力箱输出为 7.5 kW、850 r/min,通过第Ⅳ排齿数 $z=20$、$m=3$ 的齿轮与传动轴 1、8 和 17 的齿轮($z=34$)啮合。

传动轴 1 分别通过第Ⅰ排齿数 $z=30$、$m=2$ 的齿轮与主轴 3、5、7 的齿轮($z=30$)啮合;通过第Ⅱ排齿轮与 2、4、6 轴的齿轮啮合。

$$n_2=n_3=n_4=n_5=n_6=n_7=n_0\times(20/34)\times(30/30)=500 \text{ r/min}$$

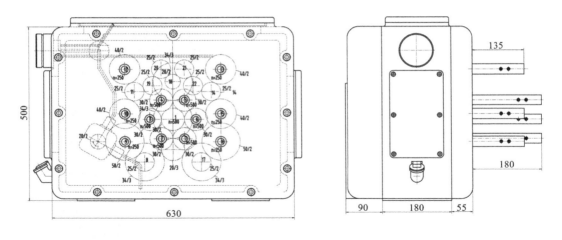

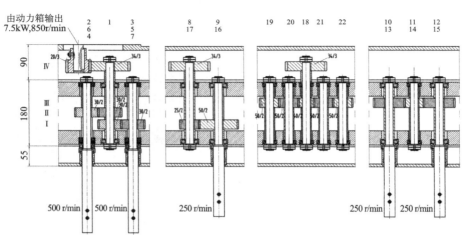

图 3-17　组合机床主轴箱

传动轴 1 第 Ⅳ 排齿轮同时与传动轴 18 等速啮合,在第 Ⅲ 排以 $z=40$、$m=2$ 的齿轮连接传动轴 20、19、11,以及主轴 10、12;连接传动轴 21、22、14 以及主轴 13、15。

$$n_{10}=n_{12}=n_{13}=n_{15}=n_0\times20/34\times34/34\times20/25\times25/25\times25/25\times25/40=250\ \text{r/min}$$

传动轴 8、17 通过第 Ⅰ 排齿数 $z=25$、$m=2$ 的齿轮与主轴 9、16 的齿轮($z=50$)啮合。

$$n_9=n_{16}=n_0\times20/34\times25/50=250\ \text{r/min}$$

5.转塔主轴箱式组合机床

转塔主轴箱机床是介于加工中心和组合机床之间的一种中间机型。转塔主轴箱机床根据加工工件的需要可更换主轴箱。主轴箱通常是多轴的,对工件进行多面、多轴、多刀同时加工,是一种高效机床。

1)转塔动力头

转塔动力头可为 3、4、5、6 型,可以装上 3~6 个不同类型的主轴箱。可以用 1 个或 2 个这种动力头组成单面或双面组合机床,同时采用回转夹具或回转工作台;在一次装夹下对零件的几个面、孔进行加工,起到几台普通机床的作用,特别适合小批量生产。转塔动力头如图 3-18 所示。

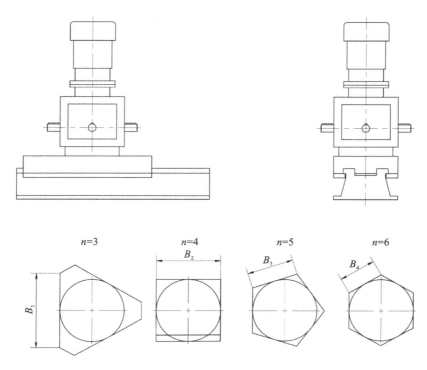

图 3-18 转塔动力头

2)进给运动方式

转塔主轴箱式组合机床有以下两种进给方式。

（1）转塔主轴箱进给。如图 3-19（a）所示，工件 4 及回转工作台夹具 5 装在固定底座上，转塔主轴箱及回转工作台装在进给滑台 6 上，工作时由转塔主轴箱进给。适合于主轴箱规格较小的场合。

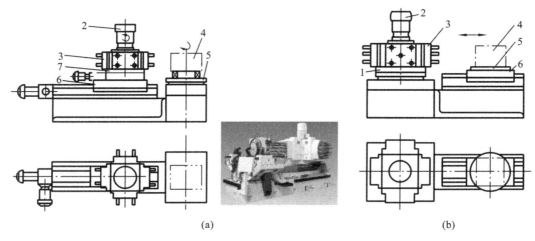

图 3-19 转塔主轴箱式组合机床的进给方式

（a）转塔主轴箱进给 （b）工件进给

1—转塔回转工作台；2—主电动机；3—转塔主轴箱；4—工件；5—工件回转工作台夹具；6—进给滑台；7—转塔架

（2）工件进给。如图 3-19（b）所示，工件及回转工作台夹具装在进给滑台上，转塔主轴箱及回转工作台装在固定底座上，工作时由工件进给，适合于主轴箱规格较大的场合。

6.专用机床小型特种部件

1）钻削动力头

图 3-20（a）所示为高扭矩、强推力的圆柱机体型钻孔装置。安装方向任意，可以设计制作结构紧凑的专用机床。适于高速钻孔加工，是一款独特的小型轻量化部件。

2）攻螺纹动力头

图 3-20（b）所示的同步攻螺纹机采用高性能伺服电动机，数控装置的高精度攻螺纹机，使小直径、盲孔攻螺纹更加容易实现。

3）平行夹具

图 3-20（c）所示为用于将圆柱机体型钻削动力头及同步攻螺纹动力头平行于基座安装的夹具台。

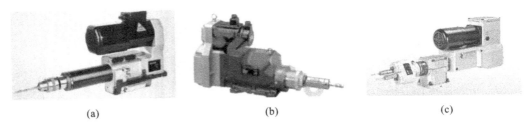

(a)　　　　　　　　　　　(b)　　　　　　　　　　　(c)

图 3-20　专用机床小型特种部件

(a)圆柱机体型钻削动力头　(b)同步攻丝动力头　(c)平行夹具

4）多轴头与铣刀头

主轴间距可调式两轴动力头见图 3-21（a），两主轴齿轮与传动齿轮呈等边三角形。如图 3-22 所示，调整间距时，主轴绕传动轴摆动（相向或相背）；主轴间距固定两轴钻削动力头（见图 3-21（b））；图 3-21（c）所示为主轴间距较窄，且间距固定的多轴动力头；图 3-21（d）所示为主轴轴体可更换式动力头，更加适合多品种小批量的柔性自动化加工。图 3-21（e）所示的是用于铣削的直角铣刀头。

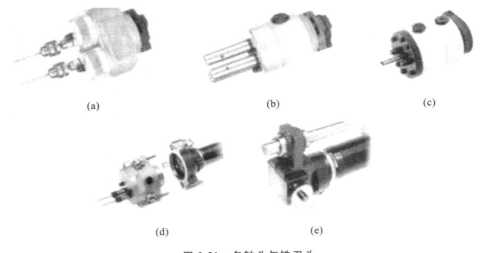

(a)　　　　　　　　　　　(b)　　　　　　　　　　　(c)

(d)　　　　　　　　　　　(e)

图 3-21　多轴头与铣刀头

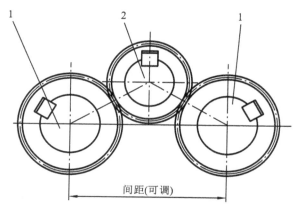

图 3-22　主轴间距可调的传动布置

1—主轴及齿轮；2—传动轴及齿轮

3.2　特种加工机床

3.2.1　电火花加工机床

1. 基本原理与特点

1）电火花加工的基本原理

电器开关的触点在闭合或断开时，往往伴随着噼啪声响的蓝白火花，这种现象称为火花放电，其结果是金属表面被蚀成许多细小的凹坑，人们称为电蚀。显然，电蚀现象对电器是有害的，然而从另一个角度却给人们以启示，导致了一种新的金属去除方法的产生，这就是应用到工业生产中的电火花加工。电火花加工的基本原理如图 3-23 所示。

2）特点

电火花加工是在一定的介质中，通过工具电极与工件电极之间脉冲放电的电蚀作用，对工件进行去除材料加工的方法。要将电蚀现象用于金属材料的尺寸加工，必须具备以下条件。

（1）火花放电必须具有足够的放电强度，使放电点处的金属熔化和汽化。放电点处的电流密度须达到 $10^5 \sim 10^6$ A/cm^2。

（2）火花放电必须是短促的脉冲放电，使火花放电产生的热量来不及扩散到工件内部。火花放电持续时间一般为 $2 \sim 500$ μs。

（3）相邻两次火花放电之间，要有足够的间隔时间，使极间工作介质恢复介电性能，防止产生电弧放电。

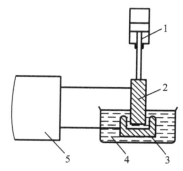

图 3-23　电火花加工原理示意图

1—自动进给；2—工具；3—工件；
4—煤油；5—脉冲电源

（4）工件与工具之间始终维持一定间隙（$10^{-2} \sim 10^{-1}$ mm）。

（5）在流动的绝缘液体介质中进行（煤油或去离子水），使电蚀产物及时排出加工区域。

2.机床设备

电火花加工机床主要由机床本体、脉冲电源、自动进给调节系统、工作液过滤和循环系统、数控系统等部分组成,如图 3-24 所示。

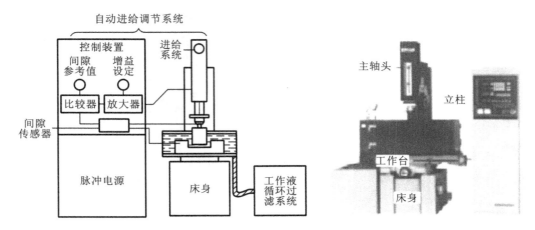

图 3-24　电火花加工机床

1)机床本体

机床本体主要由床身、立柱、主轴头及附件、工作台等部分组成,是用以实现工件和工具电极的装夹固定和运动的机械系统。床身、支柱、坐标工作台是电火花加工机床的骨架,起着支承、定位和便于操作的作用。因为电火花加工宏观作用力极小,所以对机械系统的强度无严格要求,但为了避免变形和保证精度,要求具有必要的刚度。主轴头下面装夹的电极是自动调节系统的执行机构,其质量的好坏将影响到进给系统的灵敏度及加工过程的稳定性,进而影响工件的加工精度。

机床主轴头和工作台常有一些附件,如可调节工具电极角度的夹头、平动头、油杯等。本节主要介绍平动头。

电火花加工时,粗加工的电火花放电间隙比中加工的放电间隙要大,而中加工的电火花放电间隙比精加工的放电间隙又要大一些。当用一个电极进行粗加工时,将工件的大部分余量蚀除掉后,其底面和侧壁四周的表面粗糙度很差,为了将其修光,就得转换规准逐挡进行修整。但由于中、精加工规准的放电间隙比粗加工规准的放电间隙小,若不采取措施则四周侧壁就无法修光了。平动头就是为解决修光侧壁和提高其尺寸精度而设计的。

平动头是一个使装在其上的电极能产生向外机械补偿动作的工艺附件。当用单电极加工型腔时,使用平动头可以补偿上一个加工规准和下一个加工规准之间的放电间隙差。

平动头的动作原理:利用偏心机构将伺服电动机的旋转运动通过平动轨迹保持机构转换成电极上每一个质点都能围绕其原始位置在水平面内做平面小圆周运动,许多小圆的外包络线面积就形成加工横截面积,如图 3-25 所示,其中每个质点运动轨迹的半径就称为平动量,其值可以由零逐渐调大,以补偿粗、中、精加工的电火花放电间隙 d 之差,从而达到修光型腔的目的。平动头的结构及原理可以参考其他书籍。

目前,机床上安装的平动头有机械平动头和数控平动头,其外形如图 3-26 所示。机械平动头由于有平动轨迹半径的存在,它无法加工有清角要求的型腔;而数控平动头可以两轴联动,能加工出清棱、清角的型孔和型腔。

与一般电火花加工工艺相比较,采用平动头电火花加工有如下特点。

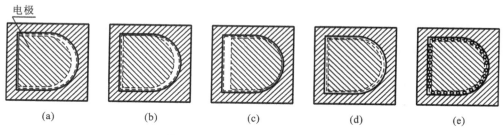

图 3-25　平动头扩大间隙原理图

(a)电极在最左　(b)电极在最上　(c)电极在最右　(d)电极在最下　(e)电极平动后的轨迹

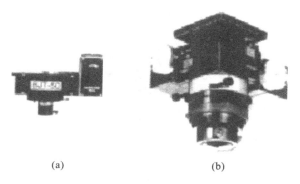

图 3-26　平动头外形

(a)机械平动头　(b)数控平动头

(1)可以通过改变轨迹半径来调整电极的作用尺寸,因此尺寸加工不再受放电间隙的限制。

(2)用同一尺寸的工具电极,通过轨迹半径的改变,可以实现转换电规准的修整,即采用一个电极就能由粗至精直接加工出一副型腔。

(3)在加工过程中,工具电极的轴线与工件的轴线相偏移,除了电极处于放电区域的部分外,工具电极与工件的间隙都大于放电间隙,实际上减小了同时放电的面积,这有利于电蚀产物的排除,提高加工稳定性。

(4)工具电极移动方式的改变,可使加工的表面粗糙度大有改善,特别是底平面处。

2)脉冲电源

电火花加工机床的脉冲电源是把普通交流电转换成频率较高的单向脉冲电的装置。电火花加工用的脉冲电源可分为弛张式脉冲电源和独立式脉冲电源两大类。

RC 弛张式脉冲电源工作原理如图 3-27 所示。当接通直流电源 E 后,电源经限流电阻 R 向电容器 C 充电,其两端电压逐渐上升。当电容器两端的电极上升到等于工具电极和工件之间的工作液击穿电压时,介质被击穿,电容器放电,在两极间形成火花放电。因为在工作过程中,电容器时而充电,时而放电,一弛一张,故称为"弛张式"脉

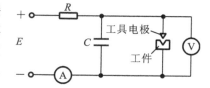

图 3-27　RC 弛张式脉冲电源工作原理

冲电源。弛张式脉冲电源结构简单、工作可靠、成本低,但生产率低,工具电极损耗大。

独立式脉冲电源与放电间隙各自独立,放电由脉冲电源的电子开关元件控制。晶体管脉冲电源是目前最流行的独立式脉冲电源。

3)工作液循环过滤系统

工作液循环过滤系统由工作液箱、泵、管、过滤器等组成,如图 3-28 所示,目的是为加工区提供较为纯净的液体工作介质。电火花加工中的蚀除产物,一部分以气态形式抛出,其余大部分是以球状固体微粒分散地悬浮在工作液中,直径一般为几微米。随着电火花加工的进行,蚀除产物越来越多,充斥在电极和工件之间,或黏连在电极和工件的表面上。蚀除产物的聚集会与电极或工件形成二次放电,这就破坏了电火花加工的稳定性,降低了加工速度,影响了加工精度和表面粗糙度。为了改善电火花加工的条件,一种办法是使电极振动,以加强排屑作用;另一种办法是对工作液进行强迫过滤,以改善间隙状态。

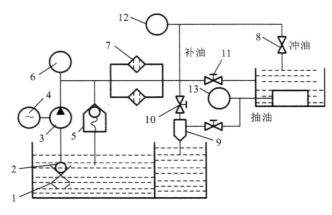

图 3-28　工作液循环系统

1—粗过滤器;2—单向阀;3—油泵;4—电极;5—溢流安全阀;6—压力表;7—精过滤器;8—压力调节阀;
9—抽吸管;10—冲油选择阀;11—快速补油控制阀;12—冲油压力表;13—抽油压力表

3. 多轴、多头和可换电极电火花加工机床

图 3-29 所示的 B 型精密数控电火花成形机床呈"C"形,中心负重,形成左右对称的最合理的楔形结构。具有较好的刚度,导轨受压均匀,精度高。机床的床身、立柱采用优质铸铁树脂砂铸造,经过两次时效处理,保证了机床具有较高的静态、动态刚度和减振性能,是精密数控机床精度保证的前提。机床工作台采用优质花岗岩材质制成,这种材质热变形小,能确保机床精度长久保持;绝缘性好,可大大降低在放电加工时两极间存在的寄生电容,是进行高精度镜面加工的保障。X、Y、Z 轴的丝杠、导轨副均采用高精度的零部件,摩擦力小、定位误差小于 2 $\mu m/100$ mm,重复定位误差小于 2 μm。且精度保持性好,刚度和灵敏度都比较高。

B 型电火花成形加工机床精密分度轴(C 轴,也称为 U 轴)可进行精确的角度定位和连续旋转伺服加工。C 轴与 Z 轴联动,可对内外螺纹、内外斜齿轮等类似的零件进行加工;C 轴与 X、Y 轴联动,可对齿条、滚筒花纹模具、各类木工刀具等复杂零件进行加工。

数控电火花成形加工机床配上 C 轴,可大大扩展其加工范围,增强加工能力。尤其是对曲线或曲面形状的工件进行加工时,C 轴可与其他各轴联动,在三维空间内,加工出复杂的型腔和截面,如蜗轮、蜗杆、螺纹等。

图 3-30 所示为双头电火花加工机床,使电火花成形模具加工的效率大为提高。图 3-31 所示的电火花加工机床,通过自动更换电极,大幅提高了电火花加工机床的柔性自动化程度。

图 3-29　B 型精密数控电
火花成形机床

图 3-30　双头电火花
加工机床

图 3-31　可换电极电火花加工机床
（电火花加工中心）

3.2.2　激光切割机床

激光是 20 世纪 60 年代发展起来的一项重大科技成果,它的出现深化了人们对光的认识,扩展了光为人类服务的领域。目前,激光加工已较为广泛地应用于切割、打孔、焊接、表面处理、切削加工、快速成形、电阻微调、基板划片和半导体处理等领域中。

激光几乎可以加工任何材料,加工热影响区小,光束方向性好,其光束斑点可以聚焦到波长级,可以进行选择性加工、精密加工,这是激光加工的特点和优越性。

1.激光切割的基本原理

激光切割可用于各种材料,如金属以及玻璃、陶瓷、皮革等非金属材料,是一种应用最为广泛的激光技术。

经聚焦的高功率密度激光束照射工件,并以气体辅助切割过程,由此引起照射点材料的熔化或汽化,形成孔洞;光束在工件上移动,便可形成切缝,切缝处的熔渣被一定压力的辅助气体吹除,便完成了切割加工。其加工原理如图 3-32 所示。

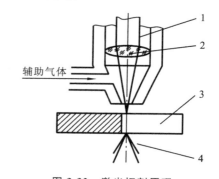
辅助气体

图 3-32　激光切割原理
1—激光束;2—聚焦透镜;3—工件;4—熔渣

2.激光切割的工艺特点

(1)切割速度快,热影响区小,工件被切部位的热影响层的深度为 0.05～0.1 mm,因而热畸变形小。

(2)割缝窄,一般为 0.1～1 mm,割缝质量好,切口边缘平滑,无塌边,无切割残渣。对轮廓复杂和小曲率半径等外形均能达到微米级精度的切割。

(3)切边无机械应力,工件变形极小。适宜于蜂窝结构与薄板等低刚度零件的切割。

(4)激光束聚焦后功率密度高,能够切割各种材料,如高熔点材料、硬脆材料等。

3.激光切割机床

激光切割机床的基本设备由激光器、光学系统及机械系统、数控系统等三大部分组成。

1)激光器

激光器是激光加工的重要设备,其作用是将电能转换成光能,产生激光所需要的激光束。

2)光学系统

光学系统将光束聚焦并观察和调整焦点位置,包括显微镜瞄准、激光束聚焦及加工位置的显示等。图 3-33 所示为用于平面切割的三轴激光切割机床的光路结构。

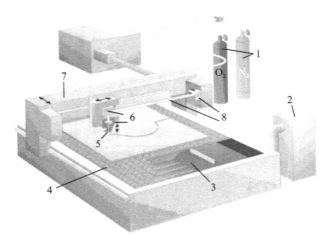

图 3-33　三轴激光切割机床的光路结构

1—切割气体;2—吸尘装置;3—吸尘室;4—锯齿;5—切割头;6—反射镜透镜;7—横梁;8—反射镜光路

3)机械系统

图 3-34 所示为三轴激光切割机床坐标轴的定义。大幅面工作台固定不动;X 轴采用伺服电动机驱动精密斜齿轮齿条传动,使龙门的立柱及横梁运动;Y 轴的伺服电动机驱动精密磨制丝杠螺母副,控制激光切割头所在的滑台在横梁上移动;Z 轴控制激光切割头的轴向进给。

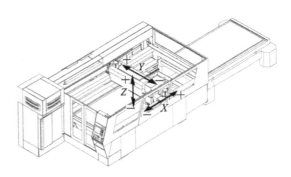

图 3-34　三轴激光切割机床坐标轴的定义

4)激光切割头与高度传感器

激光切割头如图 3-35、图 3-36 所示。

如图 3-37 所示,高度传感器实际上是电容式位移传感器,分别以切割喷嘴和板材作为电容的两个极板,其作用是保持喷嘴与板材间的距离,能够自动探测板材表面高低,并将其值传送到控制器中,由控制器控制切割头 Z 轴上下运动,自动跟随,保证切割时喷嘴与板材间的间隙。

在切割厚的铝板或不锈钢板时,高度传感器也能够监视等离子体的产生。

5)数控系统

激光切割机的高性能数控系统具有强大的图形界面功能,实现图形处理,自动编程和控制机床实现 X、Y、Z 轴的运动,同时也控制激光器的输出功率。其操作界面如图 3-38 所示。

图 3-35　激光切割头外观

1—高度传感器接头；2—拆装孔

图 3-36　激光切割头结构

1—壳体；2—聚焦透镜；3—保护气体接头；

4—切割气体接头；5—冷却水接头；6—切割喷嘴

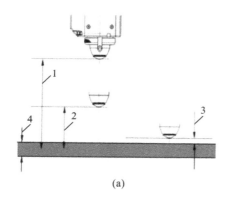

(a)

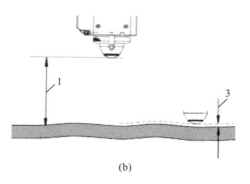

(b)

图 3-37　高度传感器的应用

（a）高度控制　（b）自动跟随

1—空走高度；2—穿孔高度；3—切割高度；4—板材厚度

图 3-38　数控系统的操作界面

4.激光加工机床的型谱

1）工件两轴移动式

这类机床多为单纯用于激光切割的两轴及三轴机床,其激光切割头悬臂伸出,在水平面内无移动,而工件则以 X、Y 两个方向运动。这类机床结构简单,规格尺寸偏小。

工件二坐标移动式又可分为十字工作台的图 3-39(a)和工件及夹具移动的图 3-39(b)两种。前者工件与工作台连动,规格更小些;后者规格尺寸稍大,工作台固定不动,而工件则由夹具夹持着移动,大多与自动冲裁技术结合在一起成为可完成激光切割和冲裁两种加工工艺的多功能机床。

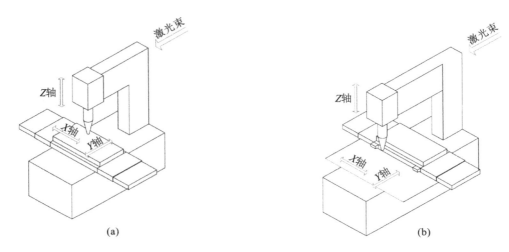

图 3-39　工件两坐标移动式机床

(a)十字工作台　(b)工件及夹具移动

2）工件仅 X 坐标移动式

这类机床规格尺寸较大,大多为图 3-40(a)所示的龙门式和图 3-40(b)、(c)的悬臂式结构,其运动原理为:工作台作 X 方向移动,而 Y 坐标则为激光头在由立柱横梁构成的龙门或悬臂上运动,,既可用于二、三坐标作平面切割,又可以扩展为四轴机床,用于切割管件和型材,还能构成五轴机床进行加工空间曲面。

图 3-40(c)所示为工件及夹具 X 坐标移动,其规格尺寸都比龙门式小,在五坐标机床很少见。

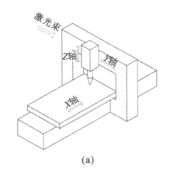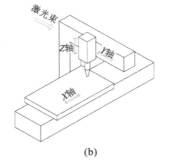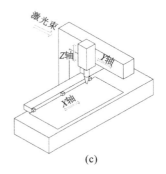

图 3-40　工件 X 轴移动式机床

3）工件不移动式

工件不移动式结构又称为飞行光路,又称为行车结构。这类机床因为工作时工作台不移动,而由激光头及横梁移动,因此运动部件质量相对较小,而工作台的刚度较好,机床占地面积小,故特别适用于大规格厚板的切割和大型零件的焊接、涂覆和热处理,其缺点是:外光路太长,环节太多,调整困难,功率损失较大。

飞行光路结构有以下三种类型。

（1）图 3-41(a)所示为通用式,具有飞行光路结构有横梁移动的,也有立柱移动的,在平面激光切割机、激光打标机、绘图机、等离子体切割机中比较常见。

（2）框架行车式见图 3-41(b),有很高的框架支承着导轨,激光头及横梁在其上运动与行车相似,激光器置于框架之上。

（3）图 3-41(c)所示为悬臂式,其机床横梁悬臂伸出在单墙板上移动。

图 3-41(b)、(c)两种结构敞开性都较好,都用于五坐标激光加工机床中。

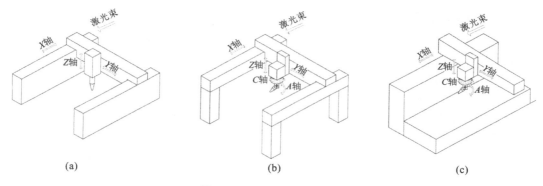

图 3-41　工件不移动式机床

在以上三大类机床中,以工件 X 轴移动为最多,以工件两轴移动为最少;各种机床结构中,又以龙门式最多。

3.3　液压机与工业机器人

金属成形是利用压力加工设备或模具对坯料施加压力,使之产生塑性变形而获得所需形状和尺寸的制作方法。此过程又称“少或无切削加工工艺”,基本不改变金属工件的质量和材料成分,使其从一种形状转变为另一种形状。

无切削工艺可以直接做出成品或半产品,方法包括锻造、挤压、冲压、精冲、轧制、拉拔、挤拉等。

大多数成形加工过程是模具、工件和中间的润滑剂的作用。工件材料在互相接触中受压力作用产生塑性变形,模具表面产生法向应力,而工件在与模具相对运动时在界面处产生切应力,在此作用下产生摩擦和磨损。

焊接是通过加热、加压,或两者并用,使两工件产生原子间结合的加工工艺和连接方式,也是金属成形的主要方法。而在金属焊接成形的领域中,工业机器人的作用不容忽视。

3.3.1　四柱液压机

四柱液压机是一种利用液压装置的静压力来加工金属、塑料、橡胶、木材、粉末等制品的机械设备,常用于压制成形工艺,如:锻压、冲压、冷挤、校直、弯曲、翻边、薄板拉深、粉末冶金、压装等。按传递压力的液体种类来分,有油压机和水压机两大类。

1.四柱液压机概述

图 3-42 所示的 YA32-200 型四柱液压机以油为介质。液压机的执行机构是上部的主缸和下部的顶出缸,其主缸的最大压制力为 200 kN。

图 3-43 所示的是液压机的工作循环图。液压机要完成的主要动作是:主缸滑块快速下行、慢速加压、保压、泄压、快速回程及在任意位置停止,顶出缸活塞的顶出、退回等。在薄板拉伸时,常需要顶出缸将坯料压紧。

图 3-42　YA32-200 型四柱液压机

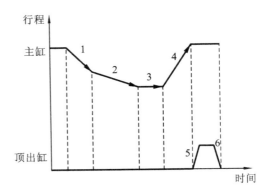

图 3-43　液压机的工作循环图

1—快速下行;2—慢速加压;3—保压延时;
4—快速回程;5—顶出;6—退回

2.液压系统原理

YA32-200 型四柱液压机的液压系统是一种以压力变换为主的中、高压系统(一般工作压力为 10~40 MPa,有的高达 100~150 MPa),且流量较大。因此系统的功率优化和安全可靠显得特别重要。

在图 3-44 所示的 YA32-200 型四柱液压机液压系统中,有两个液压泵,主泵 1 是高压、大流量恒功率(压力补偿)变量泵,最高工作压力为 320 MPa,由远程调压阀 5 调定.。辅助泵 2 是低压小流量的定量泵,主要用以控制油路,其压力由溢流阀 3 调整。

三位四通电液换向阀 6 和 21 分别对主缸 16 和顶出缸 17 的运动方向进行控制,中位机能分别为 M 和 K 型。

3.液压机动作分析

1)主缸运动

(1)快速下行。按下启动按钮,电磁铁 1YA、5YA 得电,低压的控制油路使电液换向阀 6 切换到右位,经阀 8 打开液控单向阀 9,主泵 1 的液压油经阀 6、13 到主缸 16 的上腔,主缸下腔则经阀 9、阀 6、阀 21 的 K 型中位回油。

主缸滑块 22 依靠自重快速下降,这时,即使泵 1 的全部流量进入主缸,仍不足以补充上腔空出的容积,因此形成局部真空,置于液压缸顶部的充液箱 15 内的油液在大气压的作用下,经液控单向阀 14 进入主缸上腔。

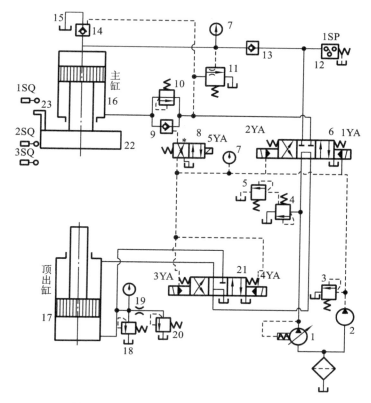

图 3-44　YA32-200 型四柱液压机液压系统

1—恒功率变量泵;2—定量泵;3、4—溢流阀;5—远程调压阀;6、21—三位四通电液换向阀;
7—压力表;8—两位四通电磁换向阀;9—液控单向阀;10—顺序阀;11—卸荷阀(带阻尼孔);
12—压力继电器;13—单向阀;14—充液阀(带卸荷阀芯)15—充液箱;16—主缸;17—顶出缸;
18—溢流阀;19—节流阀;20—背压阀;22—滑块;23—挡铁

(2)慢速接近工件、加压。主缸滑块上的挡铁压下行程开关 2SQ 时,电磁铁 5YA 失电,阀 9 关闭,主缸下腔回油经顺序(平衡)阀 10、阀 6、阀 21 到油箱。由于顺序阀 10 的背压作用,主缸滑块速度减慢;主缸上腔压力升高,阀 14 关闭。压力油推动活塞使滑块慢速接近工件;当主缸滑块接触工件后,阻力急剧增加,主缸上腔压力进一步提高,泵 1 的排油量自动减小,主缸滑块速度变得更慢,以极慢的速度对工件加压。

(3)保压。当主缸上腔压力达到预定值时,压力继电器 12 发出信号,控制电磁铁 1YA 失电,阀 6 回到中位,将主缸上、下油腔封闭。同时泵 1 的流量经阀 6、阀 21 的中位卸荷。单向阀 13 能确保主缸上腔良好的密封性,使主缸上腔保持高压。保压时间可由压力继电器 12 控制的时间继电器调整。

(4)泄压和快速回程。保压过程结束后,电磁铁 2YA 得电(当定程压制成形时,可由行程开关 3SQ 发信号),主缸处于回程状态。

但由于液压机压力高、缸径大、行程长,缸内液体在加压过程中受到压缩而储存了相当大的能量。如果此时主缸上腔立即与回油相通,则系统内液体积蓄的弹性能量突然释放,产生液压冲击,会形成剧烈振动和噪声。为此,保压后必须先泄压再回程。

当 2YA 得电,电液换向阀 6 切换到左位后,主缸上腔还未泄压,卸荷阀(带阻尼孔)11 呈开启状态,泵 1 提供的液压油经阀 11 的阻尼孔回油,油压力较低,不足以使主缸活塞向上移,但能打开阀 14,使主缸上腔的高压油经阀 14 泄回充液箱 15,这一过程持续到主缸上腔压力降低,卸荷阀 11 关闭为止。此时泵 1 没有了阀 11 的泄漏,压力升高,经阀 9 进入主缸下腔,推动活塞及滑块,开始快速回程。

(5)停止。当主缸滑块上的挡铁 23 压下行程开关 1SQ 时,2YA 失电,主缸被阀 6 的中位锁住,活塞及滑块停止运动,回程结束。

2)顶出缸运动

顶出缸 17 在主缸停止运动时才能动作。由于压力油先经过阀 6 后才进入控制顶出缸运动的阀 21,也就是说阀 6 处于中位时,才有液压油通入顶出缸,实现了两缸的运动互锁。

(1)顶出。按下启动按钮,电磁铁 3YA 得电,压力油由泵 1 经阀 6 中位,阀 21 左位进入顶出缸下腔,活塞上升。

(2)退回。3YA 失电,4YA 得电,油路换向,顶出缸活塞下降。

(3)浮动压边。薄板拉伸压边时,要求顶出缸既保持一定压力,又能随了主缸滑块的下压而下降。这时电磁铁 3YA 得电后又失电,顶出缸下腔的液压油被阀 21 封住。主缸滑块下压时,顶出缸活塞被迫随之下行,顶出缸下腔的液压油经节流阀 19 和背压阀 20 流回油箱,从而建立起所需的压边力。图中溢流阀 18 是当节流阀 19 阻塞时起安全作用的。

3)电磁铁动作顺序

电磁铁动作顺序如表 3-10 所示。

表 3-10　YA32-200 型四柱液压机电磁铁动作顺序表

动作 ＼ 元件		1YA	2YA	3YA	4YA	5YA
主缸	快速下行	＋	－	－	－	＋
	慢速加压	＋	－	－	－	－
	保压	－	－	－	－	－
	泄压回程	－	＋	－	－	－
	停止	－	－	－	－	－
顶出缸	顶出	－	－	＋	－	－
	退回	－	－	－	＋	－
	压边	＋	－	(±)	－	－

4.YA32-200 型四柱液压机的特点

(1)三梁四柱式的机械结构,经济实用。

(2)采用高压、大流量恒功率变量泵供油,既符合工艺要求,又节省能量。

(3)利用活塞滑块自重的作用实现快速下行,并用充液阀对主缸充液,使系统结构简单,元件减少。

(4)主缸与顶出缸的运动互锁,确保设备安全可靠。

(5)采用按钮集中控制,具有调整、手动及半自动三种操作方式。

3.3.2　焊接机器人

焊接机器人是从事焊接(包括切割与喷涂)的工业机器人。根据机器人的定义,工业机器人是一种多用途的、可重复编程的自动控制操作机,具有三个或更多可编程的轴,用于工业自动化领域。

为了适应不同的用途,机器人最后一个轴的机械接口通常是一个连接法兰,可接装不同工具或称末端执行器。焊接机器人就是在工业机器人的末轴法兰上装接焊钳或焊(割)枪,使之成为能进行焊接、切割或热喷涂机器人。图 3-45 所示为焊接机器人在车身焊接生产线中的应用。

图 3-45　车身焊接生产线中的焊接机器人

焊接机器人的作用和特点如下。

(1)稳定和提高焊接质量。

(2)提高劳动生产率。

(3)改善工人劳动强度,可在有害环境下工作。

(4)降低了对工人操作技术的要求。

(5)缩短了产品改型换代的准备周期,减少相应的设备投资。

焊接机器人主要包括机器人和焊接设备两部分。机器人由机器人本体和控制柜(硬件及软件)组成。以弧焊及点焊为例,焊接装备则由焊接电源(包括其控制系统)、送丝机(弧焊)、焊枪(钳)等部分组成。对于智能机器人,还应有传感系统,如激光或摄像传感器及其控制装置等。

1.焊接机器人的工作空间

工作空间指工业机器人正常运行时,手腕参考点(也可以用机械接口坐标系原点)能在空间活动的最大范围,用它来衡量机器人工作范围的大小。机床的工作空间(加工空间)一般为长方体或圆柱体空间;而机器人的工作空间形状复杂(见图3-46),工作范围较大。

2.焊接机器人的关键技术

1)机器人系统优化集成技术

采用交流伺服驱动技术以及高精度、高刚度的 RV 减速机和谐波减速器,具有良好的低速稳定性和高速动态响应,并具有免维护的功能。

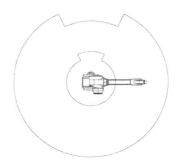

图 3-46　焊接机器人的工作空间

2）协调控制技术

控制多机器人及变位机协调运动,既能保持焊枪和工件的相对姿态以满足焊接工艺的要求,又能避免焊枪和工件碰撞。

3）精确焊缝轨迹跟踪技术

结合激光传感器和视觉传感器离线工作方式的优点,采用激光传感器实现焊接过程中的焊缝跟踪,提升焊接机器人对复杂工件进行焊接的柔性和适应性,结合视觉传感器离线观察获得焊缝跟踪的残余偏差,基于偏差统计获得补偿数据并进行机器人运动轨迹的修正,在各种工况下都能获得最佳的焊接质量。

3.焊接机器人的结构

1）工业机器人的机械结构分类

工业机器人的机械结构可分为图 3-47 所示的四种。焊接机器人大多采用关节型。

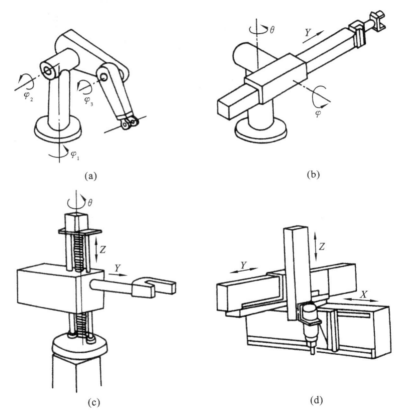

图 3-47　机器人的机械结构类型

(a)关节型　(b)球坐标型　(c)圆柱坐标型　(d)直角坐标型

关节型机器人(见图 3-48)的所谓关节就是运动副。由于关节型机器人的动作类似人的关节动作,故将其运动副称为关节。一般的关节指回转运动副,但关节型机器人中有时也包含有移动运动副,为了方便,可统称为关节,包括回转运动关节和直线运动关节。关节型机器人的特点是灵活性好,工作空间范围大(同样占地面积情况下),但刚度和精度较低。

焊接机器人基本上都属于关节型机器人,绝大部分有 6 个轴。其中,1、2、3 轴可将末端工具送到不同的空间位置,而 4、5、6 轴则达到工具姿态的不同要求。

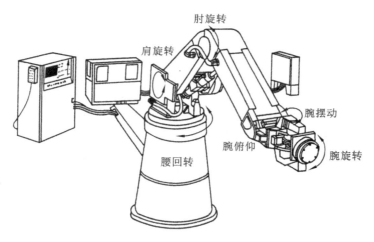

图 3-48　关节型机器人

　　关节型机器人本体的机械结构主要有两种形式：一种为平行四边形结构，一种为侧置式（摆式）结构，如图 3-49(a)、(b)所示。侧置式（摆式）结构的主要优点是上、下臂的活动范围大，使机器人的工作空间几乎能达一个球体。因此，这种机器人可倒挂在机架上工作，以节省占地面积，方便地面物件的流动。

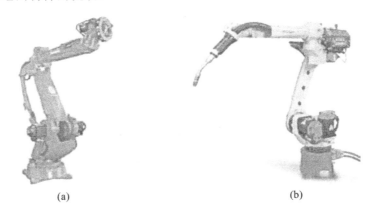

(a)　　　　　　　　　　　(b)

图 3-49　关节型机器人本体的的两种机械结构
(a)平行四边形结构　(b)侧置式（摆式）结构

　　但是这种侧置式机器人的 2、3 轴为悬臂结构，降低了机器人的刚度，一般适用于负载较小的机器人，用于电弧焊、切割或喷涂。平行四边形机器人其上臂是通过一根拉杆驱动的。拉杆与下臂组成一个平行四边形的两条边，故此得名。早期开发的平行四边形机器人的工作空间比较小（局限于机器人的前部），难以倒挂工作。

　　但 20 世纪 80 年代后期开发的新型平行四边形机器人（平行机器人），已能把工作空间扩大到机器人的顶部、背部及底部，又没有侧置式机器人的刚度问题，从而得到普遍的重视。这种结构不仅适合于轻型机器人，也适合于重型机器人。近年来，点焊机器人（负载 100～150 kg）大多选用平行四边形结构形式。

　　2)传动系统

　　(1)机器人传动系统的设计原则如下。

　　①极少的传动环节。

②结构紧凑,即同比体积最小、质量最小。

③传动刚度大,即承受扭矩时角度变形要小,以提高整机的固有频率,降低整机的低频振动。

④回差小,即由正转到反转时空行程要小,以得到较高的位置控制精度。

⑤寿命长、价格低、可靠性高。

(2)各种传动装置在机器人中的应用。机器人各个轴都是做回转运动,故采用伺服电动机通过摆线针轮(RV)减速器(1~3轴)及谐波减速器(1~6轴)驱动。

各类机器人几乎使用了目前出现的绝大多数传动机构(见表 3-11),其中最常用的为谐波传动、RV 摆线针轮行星传动和滚动螺旋传动。另外,选取传动机构需注意精度、刚度、负载、成本、应用场合等因素。

表 3-11　各种传动装置在机器人中的应用

序号	类　别	原理简图	特　点	轴间距	应用场合
1	齿轮传动		响应快,扭矩大,刚度好,可实现旋转方向的改变和复合传动	不大	腰、腕关节
2	谐波传动		大速比,同轴线,响应快,体积小,质量小,回差小,转矩大	零	所有关节
3	摆线针轮行星传动(RV)		大速比,同轴线,响应快,刚度好,体积小,回差小,转矩大	零	前三关节,特别是腰关节
4	蜗轮传动		大速比,交错轴,体积小,回差小,响应小,刚度好,转矩大效率低,发热大	交错不大	腰关节,手爪机构
5	链传动		速比小,扭矩大,刚度与张紧装置有关	大	腕关节(驱动器后置)
6	齿形带传动		速比小,转矩小,刚度差,无间隙	大	各关节的一级传动
7	钢带传动		速比小,转矩小,刚度与张紧装置有关,无间隙	大	腕关节(驱动器后置)
8	钢绳传动		速比小,无间隙	特大	腕关节,手爪机构

续表

序号	类　别	原理简图	特　点	轴间距	应用场合
9	滚动螺旋传动		效率高,精度好,刚度好,无回差,可实现运动方式改变,"速比"大	零	直动关节,摇块传动
10	齿轮齿条传动		效率高,精度好,刚度好,可实现运动方式变化	交错	直动关节,手爪机构

　　3)手腕的结构与设计

　　焊接机器人是在工业机器人的末端法兰装接焊钳或焊(割)枪(见图 3-50),使之能进行焊接、切割或热喷涂。

　　手腕是连接手臂和末端执行器的部件,处于机器人操作机的最末端,其功能是在手臂和机座实现末端执行器在作业空间的三个位置坐标(自由度)的基础上,再由手腕来实现末端执行器在作业空间的三个姿态(方位)坐标,即实现三个旋转自由度,通过机械接口连接并支承末端执行器。

　　如图 3-51 所示,手腕能实现绕空间三个坐标轴的转动,即回转运动(θ)、左右偏摆运动(φ)和俯仰运动(β)。当有特殊需要时,还可以实现小距离的横移运动。手腕的自由度越多,结构和控制越复杂。因此,应根据机器人的作业要求来决定其应具有的自由度数目。在多数情况下,手腕具有一至两个自由度即可。

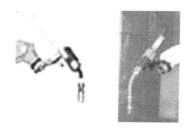

图 3-50　焊接机器人的末端执行器

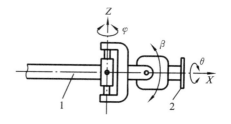

图 3-51　手腕的自由度

1—手臂;2—机械接口

　　(1)设计要求如下。

　　①由于手腕处于手臂末端,为减轻手臂的载荷,应力求手腕部件的结构紧凑,减少其质量和体积。为此腕部机构的驱动装置多采用分离传动,将驱动器安置在手臂的后端。

　　②手腕部件的自由度越多,各关节角的运动度范围越大,其动作的灵活性越高,机器人越得心应手。但增加手腕自由度,会使手腕结构复杂,运动控制难度加大。因此不应盲目增加手腕的自由度。通用机器人手腕大多配置三个自由度,某些动作简单的专用工业机器人的手腕,根据作业实际需要,可减少其自由度,甚至可以不设置手腕,以简化结构。

　　③为提高手腕动作的精确性,应提高传动的刚度,应尽量减少机械传动系统中由于间隙产生的反转回差,如齿轮传动中的齿侧间隙、丝杠螺母中的传动间隙和联轴器的扭转间隙等。

　　(2)两自由度机械传动手腕。图 3-52 所示的手腕结构具两自由度,手腕的驱动电动机安装在大臂关节上,经谐波减速器用两级链传动将运动通过小臂关节传递到手腕轴 10 上的链轮

4、5。链条 6 传动将运动经链轮 4、轴 10 和锥齿轮 9、11 带动轴 14(其上装有机械接口法兰盘 15)做回转运动(θ_1),链条 7 将运动经链轮 5 直接带动手腕壳体 8 实现上下俯仰摆动(β)。

当链条 6 和链轮 4 不动,使链条 7 和链轮 5 单独运动时,由于轴 10 不动,转动的壳体 8 将迫使锥齿轮 11 作行星运动,即锥齿轮 11 随壳体 8 作公转(上下俯仰(β))。同时还绕轴 14 作附加的自转运动(称为"诱导运动",用 θ_2 表示)。

若齿轮 9、11 为正交锥齿轮传动,则 $\theta_2 = i\beta$,i 为圆锥齿轮 9、11 的传动比。因此,链条 6、7 同时驱动时,手腕的回转运动应是 $\theta = \theta_1 \pm \theta_2$,当链轮 4 的转向与 β 转向相同时用"—",相反时用"+"。

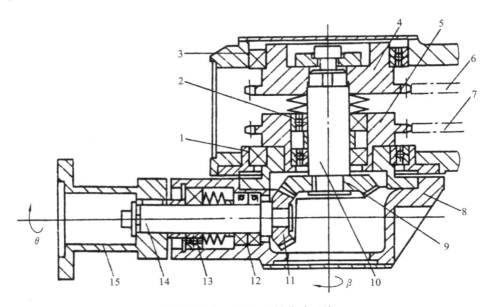

图 3-52　两自由度机械传动手腕

1、2、3、12、13—轴承;4、5—链轮;6、7—链条;8—手腕壳体;9、11—锥齿轮;10、14—轴;15—接口法兰盘

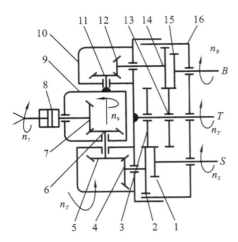

图 3-53　三自由度机械传动手腕

1、2、3、4、5、6、7、11、12、13、14、15—齿轮;
8—手爪;9、10、16—壳体

(3)三自由度机械传动手腕。图 3-53 所示为三自由度机械传动手腕的传动机构简图。驱动手腕运动的三个电动机安装在手臂后端,减速后经传动轴将运动和力矩传给 B、T、S 三根轴,产生手爪回转、手腕偏摆和手腕俯仰三个运动。

①手爪回转运动。如图 3-53 所示,当 B、T 轴不动,S 轴以 n_S 转动时,经齿轮 1、3、2、4、5、6、7 将回转运动传给手爪 8 轴上的锥齿轮 7,实现手爪的回转运动 n_7(转向如图 3-53 所示)。

$$n_7 = \frac{z_2 z_5 z_7}{z_1 z_4 z_6} n_S$$

②手腕偏摆运动及其诱导运动。当 B、S 轴不动,T 轴以 n_T 转动时,直接驱动回转壳体 10 绕 T 轴转动,实现手腕的偏摆运动 n_T。由于壳体 10 转动,则齿轮 2、14 成为行星齿轮,壳体 10 成为行星架(转臂),齿轮 2 和 3、

13 和 14 连同行星架 10,构成两行星轮系。因而由行星轮 2 和 14 的自转运动诱导出附加的手爪回转运动 n'_7 和手腕俯仰运动 n'_9。

$$n'_7 = \frac{z_6 z_4 z_3}{z_7 z_5 z_2} n_T$$

$$n'_9 = \frac{z_{12} z_{13}}{z_{11} z_{14}} n_T$$

③手腕俯仰运动及其诱导运动。当 S、T 轴不动,B 轴以 n_B 转动时,经齿轮 15、13、14、12 将运动传给锥齿轮 11,驱动壳体 9 实现俯仰运动 n_9(转向如图 3-53 所示)。

$$n_9 = \frac{z_{12} z_{15}}{z_{11} z_{14}} n_B$$

由于壳体 9 的转动,也将引起锥齿轮 7 做行星运动:由 n_9 诱导出齿轮 7 的自转运动 n''_7 为

$$n''_7 = \frac{z_6 z_{12} z_{15}}{z_7 z_{11} z_{14}} n_B$$

同理,由 n'_9 诱导出的齿轮 7 的自转运动 n'''_7 为

$$n'''_7 = \frac{z_6 z_{12} z_{13}}{z_7 z_{11} z_{14}} n_T$$

这里诱导运动的回转方向读者可自行判断。在进行手腕的运动计算和控制系统设计时,必须考虑这种诱导运动的影响。

(4)偏置三自由度机械传动手腕。图 3-54(b)所示为由锥齿轮传动所构成的三自由度手腕机构简图,图3-54(a)所示为外观图。当主动轴 A 单独转动时,运动经锥齿轮 1、2、3 及 4 驱动机械接口法兰盘 5 绕轴Ⅲ作回转运动 θ。当主动轴 B 单独转动时,运动经锥齿轮 9、7 带动壳体 6 旋转,使末端执行器绕轴Ⅱ做俯仰运动 β。由于此时齿轮 3 不动,齿轮 4 被迫做行星运动,其自转运动即接口法兰盘 5 绕轴Ⅲ回转的"诱导运动"。当主动轴 C 单独转动时,则带动整个手腕架 8 绕轴Ⅰ做偏摆运动 φ,由于此时齿轮 1 和 9 不动,故齿轮 2 和 7 将做行星运动,从而产生分别绕轴Ⅱ和轴Ⅲ的两个"诱导运动"。当 A、B、C 三主动轴同时驱动时,这三个"诱导运动"将分别对手腕的俯仰运动 β 和回转运动 θ 产生影响,其分析计算与上例相似,在运动计算和控制系统设计时必须考虑。三个同心套管轴 A、B、C 是分别由安装在小臂后端的三个电动机驱动的,其配置方式与图 3-55(a)所示类似。

(5)三转轴手腕。图 3-55 所示为三转轴手腕传动机构简图。采用互相选套在一起的三个传动轴 4、5 和 6,分别由电动机 1、2 和 3 驱动,经齿轮减速实现三个运动。传动轴 6 直接带动手腕外壳实现绕手腕轴Ⅰ的旋转运动 R_1,传动轴 5 经锥齿轮 7 和 9 驱动壳体 10 实现绕轴Ⅱ的旋转运动 R_2,传动轴 4 经两对圆锥齿轮 14、8 和 11、13 驱动手腕的机械接口法兰盘 12,实现轴Ⅲ的旋

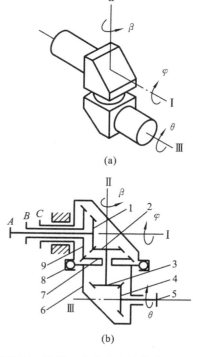

图 3-54　偏置三自由度机械传动手腕

(a)外观图　(b)传动机构

1、2、3、4、7、9—齿轮;5—接口法兰盘;
6—壳体;8—手腕架

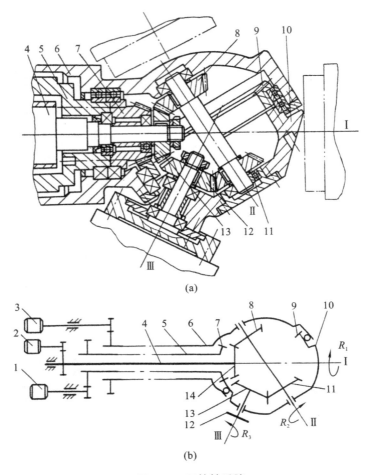

图 3-55 三转轴手腕

(a)装配图 (b)传动系统图

1、2、3—电动机；4、5、6—空心传动轴；7、8、9、11、13、14—齿轮；10—壳体；12—接口法兰盘

转运动 R_3，从而实现手腕的三个自由度。三个旋转运动的轴线相交于一点，因而其运动可看成是一个三自由度的空间球面运动副，具有结构紧凑、手腕动作灵活、运动学计算简化和便于控制等特点。与前面几种手腕结构类似，传动中将产生"诱导运动"，由于回转轴线间不是正交，所以"诱导运动"的计算要复杂一些。

(6)PUMA 机器人手腕。图 3-56 所示为具有三个自由度的 PUMA 机器人手腕结构。驱动手腕运动的三个电动机安装在小臂的后端(见图 3-56(a))。这种配置方式可以利用电动机作为配重起平衡作用。三个电动机 7、8、9 经弹性联轴器 6 和传动轴 5 将运动传递到手腕各轴齿轮。驱动电动机 7 经传动轴 5 和圆柱齿轮 4、3 带动手腕 1 在壳体(支座)2 上做偏摆运动 φ。电动机 9 经传动轴 5 驱动圆柱齿轮 12 和锥齿轮 13，从而使轴 15 回转，实现手腕的上下摆动运动 β。电动机 8 经传动轴 5 和锥齿轮 11、14 带动轴 16 回转，实现手腕机械接口法兰盘 17 的回转运动 θ。图 3-56(c)所示为弹性联轴节 6 的形状。

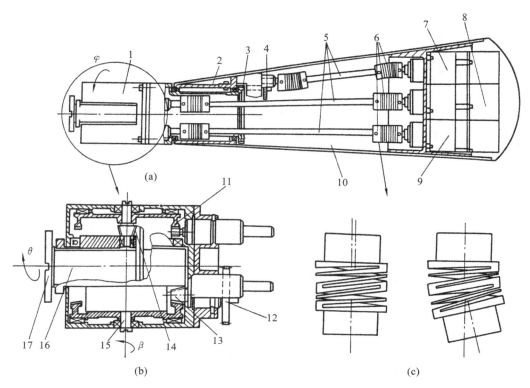

图 3-56　PUMA 机器人手腕与手臂

（a）手臂　（b）手腕　（c）弹性联轴器

1—手腕；2—壳体；3、4、11、12、13、14—传动齿轮；5—传动轴；6—弹性联轴器；

7、8、9—电动机；10—手臂外壳；15、16—轴；17—机械接口法兰盘

4）手臂与腰座

工业机器人的手臂由动力关节和连接杆件构成，用以支承和调整手腕和末端执行器的位置。手臂部件一般具有 2～3 个自由度（回转、俯仰、升降或伸缩），包括驱动装置、传动机构、定位导向装置、支承连接件和检测元件等。手臂部件自身质量较大，还要承受手腕、末端执行器和工件的质量，以及在运动中产生的动载荷，故其受力情况较复杂。

手臂结构形式应根据其自由度数、运动形式、承受的载荷和运动精度要求等因素来确定。机器人手臂通常支承在机座上，机座主要有回转机座和升降机座两种，用以实现手臂的整体回转或升降。机座可视为一种特殊的手臂。

（1）手臂结构设计要求如下。

①手臂的结构和尺寸应满足机器人应完成作业任务所提出的工作空间要求。工作空间的形状和大小与手臂的长度、手臂关节的转角范围密切相关。

②根据手臂所受载荷和结构的特点，合理选择手臂截面形状和高强度轻质材料，如常采用空心的薄壁矩形框体或圆管以提高其抗弯刚度和扭转刚度，减轻自身的质量。空心结构内部可以方便地安置机器人的驱动系统。

③尽量减小手臂质量和相对其关节回转轴的转动惯量和偏心力矩，以减小驱动装置的负荷；减少运转的动载荷与冲击，提高手臂运动的响应速度。

④要设法减小机械间隙引起的运动误差，提高运动的精确性和运动刚度，采用缓冲和限位

装置提高定位精度。

（2）腰座结构设计要求如下。

①要有足够大的安装基面，以保证机器人工作时的稳定性。

②机座承受机器人全部质量和工作载荷，应保证足够的强度、刚度和承载能力。

③机座轴系及传动链的精度和刚度对末端执行器的运动精度影响最大。因此机座与手臂的连接要有可靠的定位基准面，要有调整轴承间隙和传动间隙的调整机构。

（3）手臂传动机构。PUMA 机器人是直流伺服电动机驱动的六自由度关节型机器人。如图 3-57 所示，其大臂和小臂是用高强度铝合金材料制成的薄壁框形结构，其运动都是采用齿轮传动，传动刚度较大。驱动大臂的传动机构如图 3-57（a）所示，大臂 1 的驱动电动机 7 安置在大臂的后端（起配重平衡作用），运动经电动机轴上的小锥齿轮 6、大锥齿轮 5 和一对圆柱齿轮 2、3，驱动大臂轴做转动 θ_2。4 为偏心套，用来调整齿轮传动间隙。

图 3-57（b）所示为驱动小臂 17 的传动机构。驱动装置安装在大臂 10 的框形臂架内，驱动电动机 11 也安置在大臂的后端，经驱动轴 12，锥齿轮 9、8，圆柱齿轮 14、15，驱动小臂轴做转动 θ_3。偏心套 13 和 16 分别用来调整锥齿轮传动和圆柱齿轮传动间隙。其机座 18 的回转运动 θ_1 则是经齿轮 5、4、3 和 1，由伺服电动机 6 来驱动的（见图 3-59），偏心套用来调整齿轮传动间隙。

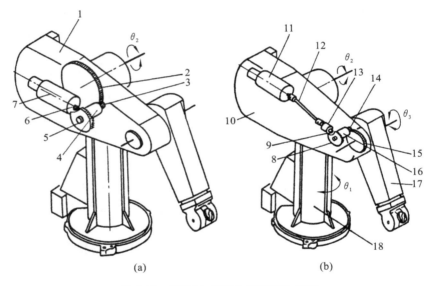

图 3-57　PUMA 机器人手臂传动机构

（a）大臂传动　（b）小臂传动

1、10—大臂；2、3、5、6、8、9、14、15—齿轮；4、13、16—偏心调整套；
7、11—驱动电动机；12—驱动轴与弹性联轴器；17—小臂；18—腰座

图 3-58 所示为 PUMA 机器人小臂驱动装置，整个装置都安装在大臂的框形臂架内，驱动电动机置于大臂的后端。

（4）手臂关节结构。图 3-60 所示为带谐波减速器机器人手臂回转驱动装置的结构，该装置直接安装在臂座 1 的支承法兰盘 2 和 11 上。驱动电动机 4 的输出轴用键与驱动轴 10 相连；轴 10 与套筒 8 用键连接，并一同转动。谐波减速器 7 与套筒 8 用法兰刚性连接，套筒通过键与固定在支承法兰盘 11 上的电磁制动器 9 相连接。不动的柔轮 5 通过支承法兰盘 2 固

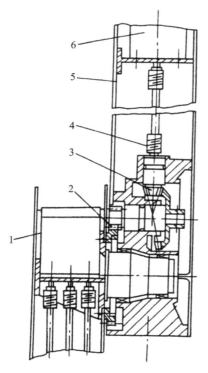

图 3-58 小臂驱动装置

1—小臂；2—圆柱齿轮副；3—锥齿轮副；
4—弹性联轴器；5—大臂；6—伺服电动机

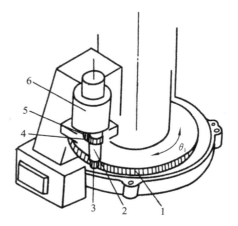

图 3-59 PUMA 机器人腰座传动机构

1、3、4、5—齿轮；2—偏心套；6—伺服电动机

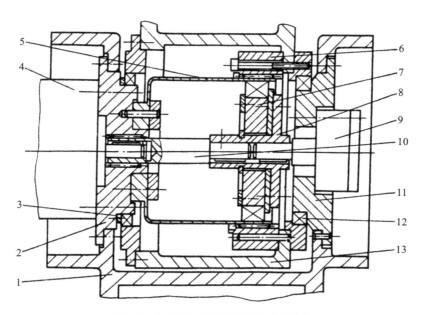

图 3-60 带谐波减速器的手臂关节结构

1—臂座；2、11—法兰盘；3、12—轴承；4—电动机；5—柔轮；6—从动刚轮；
7—谐波减速器；8—套筒；9—电磁制动器；10—驱动轴；13—手臂壳体

定在臂座上。带内齿圈的从动刚轮 6 与手臂壳体 13 相固连。因此手臂壳体与刚轮一起在轴承 3 和 12 上转动。这种由伺服电动机加谐波减速器组成的手臂关节,结构紧凑,手臂的转角范围较大。

(5)腰座支承与传动机构。

①普通轴承腰座。图 3-61 所示为采用普通轴承作支承元件的机座支承结构。这种结构有制造简单、成本低、安装调整方便等优点,但机座轴向尺寸过大。图中电动机 6 经谐波减速器 7、主动小齿轮 8、中间齿轮 9 和大齿轮 10 驱动腰关节轴 5 及手臂 2 旋转,腰座 4 则安装在机器人的基座 11 上,电动机 3 驱动手臂 2 运动。

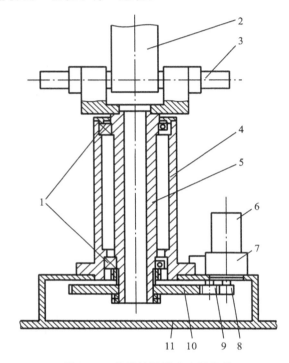

图 3-61　普通轴承腰座支承结构

1—轴承;2—手臂;3、6—电动机;4—腰座;5—腰关节轴;
7—谐波减速器;8、9、10—齿轮;11—基座

②环形轴承腰座。图 3-62 所示为一种采用环形轴承的机器人机座支承结构,由电动机 7 直接驱动一杯形柔轮谐波减速器。这种谐波减速器只有刚轮 1、柔轮 2 和谐波发生器 8 三大件,而无单独的外壳(这种结构有利于传动系统的小型化、轻量化)。由柔轮 2 输出低速的回转运动带动与之相固连的机座回转壳体 5 实现手臂的回转运动。

齿形皮带传动 4 和位置传感器 3 用来检测手臂机座的角位移。采用环形轴承 6 作为腰座的支承元件,是为机器人研制的专用轴承,具有宽度小、直径大、精度高、刚度大、承载能力高(可承受径向力、轴向力和倾覆力矩)、装配方便等特点,但价格较高。这种环形轴承的滚动元件可以是滚球,也可以是滚子。图 3-62 中所用的轴承为薄壁密封 4 点接触球轴承,图 3-63 则表示了薄壁密封交叉滚子轴承的安装方式。许多机器人腰座都采用这种轴承作为支承元件。

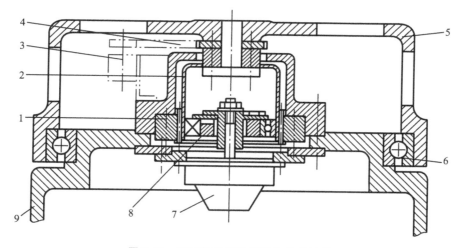

图 3-62　环形轴承腰座支承与传动结构
1—刚轮；2—柔轮；3—原位位置传感器；4—带传动；5—壳体；
6—环形轴承；7—电动机；8—谐波发生器；9—支座

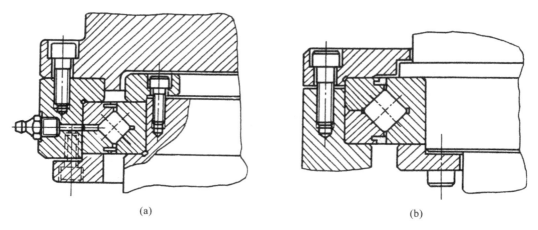

(a)　　　　　　　　　　　　　　　(b)

图 3-63　环形交叉滚子轴承安装方式
(a)轴承外环回转　　(b)轴承内环回转

4. 焊接机器人的控制方式

工业机器人按执行机构运动的控制机能，又可分点位型和连续轨迹型。点位型只控制执行机构由一点到另一点的准确定位，适用于机床上下料、点焊和一般搬运、装卸等作业。

连续轨迹型可控制执行机构按给定轨迹运动，适用于连续焊接和涂装等作业。

焊接机器人按程序输入方式区分有编程输入型和示教输入型两类。编程输入型是将计算机上已编好的作业程序文件，通过 RS-232 串行口或以太网等通信方式传送到机器人控制柜。

示教输入型的示教方法有两种：一种是由操作者用手动控制器(示教操纵盒)，将指令信号传给驱动系统，使执行机构按要求的动作顺序和运动轨迹操演一遍；另一种是由操作者直接掌控执行机构，按要求的动作顺序和运动轨迹操演一遍。

在示教过程的同时，工作程序的信息即自动存入程序存储器中；在机器人自动工作时，控制系统从程序存储器中检出相应信息，将指令信号传给驱动机构，使执行机构再现示教的各种动作。

示教输入程序的工业机器人称为示教再现型工业机器人。焊接机器人大多是示教再现型机器人。

习题与思考题

1. 机床设计应该满足哪些基本要求？研发高效自动化设备的目的是什么？

2. 简述金属切削机床、特种加工机床、成形加工机床之间的关系。

3. 机床系列型谱的意义何在？通过查阅资料了解传统十二类机床编号、工艺特点，并编制表格加以说明。

4. 通过机床的工作原理、工件表面成形方法、机床运动分类三个方面，说明加工工艺与机床设备的关系。

5. 试述机床坐标系、运动功能式和运动功能图在机床设计中的作用。

6. 机床的主参数、尺寸参数、运动参数和动力参数分别根据什么确定？

7. CM6132 精密普通车床的性能参数设计、主轴设计、主传动部件设计等方面有什么特点？

8. 数控齿条插齿机加工工艺和结构特点是什么？

9. 试述电火花加工、激光加工工艺和设备的特点。

10. 通过四柱液压机的学习，了解压力成形加工机床的原理和特点。

11. 查阅资料，说明工业机器人大多应用在什么地方。

12. 焊接机器人的基本原理和功能是什么？与机床的异同点在哪里？

工艺装备

4.1 夹 具

零件的工艺规程制定之后,就要按工艺规程顺序进行加工。加工中除了需要机床、刀具、量具之外,成批生产时还要用机床夹具。它们是机床和工件之间的连接装置,使工件相对于机床或刀具获得正确位置。机床夹具的应用将直接影响工件加工表面的位置精度。所以,机床夹具设计是装备设计中一项重要的工作,是加工过程中最活跃的因素之一。

4.1.1 夹具的功能和应满足的要求

在机床上加工工件时,为了使加工工件符合设计图样要求,在切削加工前必须先将工件安装好并夹紧。在机床上对工件进行定位和夹紧的过程简称装夹,机床夹具就是指能使工件在机床上实现定位和夹紧的一种工艺装备。

1. 机床夹具的功能

(1)保证加工精度。工件通过机床夹具进行安装,包含了两层含义:一是工件通过夹具上的定位元件获得正确的位置,称为定位;二是通过夹紧机构使工件的既定位置在加工过程中保持不变,称为夹紧。这样,就可以保证工件加工表面的位置精度,且精度稳定。

(2)提高生产率。使用夹具来安装工件,可以减少画线,找正、对刀等辅助时间,采用多件、多工位夹具,以及气动、液压动力夹紧装置,可以进一步减少辅助时间,提高生产率。

(3)扩大机床的使用范围。有些机床夹具实质上是对机床进行了部分改造,扩大了原机床的功能和使用范围。如在车床床鞍上安放镗模夹具,就可以进行箱体零件的孔系加工。

(4)减轻工人的劳动强度,保证生产安全。

2. 机床夹具应满足的要求

机床夹具应满足的基本要求包括以下几方面。

(1)保证加工精度。这是必须具备的最基本要求,其关键是正确的定位、夹紧和导向方案。

(2)夹具的总体方案应与年生产纲领相适应。在大批、大量生产时,尽量采用快速、高效的定位、夹紧机构和动力装置,提高自动化程度,符合生产节拍要求。在中、小批量生产时,夹具应有一定的可调性,以适应多品种工件的加工。

(3)安全、方便、减轻劳动强度。机床夹具要有工作安全性考虑,必要时加保护装置。要符合工人的操作位置和习惯,要有合适的工件装卸位置和空间,使工人操作方便。大批、大量生产和工件较重时,应尽可能减轻工人劳动强度。

(4)排屑顺畅。机床夹具中集聚的切屑会影响工件的定位精度;切屑的热量使工件和夹具产生热变形,影响加工精度;清理切屑将增加辅助时间,降低生产率。因此夹具设计中要给予排屑问题充分的重视。

(5) 机床夹具应有良好的强度、刚度和结构工艺性。机床夹具设计时,要方便制造、检测、调整和装配,有利于提高夹具的制造精度。

4.1.2　机床夹具的类型和组成

1. 机床夹具的类型

机床夹具有多种分类方法,如按夹具的使用范围来分,有以下五种类型。

(1) 通用夹具。例如车床上的卡盘,铣床上的平口钳、分度头,平面磨床上的电磁吸盘等,这些夹具通用性强,一般不需调整就可适应多种工件的安装加工,在单件、小批生产中广泛应用。

(2) 专用夹具。因为它是用于某一特定工件、特定工序的夹具,称为专用夹具。专用夹具广泛用于成批生产和大批、大量生产中。

(3) 可调整夹具和成组夹具。这一类夹具的特点是具有一定的可调性,或称"柔性"。夹具中部分元件可更换,部分装置可调整,以适应不同工件的加工。可调整夹具一般适用于不同品种的同类产品生产,略作更换或调整就可用来安装不同品种的工件。成组夹具适用于一组尺寸相似、结构相似、工艺相似工件的安装和加工,在多品种和中、小批生产中有广泛的应用前景。

(4) 组合夹具。它是由一系列的标准化元件组装而成,标准元件有不同的形状、尺寸和功能,其配合部分有良好的互换性和耐磨性。使用时,可根据被加工工件的结构和工序要求,选用适当元件进行组合连接,形成一专用夹具,用完后可将元件拆卸、清洗、涂油、入库,以备后用。它特别适合单件、小批生产中位置精度要求较高的工件的加工。

(5) 随行夹具。这是一类在自动线和柔性制造系统中使用的夹具。它既要完成工件的定位和夹紧,又要作为运载工具将工件在机床间进行输送,输送到下一道工序的机床后,随行夹具应在机床上准确地定位和可靠地夹紧。一条生产线上有许多随行夹具,每个随行夹具随着工件经历工艺的全过程,然后卸下已加工的工件,装上新的待加工工件,循环使用。

2. 机床夹具的基本组成

机床夹具的结构一般由以下四部分组成。

(1) 定位元件。用于确定工件在夹具中的正确位置,即工件加工时相对于刀具处于正确位置,如定位销、定位心轴、V形块等。

(2) 夹紧元件。用于保持工件在夹具中的既定位置,使工件在加工过程中自始至终保持位置不变。

(3) 对刀元件。用于确定刀具加工时的正确位置,如钻套、镗套、对刀块等。

(4) 夹具体。用于连接夹具上所有元件和装置,形成一个有机整体。

此外,根据加工需要,有些夹具还设有其他装置,如上、下料装置,分度装置等。

现以装夹扇形工件的钻、铰孔夹具为例说明机床夹具的基本组成。图 4-1 所示为扇形工件简图,加工内容是三个 $\phi8H8$ 孔,各项精度要求如图 4-1 所示;本道工序之前,其他加工表面均已完成。

图 4-2 所示为装夹该工件进行钻、铰孔工序的钻床夹具。工件的定位是 $\phi22H7$ 孔,它与定位销 2 的小圆柱面配合,工件端面 A 与定位销轴 2 的大端面靠紧,工件的右侧面靠紧挡销

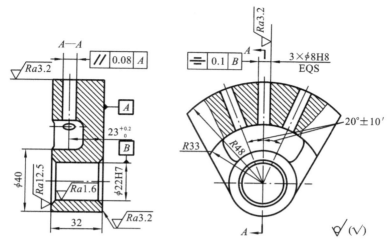

图 4-1　扇形工件简图

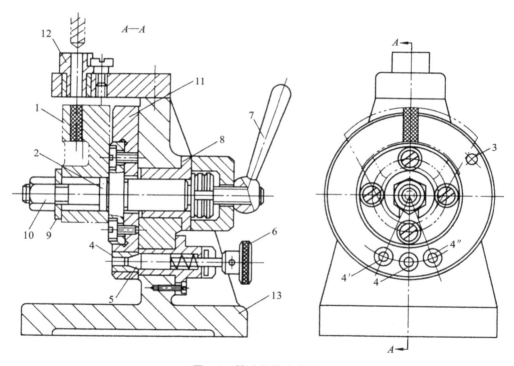

图 4-2　钻孔及铰孔夹具

1—工件；2—定位销轴；3—挡销；4—分度定位销；5—分度定位销；6—手钮；7—手柄；
8—衬套；9—开口垫圈；10—螺母；11—转盘；12—钻模套；13—夹具体

3。拧动螺母 10 可夹紧工件，通过开口垫圈将工件夹紧在定位销轴 2 上。件 12 是钻模套，钻头由它引导对工件加工，以保证加工孔到端面 A 的距离、孔中心与 A 面的平行度，以及孔中心与 ϕ22H7 孔中心的对称度。

　　三个 ϕ8H8 孔的分度是由固定在定位销轴 2 的转盘 11 来实现的。当分度定位销 5 分别插入转盘的三个分度定位套 4、4′ 和 4″ 时，工件获得三个位置，来保证三孔均布 20°±10′ 的精度。分度时，拧动手柄 7，可松开转盘 11，拔出分度定位销 5，由转盘 11 带动工件一起转过 20°后，将定位销5插入另一分度定位套中,然后顺时针拧动手柄7,将工件和转盘夹紧,便可加工。

在该夹具中,定位销轴2和挡销3属于定位元件;螺母10和开口垫圈9属于夹紧元件;钻模套12属于导向及对刀元件;夹具体13则是用于将各种元件、装置连接在一体,并通过它将整个夹具安装在机床上。为了对工件进行分度,还设置有转盘11、分度定位套4、分度定位销5等其他元件,这些元件是根据加工需要来设置的,如铣床夹具中机床与夹具的对定,往往在夹具体底面安装两个定向键等。

图4-2所示夹具是手动夹具,没有动力装置。在成批生产中,为了减轻工人劳动强度,提高生产率,常采用气动、液动等动力装置。

对于一个具体的夹具,定位、夹紧和夹具体三部分一般是不可缺少的。

4.1.3　定位原理和定位机构

设计机床夹具,首先应解决工件在夹具的定位问题,工件的定位是指工件在机床或夹具中占有正确的位置,目的是使同一批工件在加工时占有一致的、正确的加工位置。其主要包括以下内容。

(1)掌握工件的定位原理,保证工件加工的位置一致。

(2)选择或设计合理的定位方式及相应的定位元件。

(3)分析并计算定位误差确保满足加工要求。

1. 六点定位原理

在制订工件的工艺规程时,已经初步考虑了加工中工艺的基准问题,有时还绘制了工序简图。设计夹具时,一般选该工艺基准为定位基准。无论是工艺基准还是定位基准,均应符合六点定位原理。

一个物体在三维空间中可能具有的运动,称之为自由度。在$OXYZ$坐标系中,物体可以有沿X、Y、Z轴的移动及绕X、Y、Z轴的转动,共有6个独立的运动,即有6个自由度,分别表示为$\vec{X}$、$\vec{Y}$、$\vec{Z}$和$\hat{X}$、$\hat{Y}$、$\hat{Z}$。

如果采用6个相应的固定约束点,同时消除这6个自由度,则该工件在空间的位置唯一,此即工件的六点定位原理。所谓工件的定位,就是采取适当的约束措施,来消除工件的6个自由度,以实现工件的定位。

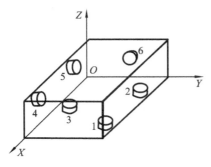

图4-3　定位支承点

图4-3表示了一个六方体的定位情况,现分析限制工件6个自由度的方法。

图4-3中,在$X—Y$平面上设置3个不共线的支承钉1、2、3,把工件放在这3个支承钉上,就可限制工件的3个自由度。分别为限制$\vec{X}$、$\vec{Y}$、$\vec{Z}$3个自由度。在$X—Z$平面上设置2个支承钉4、5,把工件靠在这两个支承钉上,就可限制$\vec{Y}$、$\vec{Z}$两个自由度。在$Y—Z$平面上设置1个支承钉6,把工件靠在这个支承钉上,就可限制$\vec{X}$自由度。

通过上述方法,使工件与6个支承钉接触,限制其6个自由度,保证工件在机床或夹具中占有正确的位置,即完成了定位过程。

在夹具设计中,小的支承钉可以直接作为一个约束。但由于工件千变万化,代替约束的定位元件是多种多样的。各种定位元件可以代替哪几约束,限制工件的哪些自由度,以及它们组合可以限制的自由度情况,对初学者来说,应反复分析研究,熟练掌握。表 4-1 所示的是常见定位元件的定位分析。

表 4-1　典型定位元件的定位分析

工件的定位面		夹具的定位元件		
平面	支承钉	定位情况	1 个支承钉	2 个支承钉	3 个支承钉
		图示	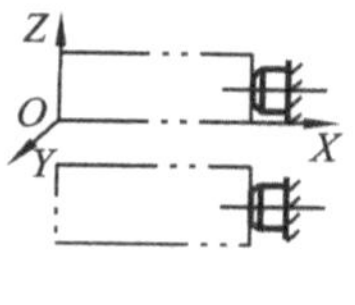	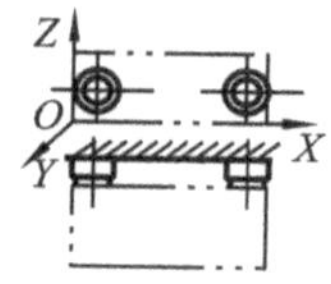	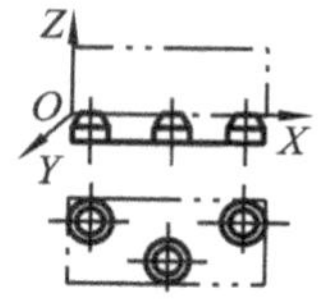
		限制的自由度	$\vec{X}$	$\vec{Y}$、$\vec{Z}$	$\vec{Z}$、$\hat{X}$、$\hat{Y}$
平面	支承板	定位情况	一块条形支承板	两块条形支承板	一块矩形支承板
		图示	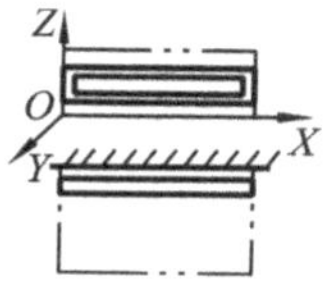	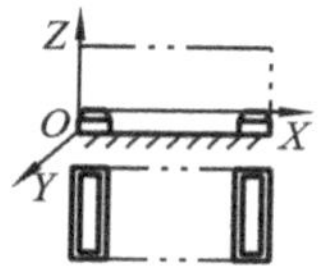	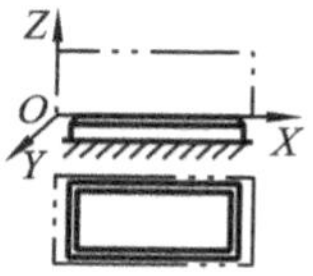
		限制的自由度	$\vec{Y}$、$\vec{Z}$	$\vec{Z}$、$\hat{X}$、$\hat{Y}$	$\vec{Z}$、$\hat{X}$、$\hat{Y}$
圆孔	圆柱销	定位情况	短圆柱销	长圆柱销	两段短圆柱销
		图示	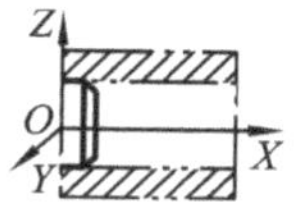	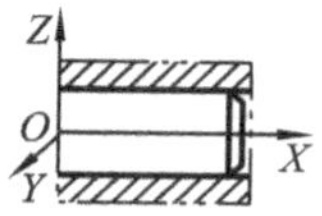	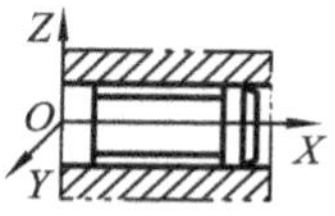
		限制的自由度	$\vec{Y}$、$\vec{Z}$	$\vec{Y}$、$\vec{Z}$、$\hat{Y}$、$\hat{Z}$	$\vec{Y}$、$\vec{Z}$、$\hat{Y}$、$\hat{Z}$
		定位情况	菱形销	长销小平面组合	短销大平面组合
		图示	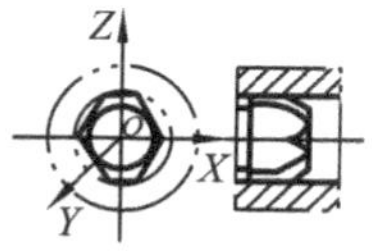	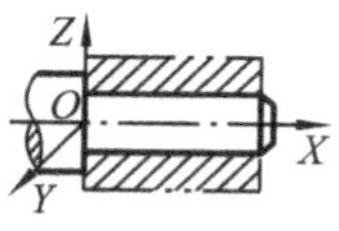	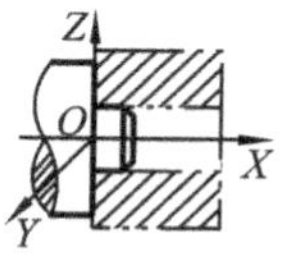
		限制的自由度	$\vec{Z}$	$\vec{X}$、$\vec{Y}$、$\vec{Z}$、$\hat{Y}$、$\hat{Z}$	$\vec{X}$、$\vec{Y}$、$\vec{Z}$、$\hat{Y}$、$\hat{Z}$
	圆锥销	定位情况	固定圆锥销	浮动圆锥销	固定圆锥销与浮动圆锥销组合
		图示	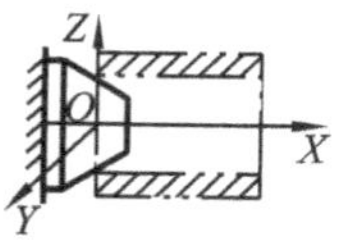	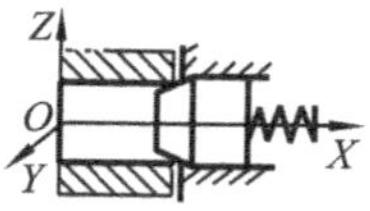	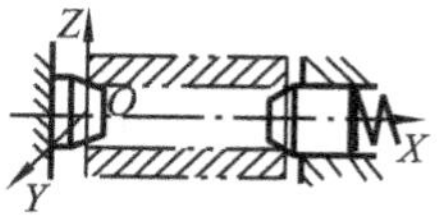
		限制的自由度	$\vec{X}$、$\vec{Y}$、$\vec{Z}$	$\vec{Y}$、$\vec{Z}$	$\vec{X}$、$\vec{Y}$、$\vec{Z}$、$\hat{Y}$、$\hat{Z}$

工件的定位面		夹具的定位元件		
圆孔	心轴	定位情况	长圆柱心轴	短圆柱心轴	小锥度心轴

工件的定位面		定位情况	长圆柱心轴	短圆柱心轴	小锥度心轴
圆孔	心轴	图示			
		限制的自由度	$\vec{X}$、$\vec{Z}$、$\hat{X}$、$\hat{Z}$	$\vec{X}$、$\vec{Z}$	$\vec{X}$、$\vec{Z}$
外圆柱面	V形块	定位情况	1 块短 V 形块	2 块短 V 形块	1 块长 V 形块
		图示	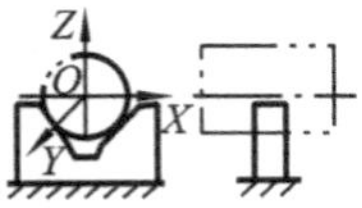	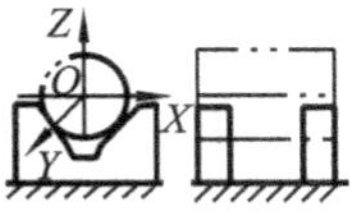	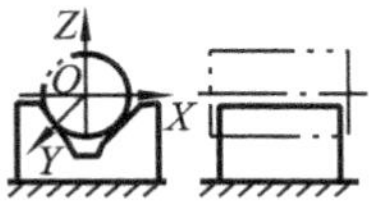
		限制的自由度	$\vec{X}$、$\vec{Z}$	$\vec{X}$、$\vec{Z}$、$\hat{X}$、$\hat{Z}$	$\vec{X}$、$\vec{Z}$、$\hat{X}$、$\hat{Z}$
	定位套	定位情况	1 个短定位套	2 个短定位套	1 个长定位套
		图示	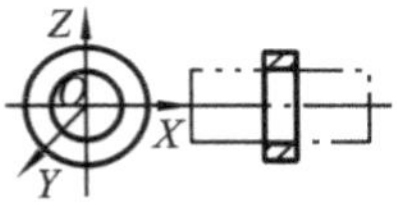	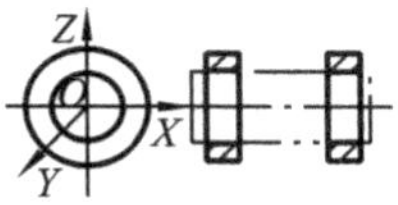	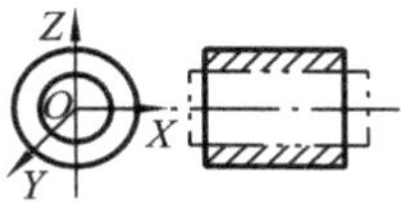
		限制的自由度	$\vec{X}$、$\vec{Z}$	$\vec{X}$、$\vec{Y}$、$\hat{X}$、$\vec{Z}$	$\vec{X}$、$\vec{Z}$、$\hat{X}$、$\hat{Z}$
圆锥孔	锥顶尖和锥度心轴	定位情况	固定顶尖	浮动顶尖	锥度心轴
		图示	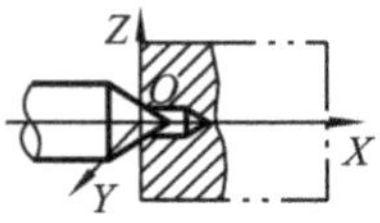	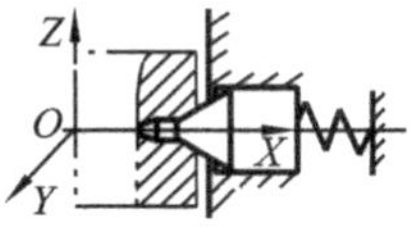	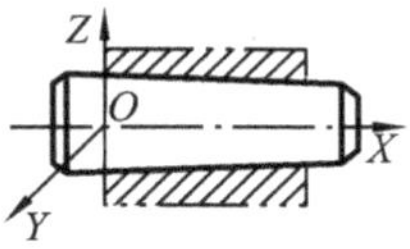
		限制的自由度	$\vec{X}$、$\vec{Y}$、$\vec{Z}$	$\vec{Y}$、$\vec{Z}$	$\vec{X}$、$\vec{Y}$、$\vec{Z}$、$\hat{Y}$、$\hat{Z}$

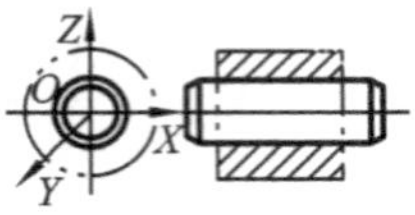

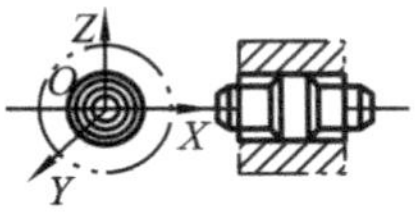

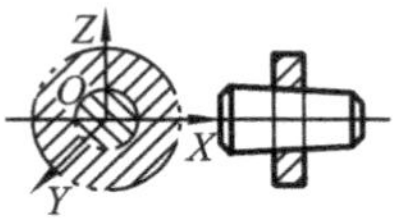

为了在夹具设计中更好地应用六点定位原理,还需讨论如下几个问题。

1) 支承点与定位元件

六点定位原理中提到:工件的 6 个自由度需要用夹具上按一定要求布置的 6 个支承点或支承来消除,除支承钉能比较直观地理解为一个支承点外,其他定位元件相当于几个支承点,应用其所限制的自由度数来判断。

图 4-4 所示为加工连杆大头孔的定位方案,连杆 4 以其底面安装在支承板 2 上,支承板限制了工件 3 个自由度,相当于 3 个支承点;小头孔套在短圆柱销 1 上,限制了工件 2 个自由度,相当于 2 个支承点;圆柱销 3 与工件大头侧面接触,限制了工件最后 1 个自由度,相当于 1 个支承点。这里应注意的是,定位元件 1 和 3 同样是一个圆柱销,但两者所代表的支承点数是不同的,前者限制了 2 个自由度,而后者只限制了 1 个自由度。

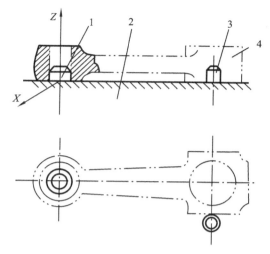

图 4-4　连杆定位

2）完全定位与不完全定位

工件的 6 个自由度均被夹具的定位元件所限制，使工件在夹具中处于完全定位的位置，也就是说，当固定约束数正好为工件的 6 个自由度数时的定位称为完全定位。

图 4-4 所示的连杆定位就是完全定位。在拟定工件的定位方案中，根据工件的加工要求，并不一定都需要完全定位。如图 4-5（a）所示，在工件上铣键槽，要求保证工序尺寸 X,Y,Z 及底面、侧面平行，所以加工时必须限制 6 个自由度，即完全定位。图 4-5（b）所示为在工件上铣台阶面，要求保证工序尺寸 Y,Z 及底面、侧面平行，故只限制 5 个自由度就够了，这时不必限制沿 X 轴移动的自由度，因为对工件的加工精度并无影响。图 4-5（c）所示为在工件上铣顶面，仅要求保证工序尺寸 Z 及底面平行，因此，只要限制 3 个自由度。这种按加工要求，允许有一个或几个自由度不被限制，但仍能满足加工要求时的定位称为不完全定位。

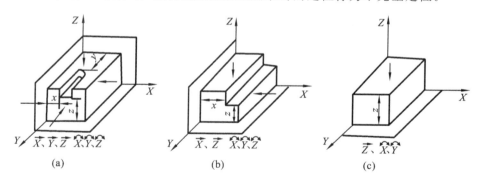

图 4-5　工件应限制自由度的确定

3）欠定位与过定位

根据加工表面的位置尺寸要求，需要限制的自由度均已被限制，这就称为定位的正常情况，它可以是完全定位，也可以是不完全定位。当固定约束数少于工件应消除的自由度数时的定位称为欠定位。如图 4-5（a）所示，若沿 X 轴移动的自由度未加限制，则尺寸 x 就无法得到保证，所以欠定位是不允许的，它不能保证位置精度。

根据加工表面的位置尺寸要求，当某自由度被 2 个或 2 个以上的约束重复限制，称为过定位(或重复定位、超定位),加工中一般是不允许这样的情况出现,因为它不能保证正确的位置精度。

过定位的本质是对工件的某 1 个自由度施加了多个固定约束,如图 4-6 所示的连杆定位方案中,长销 1 限制 4 个自由度,而支承板 2 限制了 3 个自由度,其中 $\widehat{X}$、$\widehat{Y}$ 被两个定位元件重复限制,也就产生了过定位。

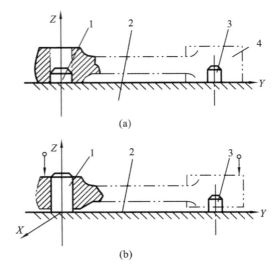

图 4-6　连杆的过定位情况
1—长销;2—支承板;3—挡销

解决过定位一般有两种途径:一是改变定位元件的结构,取消过定位,在图 4-6 中,将长销 1 改为短销,使它失去限制的作用,或将支承板 2 改为小支承板,使它仅与连杆小头端面接触,只起限制 1 个自由度的作用;二是提高工件与定位基面之间精度及相应夹具定位元件工作面之间的位置精度。此时,过定位是允许的,如在下述特殊场合下:

(1) 工件刚度很差,在夹紧力、切削力作用下会产生很大变形,此时过定位只是提高工件某些部位的刚度,减小变形;

(2) 工件的定位表面和定位元件在尺寸、形状、位置精度已很高时,过定位不仅对定位精度影响不大,而且有利于提高刚度。

例如 CA6140 型车床主轴端部和卡盘间的定位,它是短锥大平面,在轴向是过定位的。在精密模具加工中,也可以见到平面和两圆柱销的过定位情形。图 4-7 所示的定位,若工件定位平面粗糙,支承钉或支承板又不能保证在同一平面,则这样的情况是不允许的。若工件定位平面经过较好的加工,保证平整,支承钉或支承板又在安装后统一磨削过,保证了它在同一平面上,则此过定位是允许的。

4) 夹紧与定位

在分析定位支承点起定位作用时,不应考虑外力的影响。工件在某一坐标方向上的自由度被限制,是指工件在该坐标方向上有了确定的位置,而不是指工件在受到使工件脱离支承点的外力时,不能运动。使工件在外力作用下不能运动,这是夹紧的任务。不要把定位与夹紧两个概念混淆,初学者往往忽略二者的区别。反过来说,工件在外力作用下不能运动(即被夹紧),并不一定说工件的所有自由度都被限制了。图 4-8 所示是在平面磨床上磨一板状工件的

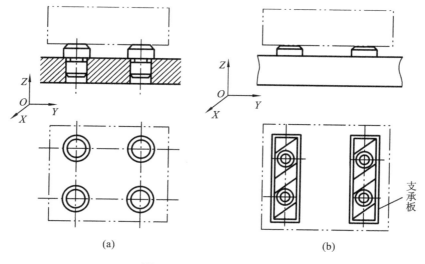

(a)　　　　　　　　　　　　　　　　　(b)

图 4-7　平面定位的过定位

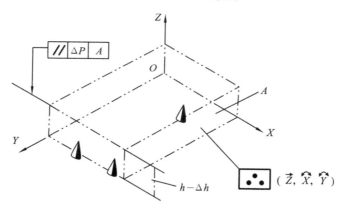

图 4-8　磨平面工序定位分析

上平面，要求保证厚度尺寸及上下平面的平行度 P。工件安装在平面磨床的磁性工作台上，并被吸住，从定位观点来看，仅相当于用 3 个定位支承点限制了工件 3 个自由度（$\vec{Z}$，$\widehat{X}$，$\widehat{Y}$），剩下 3 个自由度（$\vec{X}$，$\vec{Y}$，$\widehat{Z}$）未加以限制，因为这对保证工件厚度尺寸和平行度毫无影响。工件一旦被磁性工作台牢牢吸住（被夹紧）后，便在任何方向都不能运动了，但工件的 $\vec{X}$，$\vec{Y}$，$\widehat{Z}$ 3 个自由度仍未被限制，它在着 3 个坐标方向上的位置仍未确定。

　　从以上分析可知，定位是指工件在夹具中占有正确位置，并不是指其位置固定不动。分析定位问题时，是以工件未被夹紧为前提的；夹紧是工件定位后将其夹牢压紧的操作，其作用是使在加工过程中能承受切削力、惯性力，始终保持位置不变。

　　2. 工件的定位方式

　　单个典型表面是组成各种不同复杂工件的基本单元，单个典型表面是指平面、内外圆柱面、内外圆锥面等。分析单个典型表面的定位及定位元件设计是进行夹具定位分析和夹具定位方案设计的基础。

　　1）工件以平面定位

　　对于箱体、床身、机座、支架类零件的加工，最常用的定位方式是以平面为基准。平面定位的主要形式是支承定位。常用的定位元件有支承钉、支承板、夹具支承件和夹具体的凸台及平面等。

　　根据平面的加工与否,分为粗基准(俗称毛面)与精基准(俗称光面),相应夹具中所用定位元件的结构也不尽相同。

　　(1) 工件以毛面定位。工件以毛面定位时,由于毛面粗糙不平,误差大,与定位元件可能是面接触,只能是毛面上的 3 个高点先接触,所用定位元件通常为支承钉,支承钉有平头、圆头和花头之分,参见图 4-9。圆头支承钉容易保证它与工件定位基准面间的点接触,位置相对稳定,但易磨损,多用于粗基准定位。平头钉则可以减少磨损,避免定位表面压坏,常用于精基准定位。花头钉摩擦力大,但由于其容易存屑,常用于侧面粗定位。支承钉的尾柄与夹具体上的基体孔配合为过盈,多选为 H7/n6 或 H7/m6。

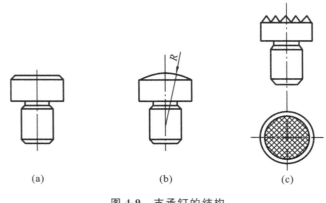

图 4-9　支承钉的结构

(a)平头　(b)圆头　(c)花头

　　(2) 工件以光面定位。工件以光面定位时,可以作平面看待,但不会绝对平整,所用定位元件仍是小平面形式的。当接触面较小时,一般用平头支钉;当接触面较大时,一般用支承板,如图 4-10 所示。支承板常用于大、中型零件的精基准定位。其中,A 型支承板为平板式,结构简单,制造方便,但埋头螺钉坑中易堆积切屑,不易清除,主要作侧面或顶面定位用。B 型支承板为斜槽式,清除切屑方便,主要作底面定位用。

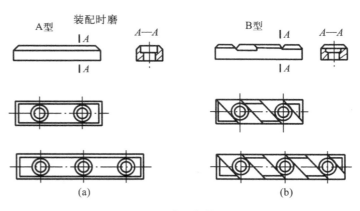

图 4-10　支承板的结构

　　上述支承钉与支承板均为以平面定位时所用的固定支承,固定支承是使工件定位时其位置固定不动、不可调节的一类支承。这两种固定支承一般要求耐磨,均采用较好的材料。对于直径 $D \leqslant 12$ mm 的支承钉和小型支承板,可用 T7A 钢,淬火处理,硬度为 $60 \sim 64$ HRC;对于 $D > 12$ mm 和较大的支承板,一般采用 20 钢,渗碳淬火,硬度为 $60 \sim 64$ HRC。由于要保证固定支承在同一个平面上,装配后经精磨,渗碳深度大一些,一般为 $0.8 \sim 1.2$ mm。

　　(3) 可调支承。可调支承与固定支承的区别是,它的顶端有一个调整范围,调整好后用螺母锁紧。当工件的定位基面形状复杂,各批毛坯尺寸、形状有变化时,多采用这类支承。可调支承一般只对一批毛坯调整一次。

　　这类支承结构如图 4-11 所示。可调支承结构基本上都是螺钉螺母形式。图 4-11(a)所示的是直接用扳杆拧动圆柱头进行高度调节。图 4-11(d)所示的是供设置在侧面进行调节用的。可调支承的位置一旦调节合适后,需用锁紧螺母锁紧,因此必须设有防松用的锁紧螺母,以防止螺纹松动而使可调支承的位置发生变化。

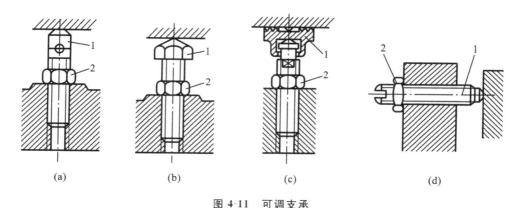

图 4-11　可调支承

(a)球头可调支承　　(b)锥头可调支承　　(c)自位可调支承　　(d)侧向可调支承

1—调节支承钉;2—锁紧螺母

可调支承主要用于:

　　① 毛坯质量不高的情况,工件放入夹具后,仍需按计划校正工件的位置,或者是当毛坯尺寸(形状)变化较大时,根据每批毛坯尺寸来调整支承的位置;

　　② 成组加工或系列产品加工中,用同一夹具加工形状相同而尺寸不同的工件。

　　(4) 自位支承。当工件的定位基面不连续、或为台阶面、或基面有角度误差时,或为了使两个或多个支承的组合只限制一个自由度,为避免过定位,常把支承设计为浮动或联动结构,称其为自位支承。图 4-12 所示为三种自位支承。

　　自位支承本身是浮动的,每一个自位支承与工件有两个以上的支承点,但只起一个定位支承点作用。工件支承点数目增加有利于提高工件定位的稳定性和支承刚度。

　　上述固定支承、可调支承和自位支承都是工件以平面定位时起限制自由度的一类支承,属于基本支承。

　　(5) 辅助支承。工件以平面定位,除采用基本支承外,当工件的支承刚度较差,定位不稳定,切削加工过程中加工部位易产生变形时,需要增设辅助支承。

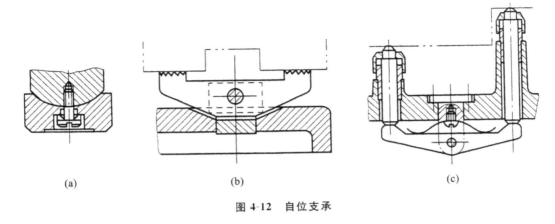

(a)　　　　　　　　　　(b)　　　　　　　　　　(c)

图 4-12　自位支承

　　辅助支承是与工件表面相接触,但不起限制工件自由度作用的一种支承,其主要作用是提高工件的支承刚度,防止工件因受力而产生变形。如图 4-13 所示,工件以平面 A 为定位基准,由于被加工表面 4 的右端定位基准面较远,在切削力的作用下易使工件产生变形,因此增设辅助支承 3,可提高工件的支承刚度。

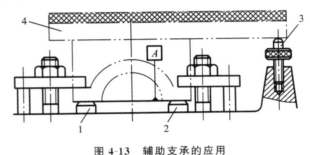

图 4-13　辅助支承的应用
1、2—窄支承板;3—辅助支承;4—工件

　　使用辅助支承时应注意:
　　① 工件已由基本支承实现定位后,辅助支承能与工件表面相接触;
　　② 不能因辅助支承的加入而破坏工件已定位的位置,因此辅助支承应设计成可调的,每装卸工件一次,必须重新调节辅助支承。
　　辅助支承结构形式很多,图 4-14 所示是其中的 3 种结构。其中,图 4-14(a)所示的结构最简单,但在转动支承 1 时,有可能因为摩擦力矩带动工件而破坏定位,图 4-14(b)所示的结构避免了上述缺点,转动螺母 2 时,支承 1 只做上下直线移动。这两种结构动作较慢,转动支承时用力不当可能破坏工件的既定位置。图 4-14(c)所示为弹簧 3 推动支承 1 与工件接触,并用手柄 4 将支承 1 锁紧。弹簧力的大小可以调整,使其只能弹出支承 1 与工件接触,而不致将工件顶起即可,为了防止锁紧时导致支承 1 顶起工件,α 不应大于自锁角(一般为 7°～10°)。
　　辅助支承有些结构与可调支承的结构相近,应分清它们的区别。从功能上讲,可调支承起定位作用,而辅助支承不起定位作用。从操作上讲,可调支承是先调整,然后定位,最后夹紧工件;辅助支承则是先定位,夹紧工件,最后调整辅助支承。
　　2)工件以内孔定位
　　套类、盘类零件常以孔中心线作为定位,所采用的定位元件是各种心轴或定位销。

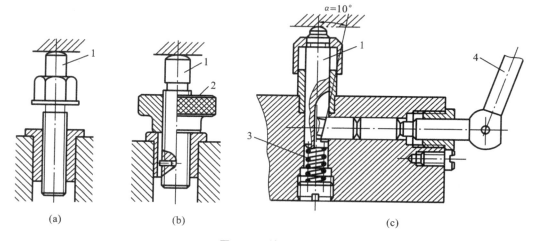

图 4-14　辅助支承

1—支承；2—螺母；3—弹簧；4—手柄

（1）心轴。定位心轴广泛用于车床、磨床、齿轮机床等机床上。在成批生产时，为了克服锥度心轴轴向定位不准确的缺点，可采用刚性心轴。如图 4-15 所示，图 4-15(b)、图 4-15(c) 所示为过盈配合，配合采用基孔制 r、s、u，定心精度高。图 4-15(a) 所示为间隙配合，采用基孔制 b、g、f，定心精度不高，由于存在间隙，会产生基准位置误差，但装卸方便。

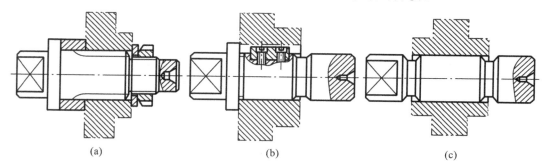

图 4-15　刚性心轴

(a)间隙配合　(b)、(c)过盈配合

采用心轴定位，一般接触长度长，相当于 4 个固定支承点，可限制工件的 4 个自由度。

除此之外，还有弹性心轴、液塑心轴、定心心轴等，它们在完成定位的同时完成工件的夹紧，使用很方便，结构却比较复杂。

为了消除间隙，可使用圆锥心轴进行定位，图 4-16 所示为圆锥心轴，一般具有很小的锥度 K，通常 $K=(1：5000)\sim$ $(1：1000)$。对于磨削用的圆锥心轴，锥度可以更小，如 $K=$ $(1：10000)\sim(1：5000)$，装夹时以轴向力将工件均衡推入。由于孔与心轴接触表面的均匀弹性变形，使工件紧贴心轴的锥面上，加工时靠摩擦力带动工件。

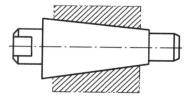

图 4-16　圆锥心轴定位

（2）定位销。图 4-17 所示为常用的定位销结构，其中图 4-17(a)、图 4-17(b)、图 4-17(c) 所示的定位销大多采用过盈配合，直接压入夹具体孔中，定位销头部均有 15°倒角，以便引导工件套入。当定位销的工作部分直径 $d\leqslant10$ mm 时，为增加刚度，通常在工作部分的根部倒成

大圆角 R（见图 4-17（a）），这是在夹具体上锪出沉孔，使圆角部分埋入孔内，不致妨碍定位。

在大批、大量生产条件下，由于工件装卸频繁，定位销较易磨损而降低定位精度，为便于更换，常采用图 4-17（d）所示的可换式定位销，其中衬套与夹具体为过渡配合，衬套孔与定位销为间隙配合，尾部用螺母将定位销拉紧。

工件基准孔与定位销的配合一般采用间隙配合，也存在基准位置误差。采用定位销定位，接触长度相对较长时，可限制工件的 4 个自由度；接触长度相对较短时，可限制工件的 2 个自由度。

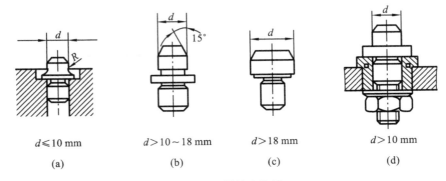

$d \leqslant 10 \text{ mm}$　　　　$d > 10 \sim 18 \text{ mm}$　　　　$d > 18 \text{ mm}$　　　　$d > 10 \text{ mm}$

（a）　　　　　　　　（b）　　　　　　　　（c）　　　　　　　　（d）

图 4-17　圆柱定位销

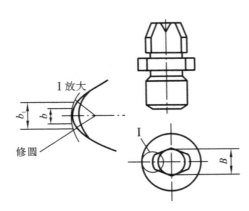

图 4-18　菱形销的结构

当工件以一面两孔定位时，一般用一个平面、一个圆柱销和一个菱形销配合定位。菱形销结构见图 4-18。此时一圆柱销一平面限制 5 个自由度，如果第二个销仍然用圆柱销，就会形成过定位。改用菱形销后，则只限制了角向旋转的自由度，符合六点定位原则。注意，菱形长对角边应垂直于两销连线。

3）工件以外圆定位

工件以外圆为定位基准时，可以在 V 形块、圆孔、半圆孔以及定心夹紧装置中定位。其中，最常用的是在 V 形块中定位。因为定位面不论是完整的圆柱面，还是局部的圆弧面，都可以采用 V 形块定位，其最大特点是对中性好，即工作定位外圆的轴线始终处于 V

形块两斜面的对称面上，而不受基准面定位。

图 4-19 所示为常用 V 形块的结构。图 4-19（a）所示为标准 V 形块，用于圆柱面较短定位。当用较长的圆柱面定位时，应将 V 形块做成间断的形式（见图 4-19（b）），使它与基准外圆的中部不接触，以保证定位稳定，或者用两个标准 V 形块，安装在夹具体上，但两个 V 形块的工作面应在装配后同时磨出，以求一致。图 4-19（c）所示 V 形块的工作面较窄，主要用作粗基准定位，其原因和粗基准平面应选用支承钉而不用支承板定位时相同的。起主要定位作用的 V 形块通常做成固定式的，当接触线较长时，相当于 4 个固定支承点，可限制工件的 4 个自由度；当接触线较短时，相当于 2 个固定支承点，可限制工件的 2 个自由度。V 形块不仅作定位元件用，有时还兼作夹紧元件用，这时 V 形块应做成可动式的，且接触线较短，只限制工件的 1 个自由度。

工件以外圆柱面定位的另一种主要形式是定位套定位，如图 4-20 所示。

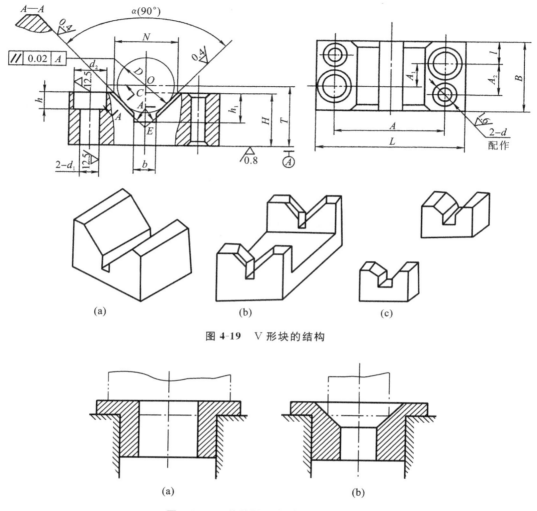

图 4-19 V 形块的结构

图 4-20 工件外圆以套筒和锥套定位

4) 工件以一组基准定位

在实际生产中,对工件仅用一个基准定位并不能满足工艺上的要求,通常需要用一组基准来定位,图 4-21 所示为用 V 形导轨面和一个窄平面组合对箱体零件的定位,最常见的是孔与平面的组合定位。

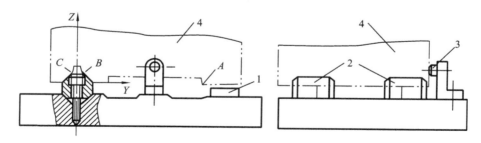

图 4-21 床头箱定位简图

1—窄支承板;2—短圆柱;3—支承钉;4—工件

（1）一面两孔定位。在加工箱体类零件时，常采用一面两孔定位，既便于实现基准统一、减少基准变换带来的误差，有利于提高加工精度，又有利于夹具的设计与制造。

图 4-22 所示为一箱体用一面两孔定位的示意图，平面 A 限制工件的 3 个自由度 $\vec{Z}$，$\widehat{X}$，$\widehat{Y}$，圆柱销 1 限制工件的 2 个自由度 $\vec{X}$，$\vec{Y}$，菱形销 2 限制工件的 1 个自由度 $\widehat{Z}$，为完全定位。

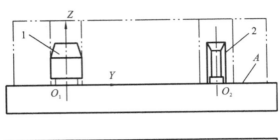

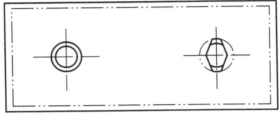

图 4-22　一面两孔定位
1—圆柱销；2—菱形销

（2）一面一孔定位。在加工套类、盘类零件时，常采用一面一孔定位，以端面为第一位基准。如图 4-23 所示，以轴肩面支承工件端面，限制工件的 3 个自由度 $\vec{X}$，$\widehat{Y}$，$\widehat{Z}$，短圆柱面对元件孔定位，限制工件的 2 个自由度 $\vec{Y}$，$\vec{Z}$，剩余 1 个自由度 $\widehat{X}$ 没有限制，为不完全定位。

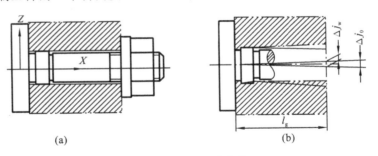

图 4-23　一面一孔定位

采用一组基准对工件进行定位时，可以采用完全定位或不完全定位，但不能是欠定位，要注意避免不必要的过定位，同时还应该根据工件的加工要求与工艺需要，合理选择定位元件及其布置方式。

3. 定位误差

定位误差是指工件定位时所造成的加工表面相对工序基准的位置误差，以 Δ_{DW} 表示。加工时，夹具相对刀具及切削成形运动的位置经调定后不再变动，因此可以认为加工面的位置是固定的，那么，加工面对其工序基准的位置误差必然是工序基准的位置变动所引起的，所以定位误差实质上就是工件定位时，工序基准位置在工序尺寸方向或沿加工要求方向上的最大位置变动量。

1）定位误差产生的原因

（1）由基准不重合误差引起的定位误差。工件定位时，由于工件的工序基准与定位基准不重合，同批工件的工序基准位置相对定位基准的最大变动量称为基准不重合误差，以 Δ_{BC} 表示。如图 4-24 所示工件，加工通槽时，按尺寸 B 进行调刀，其工序基准为 D 面，而定位基准为 F 面，两者不重合，必然产生定位误差

$$\Delta_{DW} = \Delta_{BC} = 2\Delta L$$

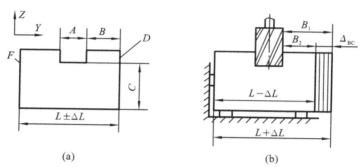

图 4-24　基准不重合引起的定位误差

（2）由基准位置误差引起的定位误差。工件定位时，由于定位副（工件的定位基面与定位元件的工作表面）的制造误差引起定位基准相对位置的最大变动量称为基准位置误差（也称定位基准位移误差），以 Δ_{JW} 表示。如图 4-25 所示工件，加工面的设计基准与定位基准不重合。根据图知，其基准不重合引起的定位误差为

$$\Delta_{BC} = \delta A_2$$

由于定位面与底面不垂直，定位点在 B 点而不在 A 点，此时将引起基准位置误差

$$\Delta_{JW} = 2(H - h)\tan\alpha$$

故定位误差为两种误差之和，即

$$\Delta_{DW} = \Delta_{BC} + \Delta_{JW} = \delta A_2 + 2(H - h)\tan\alpha$$

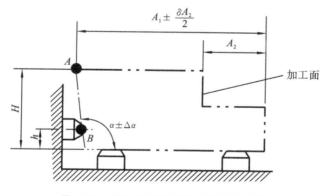

图 4-25　基准位置误差引起的定位误差

可见，当定位基准和工序基准不重合时，工序基准相对定位基准会产生位移，产生基准不重合误差；当定位副制造不准确时，会引起定位基准相对于对刀基准产生位移，从而产生基准位移误差；当两项误差同时发生时，所产生的定位误差为工序基准相对于与对刀基准的最大位

移。

定位误差可表示为

$$\Delta_{DW} = \Delta_{JB} \pm \Delta_{JW}$$

当 Δ_{JB} 和 Δ_{JW} 由两个互不相关的变量引起时,加"+";当 Δ_{JB} 和 Δ_{JW} 是同一变量引起时,要判断两者对 Δ_{DW} 的影响是否同向,方向相同时为"+",方向相反时为"-"。

2）分析计算定位误差时应注意的问题

（1）定位误差是指工件某工序中某加工精度参数的定位误差,它是该加工精度参数（尺寸、位置）的加工误差的一部分。

（2）某工序的定位方案对本工序的多个不同加工精度参数产生不同的定位误差,应分别逐一计算。

（3）分析计算定位误差的前提是用夹具装夹加工一批工件,用调整法保证加工要求。

（4）计算出的定位误差数值是指加工一批工件时某加工精度参数可能产生的最大误差范围（加工精度参数最大值与最小值之间的变动量）。它是个界限,而不是某一个工件定位误差的具体值。

（5）一批工件的工序基准（设计基准）相对定位基准、定位基准相对对刀基准产生最大位置变动量是产生定位误差的原因,而不一定就是定位误差的数值。

3）误差不等式

用夹具装夹加工一批工件,定位误差是工件加工误差的一部分,此外还有夹具在机床上的安装位置不准确、刀具相对于夹具位置不准确以及其他因素引起的加工误差,这几方面产生的加工误差构成了工件加工精度参数的总误差。要保证工件加工合格,总加工误差不能超出加工精度参数的公差值 T。

一般将给定公差值分为三份,定位误差占一份,夹具在机床上的安装位置不准确及刀具相对于夹具位置不准确引起的加工误差占一份,其他因素引起的加工误差占一份。所以,判断定位方案是否合理可行的依据为

$$\Delta_{DW} \leqslant \frac{1}{3}T$$

4）典型表面定位误差的分析与计算

工件定位时一定要保证定位精度,也就是要控制定位时可能产生的误差,以满足加工要求,为此应掌握定位误差的具体分析与计算方法。

工件以平面定位。工件定位时一定要保证定位精度,当定位基面为精基准时,夹具上定位元件的工作面又处于同一平面上,则两者接触良好,同批工件定位基准的位置能基本保持一致,不会产生基准位置误差;定位基面为粗基准时,由于被加工表面对此平面的精度未作严格要求,即使有严格要求,也要由后续精加工工序满足,为此不必考虑基准位置误差。因此工件以平面定位时,主要考虑基准不重合误差。

5）圆孔定位时定位误差的计算

工件采用圆孔定位时,工件定位面是圆柱孔,定位工件的定位工作面是外圆柱面,两者以一定性质的配合实现工件定心定位,应根据配合性质的不同,分别计算定位误差。

（1）定位面与定位工作面是过盈配合,不存在配合间隙,则

$$\Delta_{JW} = 0, \quad \Delta_{DW} = \Delta_{JB}$$

（2）定位面和定位工作面作间隙配合。图 4-26 所示为孔与销间隙配合时的示意图。一

一般情况下,定位面和定位工作面的接触点是随机的。特殊情况下接触点固定不变。

当接触点固定不变时,Δ_{JW} 是由内孔和心轴之间的最大间隙所决定的,有

$$\Delta_{JW} = \frac{1}{2}(D_{max} - d_{min})$$

若定位面和定位工作面的接触点是随机的,则

$$\Delta_{JW} = D_{max} - d_{min}$$

式中:D_{max}——定位孔的最大值;

$\quad d_{min}$——定位用心轴或销子的最小直径。

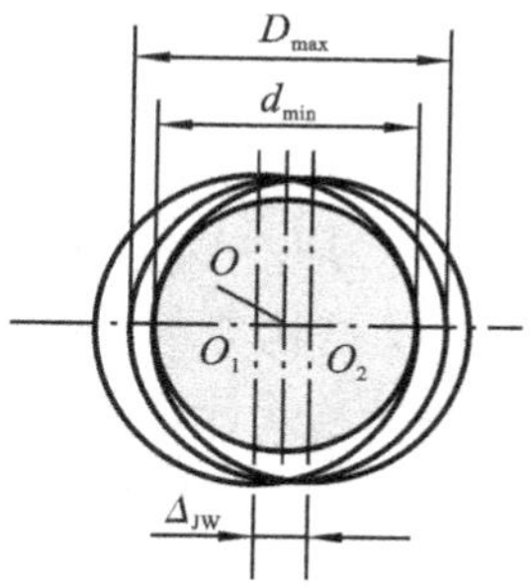

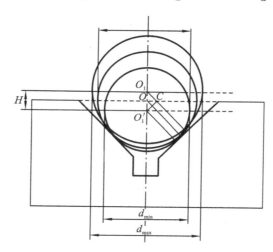

图 4-26　孔与销间隙配合时的定位误差

6)外圆定位时定位误差的分析计算

(1)用定位套来定位外圆,定位误差的分析计算同圆柱孔在心轴中的定位分析计算相同。

(2)V 形块定位外圆时的定位误差。V 形块是一个定心定位元件,定位面是外圆柱面,定位基准是外圆轴线,对刀基准是理论圆(直径尺寸为工件定位外圆直径的平均尺寸)的轴线。当一批工件在 V 形块上定位时,由于外圆直径变化引起定位基准相对对刀基准发生位置的变化,产生 Δ_{JW}。如图 4-27 所示,O 为理论圆的中心,O',O'' 为外圆直径为 d_{max} 和 d_{min} 时的圆心位置。在三角形 $O'OO''$ 中

$$\Delta_{JW} = \frac{O'C}{\sin\frac{\alpha}{2}} = \frac{1}{2}\frac{(d_{max} - d_{min})}{\sin\frac{\alpha}{2}} = \frac{T(d)}{2\sin\frac{\alpha}{2}}$$

图 4-27　V 形块定位外圆时定位误差分析的计算

4.1.4　工件的夹紧原理与夹紧机构

工件的定位主要是解决工件的定位方法,保证必要的定位精度,使工件在加工前预先占有正确的位置。工件定好位以后,仅完成了工件装夹任务的前一半,如果不夹紧,工件在外力作用下可能发生移动或偏移。因此,工件在定位过程中获得的正确位置,必须依靠夹紧来维持。夹紧的作用是保持工件相对于机床和刀具的正确位置。使其在承受工艺力和惯性力等的情况下正确位置不发生变化。产生夹紧力的装置是夹紧装置。

1. 夹紧装置的组成

1) 对夹紧机构的基本要求

(1) 夹紧可靠。夹紧时不应破坏原有的正确定位,不应使定位元件变形。

(2) 动作迅速。操作方便,安全省力,提高工效,减轻工人劳动强度。

(3) 结构简单。夹具即要有足够的刚度和强度,又要有最小的尺寸,最少的零件。尽可能地采用标准化元件。

(4) 夹紧应可靠适当。夹紧机构一般要有自锁作用,保证在加工过程中不会产生松动和振动,夹紧工件时,不允许产生不适当的变形和表面损伤。

2) 夹紧机构的组成

图 4-28 所示为典型的夹紧装置,它由以下几个部分组成。

(1) 夹紧力源装置。夹紧力源装置就是产生夹紧原始作用力的装置。

(2) 中间递力机构。将力源装置产生的原始作用力传递给夹紧元件的机构。中间递力机构主要用来改变力的大小,通常为增力机构;另外还用来改变夹紧力的方向及使夹具具有一定的自锁性,以保证夹紧可靠。

(3) 夹紧元件。直接将夹紧力作用于工件夹紧表面的元件。

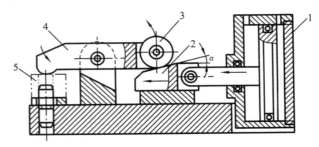

图 4-28　夹紧装置的组成

1—气缸;2—斜楔;3—滚轮;4—压板;5—工件

2. 夹紧力的确定

夹紧力的确定主要先解决三个问题:夹紧力作用的选择、夹紧力方向的确定和夹紧力大小的确定。然后选择或设计适当的夹紧机构来确保正确夹紧。

1) 夹紧力的作用点

选择夹紧力的作用点是确定夹紧元件与工件表面接触处的位置,正确选择夹紧力的作用点,对于保证工件定位可靠、防止产生夹紧变形、确保工件加工精度均有直接影响,一般应注意以下三个方面。

(1) 夹紧力的作用点应保证工件夹紧后定位稳定,不得破坏工件的定位。当夹紧力的作用点不能正对定位支承时,可考虑增设辅助支承来承受夹紧力。

(2) 夹紧力的作用点应保证工件夹紧后所产生的变形最小。夹紧力的作用点应选择在工件刚度最好的部位,特别是刚度较差的工件,更应加注意。另外要注意,夹紧力的作用点应尽量靠近工件的壁或肋等部位,而避免作用点在被加工孔的上方。

(3) 夹紧力的作用点应保证工件夹紧后在加工时所产生的振动要小。此时,夹紧力的作用点应选择在工件加工表面的附近,使夹紧可靠,防止或减小工件在加工过程中所产生的振动。

2) 夹紧力的方向

确定夹紧力的方向与工件定位基面和定位元件的配置情况以及工件所受外力的作用方向等有关,一般应注意以下三个方面。

(1) 夹紧力的方向应使工件的定位基面与定位元件接触良好。

(2) 夹紧力的方向应与工件刚度最大的方向一致,有利于减小工件的夹紧变形。

(3) 夹紧力的方向应尽量与切削力、工件重力的方向一致,利用支承力来平衡切削力,这将有利于减小夹紧力。当夹紧力的方向与切削力、工件重力的方向相同时,所需的夹紧力最小,同时可以使夹紧装置的结构紧凑,操作省力。

3) 夹紧力的大小

为了保证夹紧的可靠性,使工件在加工过程中始终处于稳定状态,以及确定适宜的动力传动装置时,一般需要确定夹紧力的大小。

夹紧力的计算方法一般是将工件作为一受力体进行受力分析,根据静力平衡条件列出平衡方程,求解出保持工件平衡所需的最小夹紧力。在受力分析时,考虑到在工件的加工过程中,工件承受的力有切削力、夹紧力、重力、惯性力等,其中切削力是一个主要力。计算夹紧力时,一般先根据金属切削原理的相关理论计算出加工过程中可能产生的最大切削力(或切削力矩),并找出切削力对夹紧力影响最大的状态,按静力平衡求出夹紧力的大小。

实际夹紧力的计算公式为

$$F_j = kF_{j0}$$

安全系数 k 值的取值范围在 $1.5 \sim 3.5$,视其具体情况而定。精加工、连续切削、切削刀具锋利等加工条件好时,取 $k = 1.5 \sim 2$;粗加工,断续加工、刀具刃口钝化等加工条件差时,取 $k = 2.5 \sim 3.5$。

3. 常用夹紧机构

1) 斜楔夹紧机构

图 4-29 所示的是一种简单的斜楔夹紧机构。向右推动斜楔 1,使滑柱 2 下降,滑柱上的摆动压板 3 同时压紧两个工件 4。斜楔夹紧机构的优点是有一定的扩力作用,可以方便地使力的方向改变 90°,缺点是楔角 α 较小,行程较长。

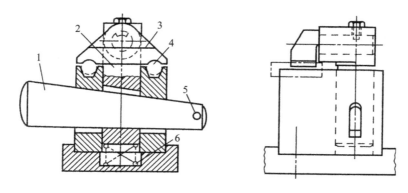

图 4-29 斜楔夹紧机构

1—斜楔;2—滑柱;3—摆动压板;4—工件;5—挡销;6—弹簧

2) 螺旋夹紧机构

螺旋夹紧机构是夹紧机构中应用最广泛的一种,图 4-30 所示为螺旋夹紧机构示例。

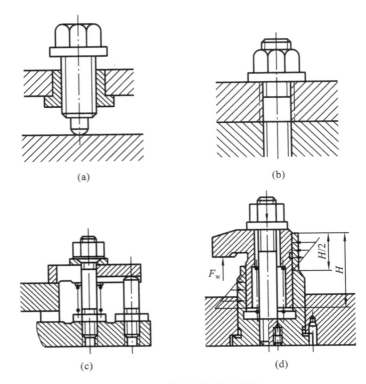

图 4-30　螺旋夹紧机构示例

(a)顶丝　(b)螺栓　(c)压板　(d)钩形压板

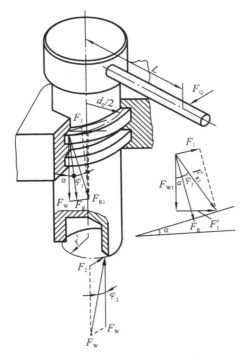

图 4-31　螺杆受力示意图

螺旋夹紧机构夹紧力的计算与斜楔夹紧机构的计算相似,因为螺旋可以看作一斜楔绕在圆柱体上而形成。图 4-31 所示为螺杆受力图,该螺杆为矩形螺纹。

螺旋夹紧机构的优点是扩力比可达 80 以上,自锁性好,结构简单,制造方便,适应性强。其缺点是动作慢,操作强度大。

3)偏心夹紧机构

偏心夹紧机构是靠偏心轮回转时其半径逐渐增大而产生夹紧力来夹紧工件的,图 4-32 所示为三种偏心夹紧机构。

偏心夹紧原理与斜楔夹紧机构依斜面高度增高相似,只是斜楔夹紧的楔角不变,而偏心夹紧的楔角是变化的。

偏心夹紧的偏心轮已标准化,其夹紧行程和夹紧力在夹具设计手册上也给出了,可以选用。偏心夹紧机构的优点是结构简单,操作方便,动作迅速。其缺点是自锁性能差,夹紧行程和增力比小。因此,偏心夹紧机构一般用于工件尺寸变化不大、切削力小且平稳的场合,不适合在粗加工中应用。

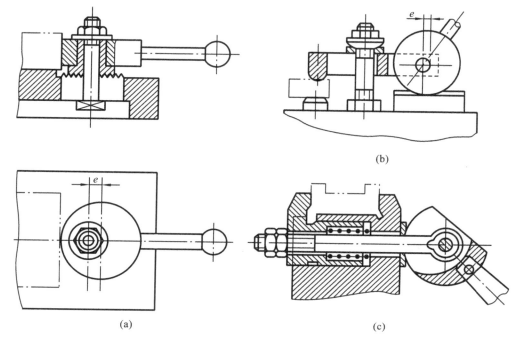

图 4-32　偏心夹紧机构

4）铰链夹紧机构

图 4-33 所示为铰链夹紧机构。铰链夹紧机构的特点是动作迅速,增力比大,易于改变力的作用方向。缺点是自锁性能差,一般常用于气动、液动夹紧。铰链夹紧机构的设计要仔细进行铰链、杠杆的受力分析及其运动分析和主要参数的分析计算,这部分内容可查阅夹具设计手册。设计中根据上述分析计算结果,考虑设置必要的浮动、调整环节,以保证铰链夹紧机构的正常工作。

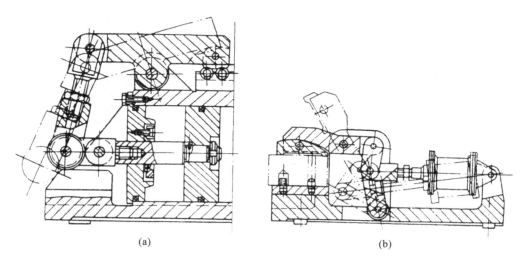

图 4-33　铰链夹紧机构及其受力分析

（a)单臂链杆　(b)单臂双铰链　(c)双臂双作用铰链　(d)受力图

1—连杆;2—压板;3、5—销轴;4—拉杆

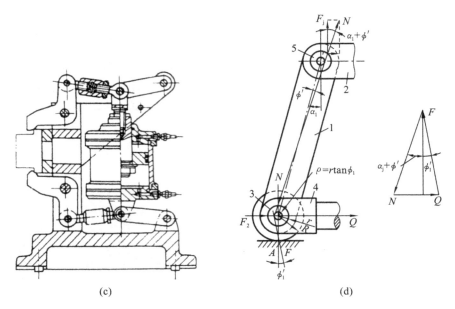

续图 4-33

5）定心夹紧机构

定心夹紧机构的设计一般按照以下两种原理来进行。

（1）定位-夹紧元件按等速位移原理来均分工件定位面的尺寸误差，实现定心或对中。图 4-34 所示为锥面定心夹紧心轴，图 4-35 所示为螺旋定心夹紧机构。

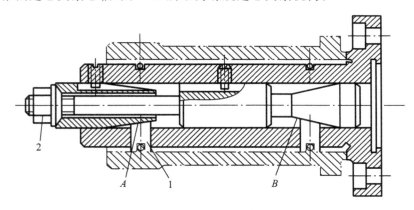

图 4-34　锥面定心夹紧心轴

（2）定位-夹紧元件按均匀弹性变形原理来实现定心夹紧。如各种弹性心轴、弹性筒夹、液性塑料夹头等。图 4-36 所示为弹性夹头的结构。

6）联动夹紧机构

在夹紧机构设计中，常常遇到工件需要多点同时夹紧，或多个工件需同时夹紧，有时需要使工件先可靠定位再夹紧，或者先锁定辅助支承再夹紧，等等。这时为了操作方便、迅速，提高生产率，减轻劳动强度，可采用联动夹紧机构。

图 4-37 所示为多点联动夹紧机构，图 4-38 所示为多件联动夹紧机构，图 4-39 所示为夹紧与辅助支承联动夹紧机构，图 4-40 所示为先定位与后夹紧联动夹紧机构。

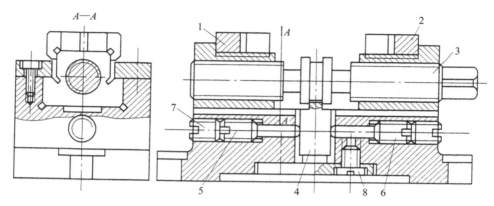

图 4-35　螺旋定心夹紧机构

1、2—V 形块;3—螺杆;4—叉形件;5~8—螺钉

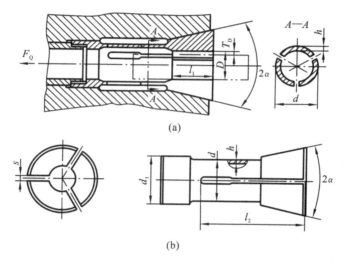

(a)

(b)

图 4-36　弹性夹头

（a）弹性夹头结构　（b）弹性筒夹

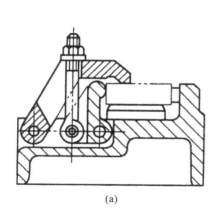

(a)

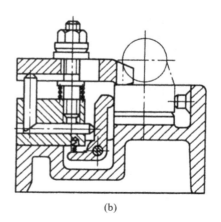

(b)

图 4-37　多点联动夹紧机构

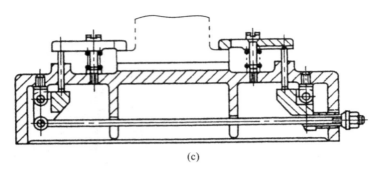

(c)

续图 4-37

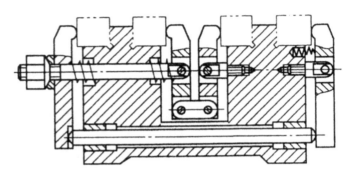

图 4-38　多件联动夹紧机构

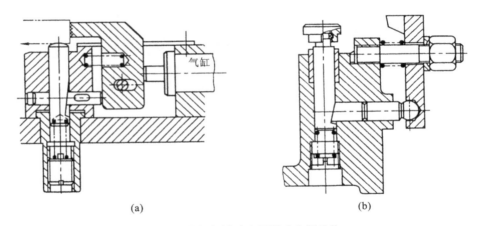

(a)　　　　　　　　　　　　　　　(b)

图 4-39　夹紧与辅助支承联动夹紧机构

　　图 4-40 所示的联动机构动作原理是,当活塞杆 1 右移时先脱离杠杆 3,弹簧 4 使斜楔杆 5 升起,推动压块 6 右移,使工件向右靠在 V 形块 8 上定位,活塞杆 1 继续右移,其上斜面推动杆 2,通过压板 7 夹紧工件。

　　设计联动夹紧机构时应注意如下几点。

　　(1)由于联动机构动作和受力情况比较复杂,应仔细进行运动分析和受力分析,以确保设计意图能够实现。

　　(2)在联动机构中要充分注意在哪些地方设置浮动环节,如铰链、球面垫等,要注意浮动的方向和浮动大小,要注意设置必要的调整环节,保证各夹紧力均衡,运动不发生干涉。

　　(3)各压板都能很好地松夹,以便装卸工件。

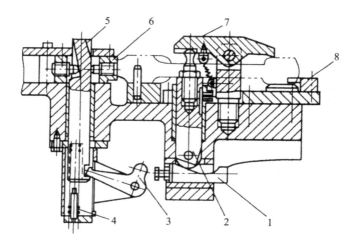

图 4-40　先定位后夹紧联动夹紧机构

1—活塞杆；2—杆；3—杠杆；4—弹簧；5—斜楔杆；

6—压块；7—压板；8—V 形块

（4）要注意整个机构和传动受力环节的强度和刚度。

（5）联动机构不要设计得太复杂，应注意提高可靠性、降低制造成本。

7）夹紧机构的动力装置

手动夹紧机构在各种生产规模中都有广泛应用，但手动夹紧动作慢，劳动强度大，夹紧力变动大。在大批、大量生产中往往采用机动夹紧，如气动、液动、电动（磁）和真空夹紧。机动夹紧可以克服手动夹紧的缺点，提高生产率，还有利于实现自动化。当然，机动夹紧的成本也会提高。

（1）气动夹紧装置。气动夹紧装置采用压缩空气作为动力源。压缩空气具有黏度小、不污染环境、输送分配方便的优点。缺点是夹紧力比液压夹紧力小，一般压缩空气的工作压力为 0.4~0.6 MPa，气缸结构尺寸较大，有排气噪声。

典型的气动传动系统如图 4-41 所示。

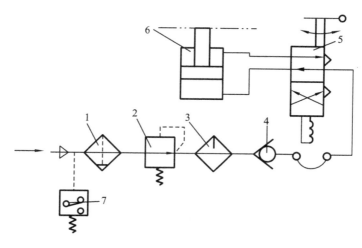

图 4-41　典型气动传动系统

1—分水滤油器；2—调压阀；3—油雾器；4—单向阀；

5—配气阀；6—气缸；7—气压继电器

固定式气缸和固定式油缸相类似。回转式气缸与气动卡盘如图 4-42 所示,它是用于车床夹具的,由于气缸和卡盘随主轴回转,因此还需要一个导气接头。

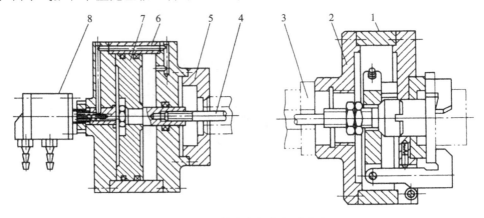

图 4-42　回转式气缸与气动卡盘

1—卡盘;2—过渡盘;3—主轴;4—拉杆;5—连接盘;

6—气缸;7—活塞;8—导气接头

(2) 液压夹紧装置。液压夹紧装置的工作原理和结构基本上与气动夹紧装置相似,它与气动夹紧装置相比有下列优点。

① 压力油工作压力可达 6 MPa,因此油缸尺寸小,不需要增力机构,夹紧装置结构紧凑。

② 压力油具有不可压缩性,因此夹紧装置刚度大,工作平稳可靠。

③ 液压夹紧装置噪声小。

液压夹紧装置的缺点是需要有一套供油装置,成本要相对高一些。因此适用于具有液压传动系统的机床和切削力较大的场合。

(3) 气-液联合夹紧装置。

所谓气-液联合夹紧装置是指利用压缩空气为动力,油液为传动介质,兼有气动和液压夹紧装置优点的夹紧装置。图 4-43 所示的气液增压器就是将压缩空气的动力转换成较高的液体压力,以供夹具的夹紧油缸使用。

气液增压器的工作原理如下:当三位五通阀由手柄拨到预夹紧位置时,压缩空气进入左气室 B,活塞 1 右移。将 b 油室的油压经 a 室至夹紧油缸下端,推动活塞 3 来预夹紧工件。由于 D 和 D_1 相差不大,因此压力油的压力 p_1 仅稍大于压缩空气压力 p_0。但由于 D_1 比 D_0 大,因此左气缸会将 b 室的油大量压入夹紧油缸,实行快速预夹紧。此后,将手柄拨至高压夹紧位置,压缩空气进入右气缸 C 室,推动活塞 2 左移,a、b 两室隔断。由于 D 远大于 D_2,使 a 室中的压力增大许多,推动活塞 3 加大夹紧力,实现高压夹紧。当把手柄拨至放松位置时,压缩空气进入左气缸的 A 室和右气缸的 E 室,活塞 1 左移而活塞 2 右移,a、b 两室连通,a 室油压降低,夹紧油缸的活塞 3 在弹簧作用下落下复位,放松工件。

在可调整夹具的设计中,其动力装置一般采取如下处理方法:如果夹紧点位置变化较小时,动力装置不作变动,仅更换或调整压板即可;如果加紧点位置变化较大时,应预留一套(或几套)动力装置,工件更换时,将动力源换接到相应位置的动力装置即可。

(4) 其他动力装置。

① 真空夹紧装置。真空夹紧装置是利用工件上基准面与夹具上定位面间的封闭空腔抽

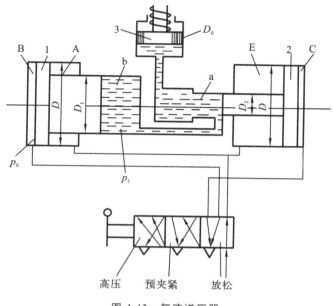

图 4-43 气液增压器

1、2、3—活塞

取真空后来吸紧工件,也就是利用工件外表面上受到的大气压力来压紧工件的。真空夹紧装置特别适用于由铝、铜及其合金、塑料等非导磁材料制成的薄板形工件或薄壳形工件。图4-44所示为真空夹紧的工作情况,图 4-44(a)所示的是未夹紧状态,图 4-44(b)所示的是夹紧状态。

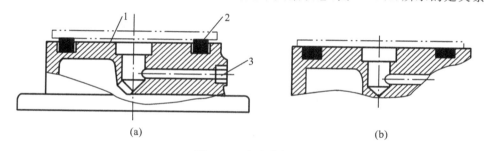

(a) (b)

图 4-44 真空夹紧

(a)未夹紧状态 (b)夹紧状态

1—封闭腔;2—橡胶密封圈;3—抽气口

② 电磁夹紧装置。如平面磨床上的电磁吸盘,当线圈中通上直流电后,其铁芯就会产生磁场,在磁场力的作用下将导磁性工件夹紧在吸盘上。

③ 其他方式夹紧。它们通过重力、惯性力、弹性力等将工件夹紧,这里就不一一赘述了。

4.1.5 机床夹具的其他装置

机床夹具在某些情况下还需要配备一些其他装置才能符合该夹具的使用要求。这些装置有导向装置、对刀装置、分度装置和对定装置等。

1. 孔加工刀具的导向装置

刀具的导向是为了保证孔的位置精度,增加钻头和镗杆的支承以提高其刚度,减少刀具的变形,确保孔加工的位置精度。

1) 钻孔的导向装置

钻床夹具中钻头的导向采用钻套,钻套有固定钻套、可换钻套、快换钻套和特殊钻套四种,如图 4-45、图 4-46 所示。

图 4-45(a)所示的固定钻套是直接压入钻模板或夹具体的孔中,过盈配合,位置精度高,结构简单,但磨损后不易更换,适合于中、小批生产中只钻一次的孔。对于要连续加工的孔,如钻扩铰的孔加工,则要采用可换钻套或快换钻套。

图 4-45(b)所示的可换钻套是先把衬套用过盈配合 H7/n6 或 H7/r6 固定在钻模板或夹具体孔上,再采用间隙配合 H6/g5 或 H7/g6 将可换钻套装入衬套中,并用螺钉压住钻套。这种钻套更换方便,适用于中批以上生产。对于在一道工序内需要连续加工的孔,应采用快换钻套。

图 4-45(c)所示的快换钻套与可换钻套结构上基本相似,只是在钻套头部多开一个圆弧状或直线状缺口。换钻套时,只需将钻套逆时针方向转动,当缺口转到螺钉位置时即可取出,换套方便迅速。

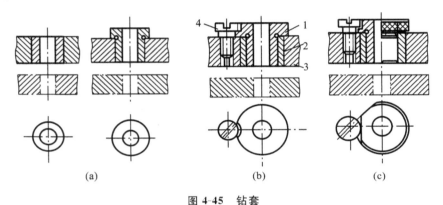

图 4-45　钻套

(a)固定钻套　(b)可换钻套　(c)快换钻套

1—钻套;2—衬套;3—钻模板;4—螺钉

上述钻套均已标准化了,设计时可以查夹具设计手册选用。但对于一些特殊场合,可以根据加工条件的特殊性设计专用钻套,图 4-46 所示为几种特殊钻套。图 4-46(a)所示用于两孔间距较小的场合;图 4-46(b)所示为使钻套更贴近工件孔,改善导向效果;图 4-46(c)所示为加工斜面上的孔用钻套。

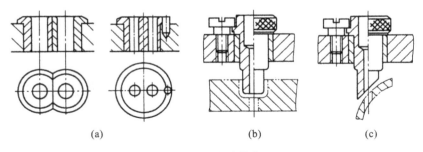

图 4-46　特殊钻套

(a)两孔距离较小　(b)孔离钻模板较远　(c)斜面上钻孔

钻套设计时,要注意钻套的高度 H 和钻套底端与工件间的距离 h。钻套高度是指钻套与钻头接触部分的长度。太短不能起到导向作用,降低了位置精度,太长则增加了摩擦和钻套的磨损。一般 $H=(1\sim2)d$,孔径 d 大时取小值,d 小时取大值,对于 $d<5$ mm 的孔,$H\geqslant2.5d$。

h 的大小决定了排屑空间的大小。对于铸铁类脆性材料工件,$h=(0.6\sim0.7)d$;对于钢类韧性材料工件,$h=(0.7\sim1.5)d$。h 不要取得太大,否则容易产生钻头偏斜。对于在斜面、弧面上钻孔,h 可取再小些。

2)镗孔的导向

箱体类零件上的孔系加工,若采用精密坐标镗床、加工中心或具有高精度的刚性主轴的组合机床加工时,一般不需要导向,孔系位置精度由机床本身精度和精密坐标系统来保证。对于普通镗床或如车床改造的镗床、或一般组合机床,为了保证孔系的位置精度,需要采用镗模来引导镗刀,孔系的位置由镗模上镗套的位置来决定。镗套有两种,一种是固定镗套,其结构如图 4-47 所示,它适用于镗杆速度低于 20 m/min 时的镗孔,当镗杆速度高于这个速度时,为了减小镗套磨损,一般采用回转式镗套,如图 4-48 所示。

(a)　　　　　　　　　(b)

图 4-47　固定式镗套

(a)A 型　(b)B 型

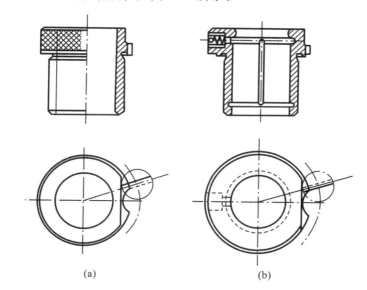

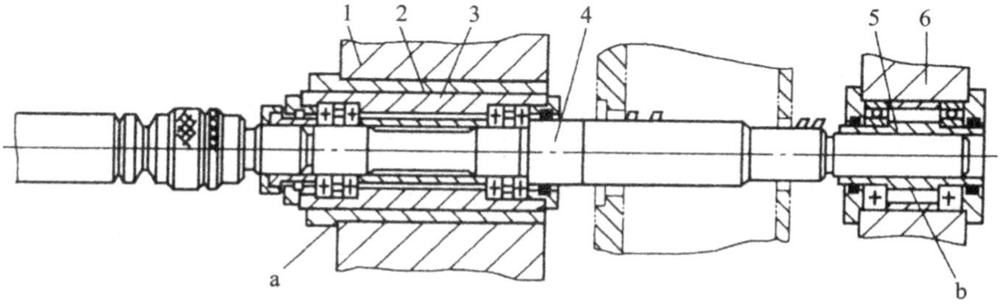

图 4-48　回转式镗套

a—内滚式镗套;b—外滚式镗套

1、6—导向支架;2、5—镗套;3—导向滑套;4—镗杆

图 4-48 中左端 a 为内滚式镗套,镗套 2 固定不动,镗杆 4、轴承和导向滑套 3 在固定镗套 2 内可轴向移动,镗杆可转动。这种镗套两轴承支承距离远,尺寸长,导向精度高,多用于镗杆的

后导向,即靠近机床主轴端。图 4-48 中右端 6 为外滚式镗套,镗套 5 装在轴承内孔上,镗杆 4 右端与镗套为间隙配合,通过键连接可以一起回转,而且镗杆可在镗套内相对移动。外滚式镗套尺寸较小,导向精度稍低一些,一般多用于镗杆的前导向。

在有些情况下,镗孔直径大于镗套内孔,如果镗刀是在镗模外安装调整好,则镗刀通过镗套时,镗套上必须有引刀槽,而且镗刀还必须对准引刀槽。

2. 对刀装置

在铣床或刨床夹具中,刀具相对工件的位置需要调整,因此常设置对刀装置。对刀时移动机床工作台,使刀具靠近对刀块,在刀刃与对刀块间塞进一规定尺寸的塞尺,让刀刃轻轻靠紧塞尺,抽动塞尺感觉到有一定的摩擦力存在,这样确定刀具的最终位置,抽走塞尺,就可以开动机床进行加工。图 4-49 所示为几种常见的对刀装置。

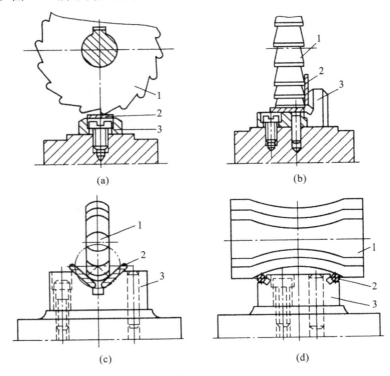

图 4-49　对刀装置

(a)高度对刀块　(b)直角对刀块　(c)、(d)成形对刀块

1—铣刀；2—塞尺；3—对刀块

对刀块也有标准化的可以选用,特殊形式的对刀块可以自行设计。

对刀块对刀表面的位置应以定位元件的定位表面来标注,以减小基准转换误差,该位置尺寸加上塞尺厚度就应该等于工件的加工表面与定位基准面间的尺寸,该位置尺寸的公差应为工件该尺寸公差的 1/5～1/3。

在批量加工中,为了简化夹具结构,采用标准工件对刀或试切法对刀,第一件对刀后,后续工件就不再对刀,此时,可以不设置对刀装置。

3. 分度装置

工件上如果有一些按一定角度分布的相同表面,它们需在一次定位夹紧后加工出来,则该夹具需要分度装置。图 4-50 所示为一斜面分度装置。

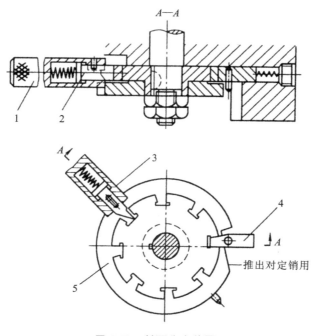

图 4-50　斜面分度装置

1—手柄；2—插销；3—插销装置；4—对定销；5—凸轮盘

当手柄 1 逆时针转动时，插销 2 由于斜面作用从槽中退出，并带动凸轮盘 5 转动，凸轮斜面推出对定销 4。当插销 2 到达下一个分度盘槽时，在弹簧作用下插销 2 插入，此时手柄顺时针转动，由插销 2 带动分度盘及心轴转动，凸轮上的斜面脱离对定销，在弹簧作用下，对定销 4 插入分度盘的另一个槽中，分度完毕。

为了简化分度夹具的设计、制造，可以把夹具安装在通用的回转工作台上来实现分度，但分度精度要低一些。

4. 对定装置

在进行机床夹具总体设计时，还要考虑夹具在机床上的定位、固定，才能保证夹具（含工件）相对于机床主轴（或刀具）、机床运动导轨有准确的位置和方向。夹具在机床上的定位有两种基本形式：一种是安装在机床工作台上，如铣床、刨床和镗床夹具；另一种是安装在机床主轴上，如车床夹具。

铣床类夹具体底面是夹具的主要基准面，要求底面经过比较精密的加工，夹具的各定位元件相对于此底平面应有较高的位置精度要求。为了保证夹具具有相对切削运动的准确的方向，夹具体底平面的对称中心线上开有定向键槽，安装两个定向键，夹具靠这两个定向键定位在工作台面中心线上的 T 形槽内，采用良好的配合，一般选为 H7/h6，再用 T 形槽螺钉固定夹具。由此可见，为了保证工件相对切削运动方向有准确的方向，夹具上的第二定位基准（导向）的定位元件必须与两定向键保持较高的位置精度，如平行度或垂直度。定向键的结构和使用如图 4-51 所示。

车床类夹具一般安装在主轴上，关键是要了解所选用车床主轴端部的结构。当切削力较小时，可选用莫氏锥柄式夹具形式，夹具安装在主轴的莫氏锥孔内，如图 4-52(a)所示。

图 4-52(b)所示为车床夹具靠圆柱面 D 和端面 A 定位，由螺纹 M 连接和压板防松。这种

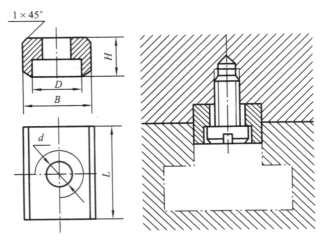

图 4-51　定向键

方式制造方便,但定位精度低。

　　图 4-52(c)所示为车床夹具靠短锥面 K 和端面 T 定位,由螺钉固定。这种方式不但定心精度高,而且刚度也比图 4-51 所示的定向键高,但是这种方式是过定位,夹具体上的锥孔和端面制造精度也要高,一般要经过与主轴端部的配磨加工。

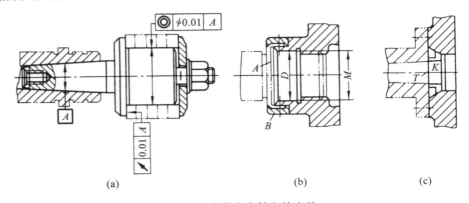

图 4-52　夹具在主轴上的安装

(a)莫氏锥度定位　(b)圆柱面和端面定位　(c)锥面和端面定位

4.1.6　通用机床夹具设计

　　在机床夹具设计中,关于定位、夹紧元件及其机构前面已经讨论过,本节主要阐述各类机床夹具设计中各自特点和需要注意之处。

　　1. 钻床夹具

　　钻床夹具大都有刀具导向装置,即钻套。钻套安装在钻模板上,故习惯上把钻床夹具称为钻模。

　　1) 钻模的结构形式

　　根据工件的大小和形状、选用的机床及加工孔的分布形式,确定钻模的结构形式。钻模从结构上可分为固定式钻模、回转式转模、翻转式钻模、盖板式钻模和滑柱式钻模等。

　　(1) 固定式钻模。加工中这种钻模相对于工件的位置保持不变。常用于立钻上加工较大的单孔,或在摇臂钻床、多轴钻床上加工平行孔系。

（2）回转式钻模。这类钻模有分度、回转装置,能够绕一固定轴线（水平、垂直或倾斜）回转,主要用于加工以某轴线为中心分布的轴向或径向孔系。

（3）翻转式钻模。它像一个六面体那样可以做不同方位的 90°翻转,翻转时连同工件一起手工操作。如工件尺寸较小,批量也不大,工件上有不同方位上的孔要在一个工序内完成,采用翻转式钻模比较方便。

（4）盖板式钻模。这种钻模没有夹具体,钻套、定位和夹紧元件一般都固定在钻模板上,使用时将其覆盖在工件上,定位夹紧后即可加工。它适用于中批以下的大件、笨重件在摇臂钻床上加工孔。

（5）滑柱式钻模。这是一种标准化、通用可调整夹具,其定位元件、夹紧元件和钻套可根据工件的不同来更换,而钻模板、夹具体及传动、锁紧等可以不变。它适用于小型工件的不同类型的生产。

2）钻模板形式

钻模板与夹具体的连接,考虑到工件的大小、操作空间和工件的装卸方便,一般采用如下方式:固定式、铰链式、分离式（盖板式）、悬挂式和可调式。

3）定位和定向装置

夹具体上一般不设定位和定向装置,特别是在台钻、立钻和摇臂钻上使用时。但夹具体底板上一般都设有翻边或留一些平台面,以便夹具在机床工作台上固定。

2. 镗床夹具

镗床夹具主要用于普通镗床、组合机床和普通车床改造的镗床等位置精度不高的机床上,都具有镗杆导向的镗套,习惯上也称镗模,其设计要点有以下几点。

1）镗模导向支架的布置形式

主要依据镗孔的长径比 L/D 的大小来选取。一般有如下四类形式。

（1）单面前导向。如图 4-53 所示,刀具的导向支架在刀具前方,适用于加工 $D>60$ mm, $L/D<1$ 的通孔,或小型箱体上同轴线的几个通孔。这类导向形式便于装卸工件和更换刀具,观察加工和测量尺寸,进行多工位或多工序加工不必更换镗套;镗杆与主轴刚性连接,刀杆前端导柱尺寸不受刀具尺寸变化。缺点是装卸工件时,刀具的引进和退出行程较长,加工时切屑容易带入镗套中。排屑空间 $h=(0.5\sim1.0)D$, h 不小于 20 mm。

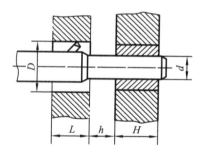

图 4-53　单面前导向

（2）单面后导向。如图 4-54 所示,这类形式镗模主要用于加工 $D<60$ mm 的不通孔,或通孔但无法设置前导向的场合。主轴与镗杆刚性连接,与单面前导向一样,可不必更换镗套进行多工位或多工序加工,装卸工件和更换刀具方便。根据 L/D 的比值大小,有以下两种应用情况。

① 当 $L<D$ 时,采用图 4-54(a)所示结构,导向柱直径 d 可大于工件孔径 D,以便镗刀穿过,镗杆的刚度较好。

② 当 $L>D$ 时,为了导向柱能伸入孔内,减少镗杆的悬伸量,采用图 4-54(b)所示结构,镗杆导向柱直径 d 可小于工件孔径 D,但在镗套内应有引刀槽。

（3）单面双导向。这种形式吸取了单面导向换刀、观察、测量和装卸工件方便的优点,镗

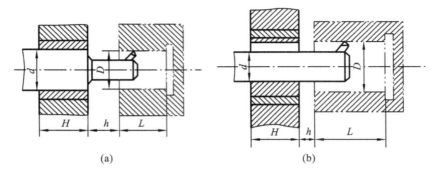

图 4-54　单面后导向

(a)$L<D$　(b)$L>D$

杆与主轴浮动连接,镗杆导向精度和回转精度取决于两镗套的精度和支承长度 L,一般 $L=(1.5\sim5)d$。由于镗杆呈悬臂支承方式,伸出长度不能过长,一般不超过 $5d$,参见图 4-55。

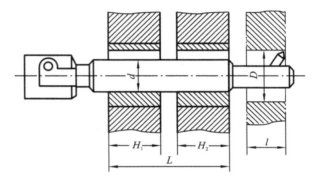

图 4-55　单面双导向

(4) 双面单导向。在工件两边布置单导向支承,如图 4-56 所示。这种结构在箱体上精密孔系加工中常见。镗杆与主轴浮动连接,孔的精度与孔系相互位置精度全由镗套保证。这种结构形式主要适用于加工 $L>1.5D$ 的通孔,同轴线上的几个短孔,有较高同轴度或中心距要求的孔系。当双面单导向支承距离过大时,如 $L>10d$,一般还应在中间适当位置再加一个导向镗套及其支架。

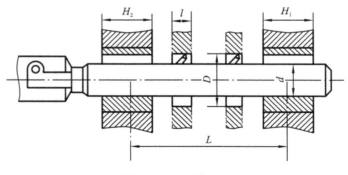

图 4-56　双面单导向

2) 设计注意事项

(1) 若镗刀调整好后,伸入镗模进行加工,必须注意镗刀从镗套中穿过时的刀具引入问题。若镗杆上是多刀加工工件上同轴线的多孔情况,必须注意刀具从未加工毛孔中穿过问题,一般处理方法是刀尖都准停在刀杆上部,将工件先抬高,刀具进入到加工开始位置后,工件再落下,夹紧固定。

（2）夹紧元件及其机构。镗模导向支架上不允许安装夹紧元件及其机构,防止导向支架受力变形,影响加工孔的精度和孔系位置精度。

3. 铣床夹具

1) 铣床夹具的类型

由于夹具大都与工作台一起做进给运动,其结构常取决于铣削的进给方式。因此铣床夹具可分为直线进给式、圆周进给式和仿形进给式三类。

（1）直线进给式。最常见的铣床夹具是直线进给式,其中又有单工件、多工件之分,或单工位、多工位之分。这类铣床夹具多用于中、小批生产。

（2）圆周进给式。通常用在具有回转工作台的立式铣床上,工作台同时安装多套相同的夹具,或多套粗、精两种夹具,工件在工作台上呈现连续圆周进给方式,工件依次经过切削区加工,在非切削区装卸,生产率较高,一般用于大批、大量生产,如图 4-57 所示。

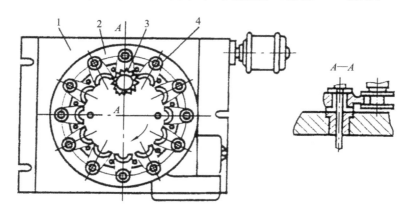

图 4-57　圆周进给式铣床夹具

1—夹具;2—回转式工作台;3—铣刀;4—工件

（3）仿形进给式。用于加工曲线轮廓的工件,常见于立式铣床。进给方式又可分为直线进给仿形和圆周进给仿形铣床夹具。图 4-58 所示为圆周进给仿形铣床夹具。

2) 设计注意事项

（1）铣床夹具的受力元件及夹具体要有足够的强度和刚度。由于铣削加工是断续切削,夹紧力较大,又容易产生切削振动,在批量大的生产中又往往采用多工件、多工位方案,因此应给予夹具的强度、刚度足够的重视。

（2）铣床夹具一般均设置对刀装置和定向键,保证工件与刀具、工件与进给运动方向之间的位置精度。夹具体底平面上的定向键一般与工作台上中间 T 形槽配合,因为该 T 形槽精度高,且与导轨纵向运动方向平行。

（3）铣床夹具一般要在工作台上对定后固定。对于矩形铣床工作台,一般是通过两侧 T 形槽用 T 形槽螺栓来固定夹具,因此夹具体底板两端平台上应开有两个 U 形口,U 形口中心和定向键中心距必须与选用机床工作台上 T 形槽的中心距相符。

刨床夹具的设计要点可参照铣床夹具。

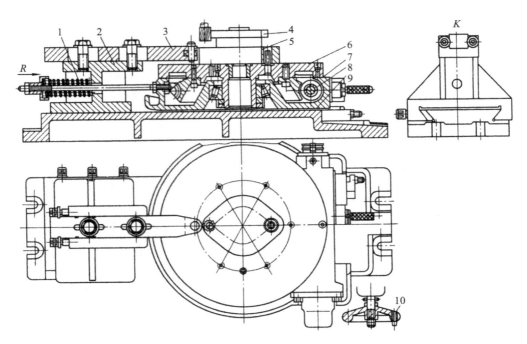

图 4-58　圆周进给仿形铣夹具

1—弹簧；2—支架；3—支板；4—工件；5—靠模；6—转盘；7—蜗轮箱；8—蜗杆；9—底座；10—手轮

4．车床夹具

车床夹具和磨床夹具类似，特点是夹具装在机床主轴上并带动工件旋转，加工回转面、端面等。以外圆定位的车床夹具如卡盘、卡头；以内孔定位的车床夹具如各类心轴；以中心孔定位的车床夹具如各类顶尖、拨盘；这些夹具比较简单，有些已经标准化、通用化。常用的车床夹具如下。

1）轴类车床夹具

（1）静配合圆柱心轴。如图 4-59 所示，各部位直径确定如表 4-2 所示。

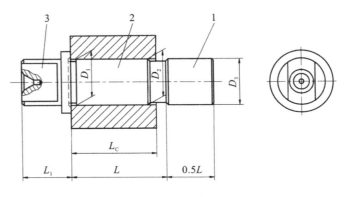

图 4-59　静配合心轴

1—导向部分；2—定位部分；3—传动部分

表 4-2 D 为工件孔径

尺 寸	D_1	D_2	D_3
$L/D<1$	$(D_{max})r6$	$(D_{max})r6$	$(D_{min})e8$
$L/D>1$	$(D_{max})r6$	$(D_{min})h6$	$(D_{min})e8$

（2）动配合圆柱心轴。如图 4-60 所示，工件以内孔在心轴上动配合 H7/g6 定位，通过开口垫圈、螺母夹紧。

一般心轴是以两顶尖孔装在车床前后两顶尖上，用拨插或鸡心夹头传递动力。

2）卡盘类车床夹具

这类夹具的结构特点与三爪卡盘类似，装夹的工件大都是回转体、对称体，回转时不平衡影响较小。如图 4-61 所示，夹具以止口面装于主轴端部，螺钉紧固。工件以两孔一面在两销一面上定位，在外力作用下拉杆左移夹紧工件，加工完后取消外力，在弹簧作用下松开工件。加工时必须外加防护罩保证安全。

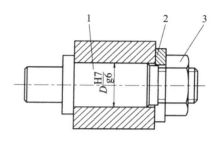

图 4-60 动配合心轴
1—心轴；2—开口垫圈；3—螺母

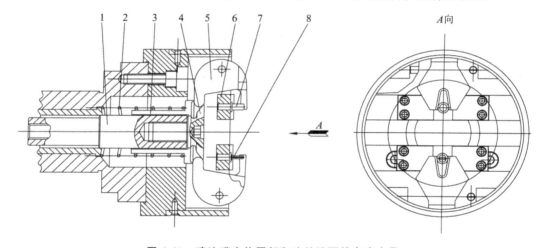

图 4-61 喷油嘴壳体尾部和法兰端面的车床夹具
1—拉杆；2—弹簧；3—套筒；4—斜块；5—压板；6—支承板；7—圆柱销；8—菱形销

3）花盘类车床夹具

这类夹具的结构特点与车床花盘相似，装夹工件后一般需要配重平衡。如图 4-62 所示，夹具以止口面装于主轴端部，螺钉紧固。工件以两孔一面在两销一面上定位，用螺栓压板夹紧，在车床上镗孔。

设计卡、花盘类车床夹具应注意事项：结构要紧凑，轮廓尺寸要小；夹具重心尽可能靠近回转轴线，以减少离心力和回转力矩；应设有平衡重，并能调节；避免尖角、突出部分；加工时要加防护罩；夹紧装置应安全可靠。

对于一些非回转体工件，要在车床上加工某回转面，在设计车床夹具时要注意以下几点。

（1）夹具与主轴的连接。为了保证加工表面的形状、位置精度，夹具与主轴连接的定心精度要高，定心方式要与选用机床主轴端部结构相符，定心后再加以压紧或拉紧，保证可靠和安全。

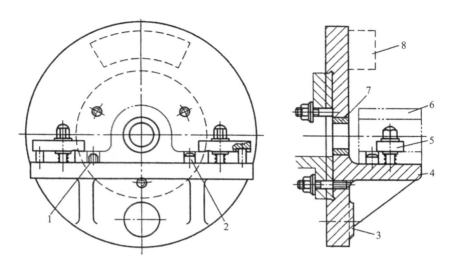

图 4-62　花盘角铁式车床夹具

1—削边销；2—圆柱定位销；3—轴向定程基面；
4—夹具体；5—压板；6—工件；7—导向套；8—平衡块

（2）车床夹具带动工件高速回转，既受切削力又受惯性力作用，因此夹紧力必须考虑充分，大小足够，夹紧结构必须有可靠的自锁。

（3）车床夹具是在高速回转和悬臂状况下工作，因此外形尽可能呈圆柱状，重心靠近主轴，悬伸长度小于外形直径，结构尽可能简单、紧凑，减小质量，提高刚度。

（4）若工件外形为非对称，或机构布置为非对称，则必须注意动平衡，否则会破坏主轴的回转精度，从而降低回转表面的加工精度。一般措施是设置必要的配重，要仔细考虑配重的位置和大小，以及位置和大小的调整措施。

（5）车床夹具在高速下回转，必须有安全措施。元件和机构不得有尖角和突出夹具体转盘外径的部分，不得在工作中有松动、飞出的可能，若夹具外形不得已有突出部分时，必须加防护措施。

4.1.7　专用机床夹具设计

1. 设计前的准备工作

（1）明确工件的年生产纲领。它是夹具总体方案确定的依据之一，它决定了夹具的复杂程度和自动化程度。如大批、大量生产时，一般选择机动、多工件、自动化程度高的方案，结构也随之复杂，成本也提高较多。

（2）熟悉工件零件图和工序图。零件图给出了工件的尺寸、形状和位置、表面粗糙度等精度的总体要求，工序图则给出了夹具所在工序的零件的工序基准、工序尺寸、已加工表面、待加工表面，以及本工序的定位、夹紧原理方案，这是夹具设计的直接依据。

（3）了解工艺规程中本工序的加工内容。机床、刀具、切削用量、工步安排、工时定额及同时加工的零件数，这些是在考虑夹具总体方案、操作、估算夹紧力等方面必不可少的。

2. 总体方案的确定

总体方案包括下述三个方面。

1）定位方案

工序图只是给出了原理方案,此时应仔细分析本工序的工序内容及加工精度要求,按照六点定位原理,确定具体的定位方案和定位元件。要拟定几种具体方案进行分析比较,选择或组合成最佳方案。

2）夹紧方案

确定夹紧力的方向、作用点,以及夹紧元件或夹紧机构,估算夹紧力大小,选择和设计动力源。夹紧方案也需反复分析比较后确定,正式设计时也可能在具体结构上作一些修改。

3）夹具的总体形式

例如钻床夹具,有固定式钻模、翻转式钻模、回转式钻模、滑柱式钻模、盖板式钻模等不同的总体形式,一般应根据工件的形状、大小、加工内容及选用机床等因素来确定。

3. 绘制夹具装配图

总装配图应按国家标准尽可能 1∶1 地绘制,这样的图样有良好的直观性。主视图应按操作实际位置布置,三视图要能清楚表示出夹具的工作原理和结构。

绘制夹具装配图可按如下顺序进行:把工件视为透明体,用双点画线画出轮廓,画出定位面、夹紧面和加工表面,无关表面可以省略;画出定位元件和导向元件;按夹紧状态画出夹紧件和夹紧机构,必要时可用双点画线画出松开位置时夹紧元件的轮廓;画出夹具体、其他元件或机构,以及上述各元件与夹具体的连接,使夹具成形;标注必要的尺寸、配合和技术条件;对零件编号,填写标题栏和零件明细表,其中还要在定位、导向完成后进行定位精度验算,在夹紧机构完成后进行夹紧力的验算,以及重要的受力元件或机构的强度、刚度验算。

4. 绘制夹具零件图

对装配图中的非标准零件均应绘制零件图,视图尽可能与装配图上的位置一致,尺寸、形状、位置、配合、加工表面粗糙度等要标注完整。

为加工图 4-63(a)所示零件小孔 $\phi18H7$ 的夹具装配图的设计过程如图 4-63 所示,图 4-63(b)所示为设计定位装置,图 4-63(c)所示为设计钻套,图 4-63(d)所示为设计夹紧装置,图 4-63(e)所示为设计夹具体,完成总装配图。

5. 夹具精度的验算

夹具的主要功能是用来保证工件加工表面的位置精度,影响位置精度的主要因素有以下三个方面。

（1）工件在夹具中的安装误差,它包括定位误差和夹紧误差。定位误差在 4.1.3 节已有描述,夹紧误差是工件在夹具中夹紧后,工件和夹具变形所产生的误差。

（2）夹具在机床上的对定误差,指夹具相对于刀具或相对于机床成形运动的位置误差。

（3）加工过程中出现的误差,它包括机床的几何精度、运动精度,机床、刀具、工件和夹具组成的工艺系统加工时的受力变形、受热变形,磨损,调整、测量中的误差,以及加工成形原理上的误差等。

第(3)项一般不易估算,夹具精度验算是指前两项,其和不大于工件允差的 2/3 算合格。

现以图 4-63 所示工件和夹具装配图为例进行夹具精度验算。

1）验算中心距 120 ± 0.05 mm

影响此项精度的因素如下。

（1）定位误差,此项主要是定位孔 $\phi36H7$ 与定位销轴 $\phi36g6$ 的间隙产生,最大间隙为 0.05 mm。

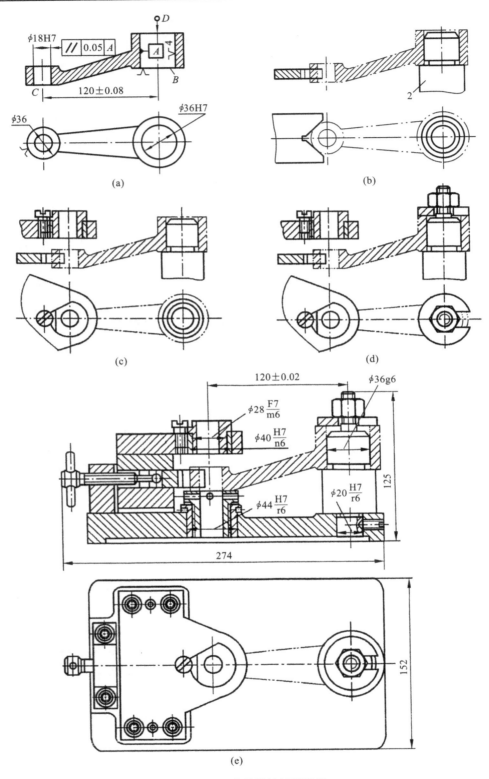

图 4-63 夹具设计过程示例

(a)被加工工件 (b)设计定位装置 (c)设计钻套 (d)设计夹紧装置 (e)设计夹具总装配图

（2）钻模板衬套中心与定位销中心距误差，装配图标注尺寸为 120 ± 0.01 mm，误差为 0.02 mm。

（3）钻套与衬套的配合间隙，由 $\phi28H6/g5$ 可知最大间隙为 0.029 mm。

（4）钻套内孔与外圆的同轴度误差，对于标准钻套，精度较高，此项可以忽略。

（5）钻头与钻套间的间隙会引偏刀具，产生中心距误差 e，如图 4-64 所示。

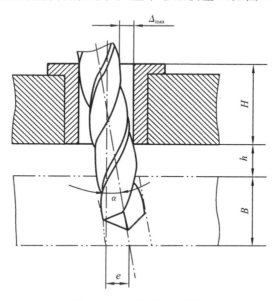

图 4-64 刀具引偏量计算

该例中，设刀具与钻套配合为 $\phi18H6/g5$，可知 $\Delta_{max}=0.025$ mm；将 $H=30$ mm，$h=12$ mm，$B=18$ mm 代入，可求出 $e=0.038$ mm。

由于上述各项都是按最大误差计算，实际上各项误差不可能同时出现最大值，各误差方向也很可能不一致，因此，其综合误差可按概率法求和，有

$$\Delta_{\sum}=0.07 \text{ mm}$$

该项误差略大于中心距允差 0.1 mm 的 2/3，勉强可用。

2）验算两孔平行度精度

工件要求 $\phi18H7$ 孔全长上允差 0.05 mm。导致产生两孔平行度的因素如下。

设计基准与定位基准重合，没有基准转换误差，但 $\phi36H7/g6$ 配合间隙会产生基准位置误差——定位销轴中心与大头孔中心的偏斜角 α_1（rad），因此，总的平行度误差为合格。

6. 夹具装配图上应标注的尺寸和技术条件

夹具装配图上应标注必要的尺寸和技术要求，主要目的是为了检验车工序零件加工表面的形状、位置和尺寸精度在夹具中是否可以达到，为了设计夹具零件图，也为了夹具装配和装配精度的检测。

1）夹具装配图上标注的尺寸

夹具装配图上应标注的尺寸如下。

（1）夹具外形轮廓尺寸。

（2）夹具与机床工作台或主轴的配合尺寸，以及固定夹具的尺寸等。

（3）夹具与刀具的联系尺寸，如对刀塞尺的尺寸、对刀块表面到定位表面的尺寸及公差。

（4）夹具中工件与定位元件间，导向元件与刀具、衬套间，夹具中所有相互间有配合关系元件，应标注配合尺寸、种类和精度。

（5）各定位元件之间、定位元件与导向元件之间、各导向元件之间装配后的位置尺寸及公差。

上述联系尺寸和位置尺寸的公差，一般按工件的相应公差的 $1/5\sim1/2$，最常用的是 $1/3$。

2）夹具装配图上应标注的技术要求

应标注的技术要求包括：相关元件表面间的位置精度，主要表面的形状精度，保证装配精度和检测的特殊要求，以及调整、操作等必要的说明，通常有以下几方面。

（1）定位元件的定位表面间相互位置精度。

（2）定位元件的定位表面与夹具安装基面、定向基面间的相互位置精度。

（3）定位表面与导向元件工作面间的相互位置精度。

（4）各导向元件的工作面间的相互位置精度。

（5）若夹具上有检测基准面的话，还应标注定位表面、导向工作面与该基准面间的位置精度。

对于不同的机床夹具，因夹具的具体结构和使用要求不同，应进行具体分析，制订出该夹具的具体的技术要求，设计中可以参考机床夹具设计手册以及同类夹具的图样资料。

4.1.8　柔性夹具设计

由可反复使用的标准夹具零部件（或专用零部件）组装成易于连接和拆卸的夹具也称柔性组合夹具，分为机床组合夹具和焊接组合夹具，是由各种不同形状、规格和用途的标准化元件和部件组成的夹具系统。使用时，按照工件的加工要求可从中选择适用的元件和部件，以搭积木的方式组装成各种专用夹具。

1. 焊接组合夹具

焊接组合夹具由采用标准化技术要求制作的标准化、系列化、通用化的许多模块组成，所有模块的连接、固定和压紧都是以孔定位、用锁紧销来实现快速锁紧，模块与模块之间可以根据工件的实际尺寸而调整，整套工装夹具系统的组合可以实现二维和三维空间的搭建，像玩积木一样简单、容易、快捷，如图4-65所示。

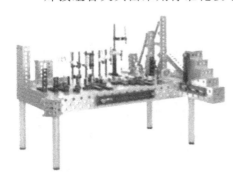

图 4-65　柔性焊接组合夹具

为了适应不同外形尺寸的工件，焊接组合夹具在焊接生产中分为28系列和16系列，每个系列的元件按照用途可分为以下九类。

（1）基础件。如方形、矩形、圆形基础板等，用作夹具工装台。工作台的五个工作面都有 100 mm×100 mm（D28系列）或 50 mm×50 mm（D16系列）的带有网格标注的孔。其五个面的平面、平行、垂直公差精度以及孔与孔的位置精度都是非常高的，保证在台面上的定位和台面与其他模块之间的组合都具有足够的使用精度要求。基础台面的尺寸从 1000 mm×1000 mm 到 4000 mm×2000 mm，可以任意选择，特殊尺寸可以订做。如果台面与台面组合后的精度要求很高，则可以使用导轨将它们连接起来。

（2）支承件。包括：U形方箱、L形方箱、支承角铁、角形连接块、角度器、框式支承座等，用于高度定位或平台拓展及其他附件的定位或压紧。支承件是为了保证工件在加工过程中达到一定高度要求,而将支承件定位在平台上的元件,如垫片、垫板、支承板、支承块和伸长板等,主要用作不同高度的支承。

（3）定位件。包括:定位角尺、定位平尺、平面角尺、V形定位件、异心圆停挡,用于准确调整定位位置或高度。定位件是为了保证工件在加工过程中达到一定尺寸精度要求,而将工件精确定位的元件,用于确定元件与元件、元件与工件之间的相对位置。

（4）调整件。包括:调高器、调整垫片。用途:用于元件与工件之间的间隙调整的元件。

（5）压紧件。包括:90°螺旋压紧器、水平螺旋压紧器、45°螺旋压紧器、垂直压式快速夹具、水平推式快速夹具。用途:为了保证工件在加工过程中不被位移,而将工件压紧在平台或基础元件上的元件。

（6）锁紧件。包括:快速锁紧销、沉头快速锁紧销、沉头锁紧销、手柄快速锁紧销、定位销、连接锁磁性销、内六角锁紧销、外六角锁紧销、磁性销。用途:为了保证元件与元件之间的定位锁紧用的元件。

（7）合件。包括:90°夹紧转角套、45°夹紧转角套、平行夹紧转角套、垂直夹紧转角套、标准型支承腿、带刹万向轮型支承腿、可固定型支承腿、框架结构型支承座、液压升降型支承座、支承轨道。用途:作用于元件与其他件之间连接或支承作用的元件。

（8）其他件。包括:止动环、接地器、螺旋夹紧、夹管、起吊环、十字槽压垫、两点夹紧桥、三点夹紧桥、多用途支承模板、平台防护板、工具推车。用途:作用于工装元件组装的配套附属元件。

（9）组装工具。包括:内六角扳手、油石、磁力钳等装配工具。

2. 机床组合夹具设计

组合夹具是一种根据被加工零件工艺要求,利用一套标准化的夹具元件进行组合而成的夹具。夹具使用完毕后,可以拆开,清洗后存放,待再次组装时使用。组合夹具既可组装成某一专用夹具,也可组装成具有一定柔性的可调整夹具,灵活多变,适应性强,大大减少夹具的设计和制造工作量。组合夹具特别适用于单件、小批生产及新产品试制。其缺点是一次投入大,夹具往往体积较大,笨重。中、小企业无力建立组合夹具储备库和组装技术不足的问题,可以在各地区建立组合夹具站,提供组合夹具的组装和租借服务来解决。

组合夹具可分为两种基本类型,即槽系组合夹具和孔系组合夹具。槽系组合夹具是各元件间依靠键槽和T形槽,由定位键定位和由T形槽螺栓来固定。而孔系组合夹具是各元件间依靠孔、销配合来定位,由螺栓来固定。图4-66所示为一套组装好的槽系组合钻模及其元件分解图,图中标号表示了组合夹具的八大类元件。其中,合件是由若干元件组成的独立部件,完成一定的功能要求,组装时不能拆散。

图4-67所示为孔系组合夹具的实例。与槽系组合夹具相比,孔系组合夹具精度高,刚度好,易组装,且可以方便地提供某孔的坐标作为数控编程的基准,即编程原点,因此在数控机床、加工中心上得到广泛应用。

设计组合夹具的图样工作量很少,只有在特殊情况下需要设计专用件。设计工作的重点是在熟悉工件的工序图、工序内容和要求之后,选择定位元件、夹紧元件、导向元件及基础件等,要花费较多的精力去构思夹具总体方案和结构,要仔细拟定组装方案。由于夹具是组装的,各元件间的位置尺寸、位置误差是通过调整来获得的。因此在构思夹具方案时应拟定相应的位置检测方法。

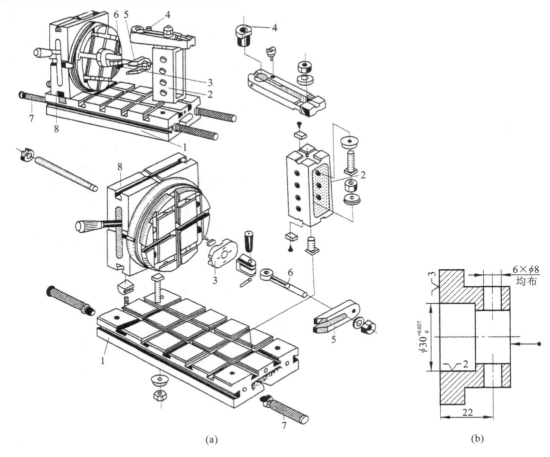

(a)

图 4-66　槽系组合钻模及其元件分解

1—基础件；2—支承件；3—定位件；4—导向件；5—夹紧件；6—紧固件；7—其他件；8—合件

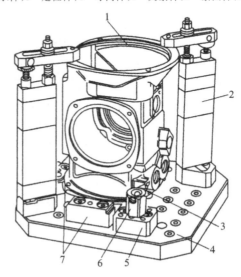

图 4-67　孔系组合夹具

1—工件；2—组合夹具；3—调节螺栓；4—方形基础板；

5—方形定位连接板；6—切边圆柱支承；7—台阶支承

　　构思方案之后,用选好的元件先搭接成夹具的大致样子,检查构思方案是否合理、正确和可行,不当之处进行修改。

　　正式组装组合夹具时,要按确定方案以一定的顺序组装。此时要注意各功能合件、元件间的定位和固定,保证有足够的刚度和精度。

　　组合夹具组装后,定位元件之间、定位元件与导向元件间、导向元件间、定位元件与对刀元件间的位置精度,需经仔细的检测,达到精度要求才行,否则应再调整,直至合格为止。

　　组合夹具组装合格后,一般应试加工工件,试件加工合格后才算全部完成。

　　由上可见,组合夹具设计不同于其他种类的夹具设计。图样设计对组合夹具设计来说不是主要的工作量,而是将夹具方案构思、装配、检测等设计、制造和调试等全过程融为一体。当然,为了保存工艺准备资料,或资料的交流和传递,组合夹具设计也可绘出夹具装配图。图4-68所示为移动式组合钻模夹具的装配图。

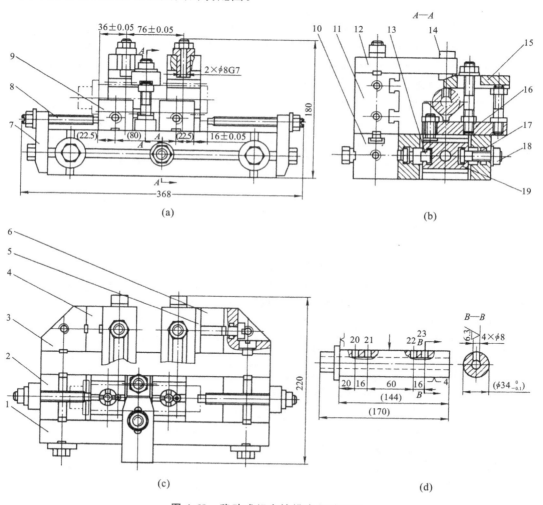

图 4-68　移动式组合钻模夹具装配图

1—伸长板;2、4、5、6、19—方形支承;3—加肋角铁;7、15—平压板;8—定位螺钉;9—V形块;
10、11—长方形支承;12—钻模板;13—T形键;14—钻套;16—回转压板;17—槽用螺栓;18—螺母;20~23—孔

　　该钻模用于加工图 4-68(d)所示的连通轴工件上 4 个 $\phi 8$ mm 的孔。先钻孔 21 和 23,移位16 mm 后再钻孔 20 和 22。采用移位机构的原因是工件上相邻两孔的中心距只有 16 mm,很

难并排采用两个钻套 14。移位结构由两块伸长板 1 和一个方形支承 19 构成。在方形支承 19 两侧的 T 形槽内装有 T 形键 13。方形支承 19 则可在两块伸长板组成的"导轨"中移动。其位置由两个可调定位螺钉 8 确定,并由槽用螺栓 17 和螺母 18 锁紧。工件安装在两个 V 形块 9 上,并用回转压板 16 和平压板 15 组成的夹紧装置夹紧。V 形块及夹紧装置均安装在方形支承 19 上。

3. 成组夹具设计

成组夹具是在成组技术指导下,为实现成组工艺而设计的夹具。它具有一定的柔性,经过一定的调整,它可以实现同一组工件在同一生产单元内完成同一工序的加工。

成组夹具属于可调整夹具,其结构特点和调整方式与可调整夹具相同。与可调整夹具相比,其适用的工件必须是同一个成组零件族的,并在同一生产单元内进行同一工序的加工,因而成组夹具较专用一些,故又称专用可调整夹具。

图 4-69(a)所示为一车床成组夹具,用于精车一组套类工件的外圆和端面,图 4-69(b)所示为该组部分工件的加工示意图。工件以内孔及一端面定位,用弹簧胀套径向夹紧。该夹具中夹具体 1 和接头 2 是基础件,其余均为可更换的调整件。工件按定位孔的大小分为五组,每一尺寸组工件对应一套可换元件,如夹紧螺栓、定位锥体、顶环和定位环。在可更换元件中,只有弹簧胀套 KH5 是专用的,它是根据每个工件定位孔的尺寸配置的。

在实行成组工艺的生产企业中,现有的成组夹具均已编码存档。一组新零件的成组夹具的设计,可按该组零件的主样件的编码查找已有的主样件中是否有相似件。若有的话,则可找到与之相对应的成组夹具,在此基础上进行修改设计,使设计工作大大简化。若没有的话,则需另行设计。

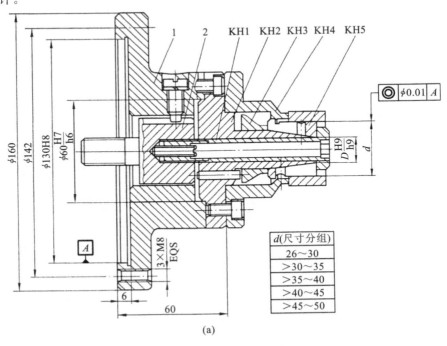

d(尺寸分组)
26~30
>30~35
>35~40
>40~45
>45~50

(a)

图 4-69　车(磨)床成组夹具

(a)夹具装配图　　(b)零件族部分工件的加工示意图

1—夹具体;2—接头;KH1—夹紧螺栓;KH2—定位锥体;KH3—顶环;KH4—定位环;KH5—弹性胀套

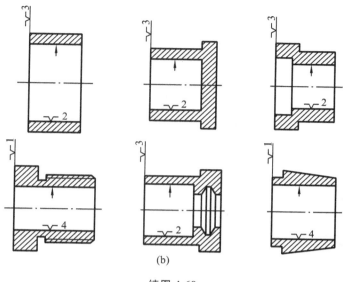

(b)

续图 4-69

设计成组夹具时,要对一组零件进行尺寸、工艺和加工条件等方面的仔细分析,以确定最优的工件装夹方案和夹具的调整形式。调整形式的确定是难点,应有多种方案分析比较,加以选取。调整形式既要满足同组零件的装夹和加工要求,也要力求结构简单、紧凑、调整方便迅速。

4.2　刀具、模具与量具

4.2.1　数控刀具与高速加工刀具

1. 概述

1) 刀具的切削部分

在刀具种类中,外圆车刀是最基本、最典型的切削刀具,其切削部分(又称刀头)由前刀面、主刀后面、副刀后面、主切削刃、副切削刃和刀尖所组成。其定义如下。

(1) 前刀面:刀具上与切屑接触并相互作用的表面(即切屑流过的表面)。

(2) 主刀后面:刀具上与工件过渡表面相对并相互作用的表面。

(3) 副刀后面:刀具上与已加工表面相对并相互作用的表面。

(4) 主切削刃:前刀面与主后刀面的交线,它完成主要的切削工作。

(5) 副切削刃:前刀面与副后刀面的交线,它配合主切削刃完成切削工作,并最终形成已加工表面。

(6) 刀尖:主切削刃和副切削刃连接处的一段刀刃,它可以是小的直线段或圆弧。

车刀的组成如图 4-70 所示。其他各类刀具,如镗刀、刨刀、钻头、铣刀等,都可以看做是车刀的演变和组合。

2) 刀具的分类

(1) 根据结构,刀具可分为:整体式、焊接式、机夹式和复合式。如图 4-71 所示。

① 整体式刀具。刀具为一体,由一个坯料制造而成,不分体,如图 4-71(a)所示。

② 焊接式刀具。采用焊接方法连接,分刀头和刀杆,如图 4-71(b)所示。

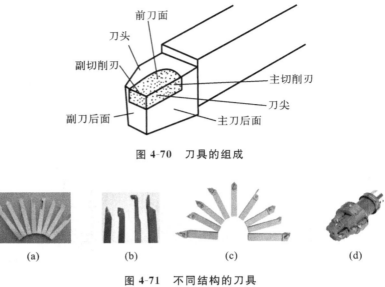

图 4-70　刀具的组成

图中标注：前刀面、刀头、副切削刃、主切削刃、刀尖、副刀后面、主刀后面

图 4-71　不同结构的刀具

(a)整体式　(b)焊接式　(c)机夹式　(d)复合式

③ 机夹式刀具。图 4-71(c)所示，机夹式又可分为不转位和可转位两种。通常数控刀具采用机夹式。

④ 复合式刀具。图 4-71(d)所示为一把复合式孔加工刀具，它能在一次进给中完成三段不同直径孔的半精加工和相应的倒角。

（2）根据制造刀具所用的材料可分为：高速钢刀具、硬质合金刀具、金刚石刀具和其他材料刀具（如立方氮化硼刀具、陶瓷刀具）等。

（3）从金属切削工艺上看，每一种机床都有相应的刀具，如：车削刀具（分外圆、内孔、螺纹、切断、切槽刀具等多种）、钻削刀具（包括钻头、铰刀、丝锥等）、镗削和铣削刀具等。

图 4-72 所示为按机床类型和被加工表面特征分类的数控刀具。

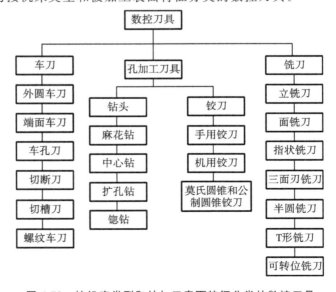

图 4-72　按机床类型和被加工表面特征分类的数控刀具

2．数控刀具

数控刀具是机械制造中数控机床用于切削加工的工具，又称数控切削工具。广义的切削工具既包括刀具，还包括磨具；"数控刀具"除指切削用的刀片外，还包括刀杆和刀柄等附件。

1）刀具系统

在数控加工中，刀具系统是数控加工中工具系统下的子系统，包括刀具配置、刀具准备及加工程序中的刀具管理等。而在这里讲的刀具系统是指：从以机床主轴孔连接的刀具柄部开始至切削刃部为止，是与切削有关的硬件总成。

刀具系统的选择原则如下。

（1）根据工艺要求选择适当的刀具类型。

（2）根据刀具类型与使用机床的规格与性能决定刀具系统的组合与配置。

（3）根据被切削材料的材质、切削条件、加工要求等选用适宜的刃部。

（4）除满足一般的切削原理、切削性能、刀具结构等方面的要求之外，还应耐用度好。

（5）具有可靠的断屑与排屑功能。

（6）通用性、互换性和管理性较好。

（7）能实现快速更换（如换刀片、刀头、刀具等）和线外预调。

金属切削刀具系统从其结构上可分为整体式与模块式两种。整体式刀具系统基本上由整体柄部和整体刃部（整体式刀具）两者组成，传统的钻头、铣刀、铰刀等就属于整体式刀具。整体式刀具由于不同品种和规格的刃部都必须和对应的柄部相连接，致使刀具的品种、规格繁多，给生产、使用和管理带来诸多不便，有些使用频率极低但又需用的刀具也不得不配置，这相当于闲置大量资金。为了克服整体式刀具系统的这些缺点，各国相继开发了各式各样的高性能模块式刀具系统。

模块式刀具系统是把整体式刀具系统按功能进行分割，做成系列化的标准模块（如刀柄、刀杆、接长杆、接长套、刀夹、刀体、刀头、刀刃等），再根据需要快速地组装成不同用途的刀具，当某些模块损坏时可部分更换。这样既便于批量制造，降低成本，也便于减少用户的刀具储备，节省开支，因此模块式刀具系统在 FMS 中备受推崇。但模块式刀具系统也有刚度不如整体式好，一次性投资偏高的不足之处。

我国制定了图 4-73 所示的"镗铣类整体数控工具系统"标准（按汉语拼音，简称为 TSG 工具系统）和图 4-74 所示的"镗铣类模块式数控工具系统"标准（简称为 TMG 工具系统），它们都采用 GB 10944—1989（JT 系列刀柄）为标准刀柄。

2）刀柄和拉钉

对棱柱体类工件，在选择数控加工中心时，首先应注意图 4-75 所示的标准刀柄与拉钉（见表 4-3），因为它们必须与机床的主轴孔配合；其次是刀具是否与刀库和自动换刀装置的抓取机构相适配。加工中心上常用的是 40、45、50 号，自动换刀机床用 7：24 长锥刀柄。如表 4-3 和表 4-4 所示，我国的 GB 10944—1989、德国的 DIN69871、美国的 ANSIL5.50 都已与 ISO7388 标准趋于一致，能够在主轴端为同一锥度号的加工中心的主轴孔，以及刀库、换刀机械手之间互相通用。

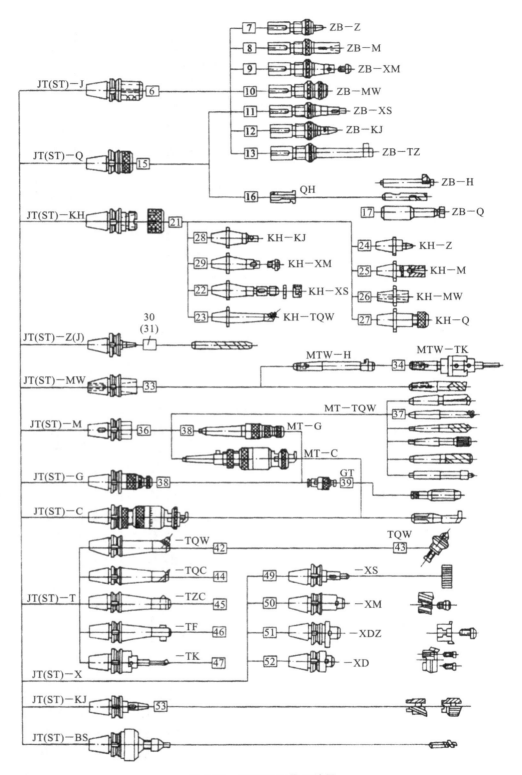

图 4-73　TSG82 工具系统图

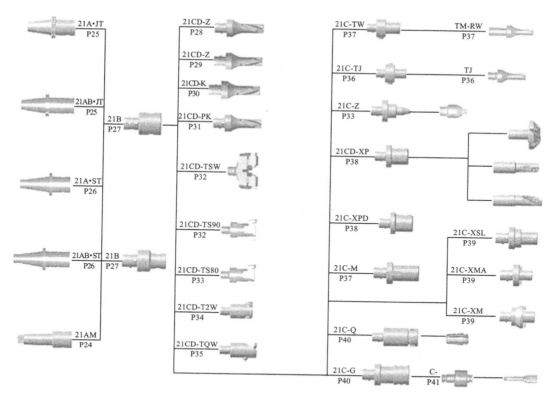

图 4-74　TMG 工具系统

图 4-75　刀柄与拉钉

1—刀柄；2—拉钉

表 4-3　7：24 长锥刀柄

型号	标准号	国际标准 ISO7388（德国标准 DIN69871） （中国标准 GB 10944—1989）（美国标准 ANSIL5.50）
JT40		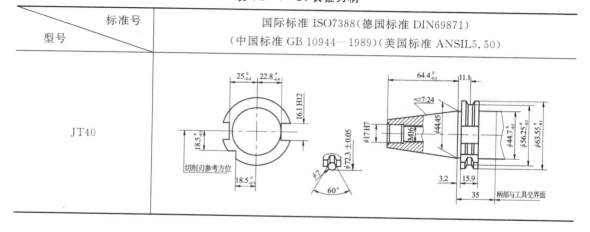

标准号 型号	国际标准 ISO7388(德国标准 DIN69871) (中国标准 GB 10944—1989)(美国标准 ANSIL5.50)
JT45	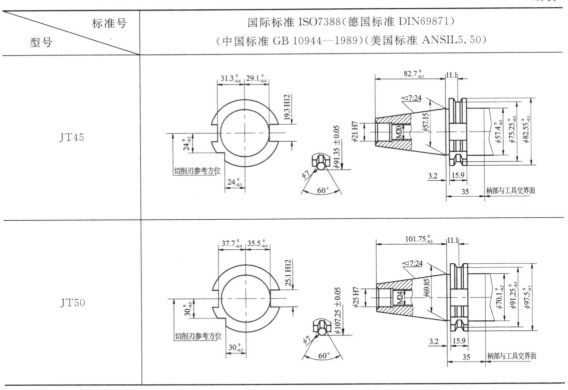
JT50	

表 4-4　ISO 标准 A 型拉钉

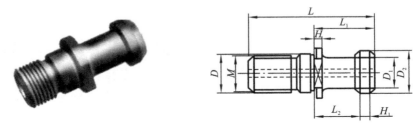

ISO 标准 A 型 ISO 7388/2-Type A 配用 JT 型刀柄

型　　号	D	D_1	D_2	M	L	L_1	L_2	H	H_1
LDA-40	17	14	19	16	54	26	20	4	4
LDA-45	21	17	23	20	65	30	23	5	5
LDA-50	25	21	28	24	74	34	25	6	7

3. 高速加工刀具

目前广泛应用的高速切削刀具主要有:金刚石刀具、立方氮化硼刀具、陶瓷刀具、涂层刀具、TiC(N)基硬质合金刀具、超细晶粒硬质合金刀具等。

如表 4-5 所示,每一种材料的刀具都有其特定的加工范围,只能适应一定的工件材料和一定的切削速度范围,所谓万能刀具是不存在的。

表 4-5　各种刀具材料所适合加工的工件材料

刀　具	高硬钢	耐热合金	钛合金	镍基高温合金	铸铁	纯钢	高硅铝合金	FRP复合材料
PCD 	×	×	○	×	×	×	●	●
PCBN 	●	●	×	●	●		▲	▲
陶瓷 	●	●	×	●	●	▲	×	×
涂层硬质合金 	○	●	●	▲	●	●	▲	▲
TiC(N)基硬质合金 	▲	×	×	×	●	▲	×	×

●—优；○—良；▲—尚可；×—不合适

1）金刚石刀具及其选用

金刚石刀具有极高的硬度和耐磨性、低摩擦因数、高弹性模量、高热导、低热膨胀系数，以及与非铁金属亲和力小等优点，在非铁金属和非金属材料加工中得到了广泛的应用，已成为非铁金属和非金属材料高速加工中不可缺少的重要工具。

天然金刚石刀具主要用于紫铜及铜合金和金、银、铑等贵重有色金属，以及特殊零件的超精密镜面加工，如录像机磁盘、光学平面镜、多面镜和二次曲面镜等。但其结晶各向异性，且刀具价格昂贵。

聚晶金刚石（polycrystalline diamond，PCD）是目前应用广泛的高硬度刀具材料，仅次于天然金刚石，PCD 的性能取决于金刚石晶粒及钴的含量，刀具寿命为硬质合金（WC 基体）刀具的 10～500 倍。在汽车和航空工业的批量生产中，越来越多地应用非金属零部件，加工这些材料时选用 PCD 刀具，在大进给量、大切削量的条件下可获得很高的加工表面质量。

金刚石涂层刀具可以应用于高速加工，原因是除了金刚石涂层刀具具有优良的力学性能外，金刚石涂层工艺能够制备任意复杂形状铣刀，用于高速加工航空材料（如铝钛合金）和难加工非金属材料（如石墨电极）等。

金刚石的热稳定性比较差，切削温度达到 800 ℃时就会失去其硬度；金刚石刀具不适合于加工钢铁类材料，因为金刚石与铁有很强的化学亲和力，在高温下铁原子容易与碳原子相互作用，使其转化为石墨结构，刀具极容易损坏。

2）立方氮化硼刀具及其选用

立方氮化硼（CBN）有单晶体和多晶体之分，即 CBN 单晶和聚晶立方氮化硼（PCBN）。CBN 与金刚石的硬度相近，又具有高于金刚石的热稳定性和对铁族元素的高化学稳定性。CBN 单晶主要用于制作磨料和磨具。

PCBN 是在高温高压下将微细的 CBN 材料通过结合相（TiC、TiN、Al、Ti 等）烧结在一起的多晶材料，是目前利用人工合成的硬度仅次于金刚石的刀具材料。

按其结构的不同，PCBN 刀具也可分为 PCEN 焊接刀具和 PCEN 可转位刀具两大类，如图 4-76 所示。

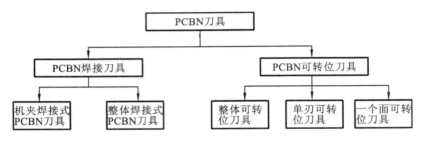

图 4-76　PCBN 刀具的类型

立方氮化硼刀具既能胜任淬硬钢（45～65 HRC）、轴承钢（60～62 HRC）、高速钢（＞62 HRC）、工具钢（57～60 HRC）、冷硬铸铁的高速半精车和精车，又能胜任高温合金、热喷涂材料、硬质合金及其他难加工材料的高速切削加工。可实现以车代磨，大幅度提高加工效率。

目前已有多个品种不同 CBN 含量的 PCBN 刀具用于车削、镗削、铣削等，主要用于高速加工淬硬钢、灰铸铁和高硬铸铁以及某些难加工材料。PCBN 的性能受其中的 CBN 含量、CBN 粒径和结合剂的影响。CBN 含量越高，PCBN 的硬度和耐磨性就越高。

CBN 的颗粒尺寸影响 PCBN 的耐磨性和抗破损性能，颗粒尺寸越大，其抗机械磨损的能力越强，而抗破损的能力减弱。

高速切削铸铁件时，铸铁件的金相组织对高速切削刀具的选用有一定影响，加工以珠光体为主的铸铁件在切削速度大于 500 m/min 时，可使用 PCBN 刀具；加工以铁素体为主的铸铁件时，由于扩散磨损的原因，使刀具磨损严重，不宜使用 PCBN 刀具。

3）陶瓷刀具及其选用

陶瓷刀具具有硬度高、耐磨性好、耐热性好和化学稳定性优良等特点，且不易与金属产生黏结。20 世纪 80 年代以来，陶瓷刀具已广泛应用于高速切削、干切削、硬切削以及难加工材料的切削加工。目前，国内外应用最广泛的陶瓷刀具材料大多数为复相陶瓷，其种类及可能的组合如图 4-77 所示。

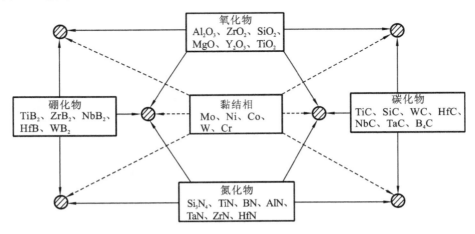

图 4-77　陶瓷刀具材料的种类及可能的组合

4）碳（氮）化铁基硬质合金及其选用

碳（氮）化铁［TiC（N）］基硬质合金是以 TiC 代替 WC 为硬质相，以 Ni、Mo 等作黏结相制成的硬质合金,其中 WC 含量较少,其耐磨性优于 WC 基硬质合金,介于陶瓷和 WC 基硬质合金之间,也称为金属陶瓷。

由于 TiC(N)基硬质合金具有接近陶瓷的硬度和耐热性,加工时与钢的摩擦因数小,且抗弯强度和断裂韧度比陶瓷高。

用物理气相沉积(PVD)涂层方法生产的 TiN 涂层刀具其耐磨性能比用 CVD 涂层法生产的涂层刀具要好,因为前者可很好地保持刃口形状,使加工零件获得较高的精度和表面质量。

TiC(N)基硬质合金化学稳定性好,并具有优异的耐氧化性、抗黏结性和耐磨性,且与钢的亲和力小,适合于中高速(200 m/min 左右)切削模具钢,尤其适合于切槽加工。

对铸铁件的加工,当切削速度低于 750 m/min 时,可选用涂层硬质合金和 TiC(N)基硬质合金。

5) 高速切削刀具的刀柄结构

在切削速度提高到一定的程度以后,切削过程中几乎所有的问题都要从高速来考虑。

(1) 传统主轴的 7：24 锥度前端锥孔在高速运转的条件下,由于离心力的作用会发生膨胀,轴的膨胀量的大小随着旋转半径与转速的增大而增大;但是与之配合的 7：24 锥度实心刀柄膨胀量较小,因此总的锥度连接刚度会降低,在拉杆拉力的作用下,刀具的轴向位置也会发生改变。

主轴锥孔的"喇叭口"状扩张,还会引起刀具及夹紧机构质心的偏离,从而影响主轴的动平衡。要保证这种连接在高速下仍有可靠的接触,需有一个很大的过盈量来抵消高速旋转时主轴锥孔端部的膨胀。例如,标准 40 号锥需要初始过盈量为 $15\sim20~\mu m$,再加上消除锥度配合公差带的过盈量(AT4 级锥度公差带 13 μm),因此这个过盈量很大。这样大的过盈量要求拉杆产生很大的拉力一般很难实现。即使能实现,对快速换刀也非常不利,同时对主轴前轴承也有不良的影响。

(2) 标准锥度 7：24 的锥柄较长,很难实现全长无间隙配合,一般只有 70% 以上接触,因此配合面后段会有一定的间隙,该间隙会引起配合面前段刀具的径向圆跳动,影响主轴部件整体结构的动平衡。

主轴与刀具的连接必须具有很高的重复安装精度,以保证每次换刀后的精度不变,否则即使刀具进行了很好的动平衡处理也无济于事。稳定的重复定位精度有利于提高换刀速度和保持高的工作可靠性。另外,主轴与刀具的连接必须有很高的连接刚度及精度,同时也要对可能产生的振动有衰减作用。

从以上的分析可知,刀具与主轴连接中存在的主要问题是连接刚度、精度、动平衡性能、结构的复杂性、互换性和制造成本等。

为了解决这些问题,各国技术人员采取了多种方法对刀柄结构进行改造或重新设计,如德国的 HSK 刀柄,美国和德国公司共同研制的 KM 刀柄,日本的 BLG-PLUS 刀柄等。

① HSK 刀柄

德国刀具协会与阿亨工业大学等开发的 HSK 双面定位型空心刀柄(见图 4-78)是一种典型的短锥面刀具系统,其接口采用锥面和端面同时定位的方式,刀柄为中空,锥体长度较短,有利于实现换刀轻型化及高速化。由于采用端面定位,完全消除了轴向定位误差,使高速、高精度加工成为可能。这种刀柄在高速加工中心上应用很普遍,被誉为"21 世纪的刀柄"。

HSK 刀柄由锥面(径向)和法兰端面(轴向)共同实现与主轴的刚性连接,由锥面实现刀具与主轴之间的同轴度,锥柄的锥度为 1：10,如图 4-78 和图 4-79 所示。HSK 刀柄结构的主要优点如下。

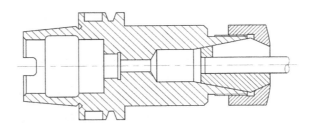

图 4-78　HSK 刀柄(1：10)

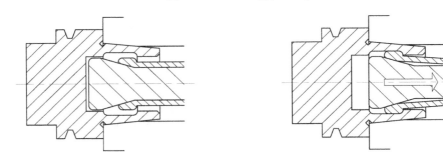

图 4-79　HSK 刀柄与主轴的连接原理

a. 采用锥面、端面过定位的结合形式,能有效地提高结合刚度。

b. 因锥部长度短和采用空心结构后质量较小,故可快速自动换刀。

c. 锥度为 1：10,与锥度为 7：24 相比,可实现无键传递扭矩。

d. 重复安装精度高。

e. 拉刀机构具有良好的高速性能。

② KM 刀柄

KM 刀柄是美国肯纳公司和德国维迪亚公司开发的、与 HSK 刀柄并存的 1：10 短锥空心柄,其结构如图 4-80 所示。KM 刀柄首次提出了端面与锥面双面定位(过定位)原理,KM 刀柄采用了 1：10 短锥配合,配合长度短,仅为标准 7：24 锥柄相近规格长度的 1/3,部分解决了过定位产生的干涉问题。另外,KM 刀柄与主轴锥孔间的配合过盈量较高,可达 HSK 刀柄的 2～5 倍,其连接刚度比 HSK 刀柄高,因而高速性能好。

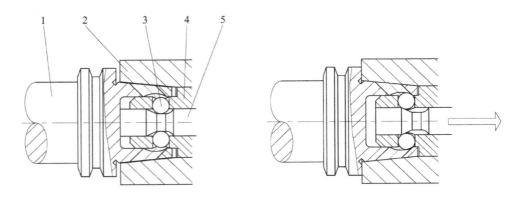

图 4-80　KM 刀柄的结构

1—刀柄;2—主轴;3—锁紧钢球;4—套筒;5—锁闭杆

③ BLG-PLUS 刀柄

日本的 BLG-PLUS 刀柄仍然采用 7∶24 锥柄,因此可与现有的 7∶24 刀柄完全兼容,不会增加额外的刀具成本。

如图 4-81 所示,BLG-PLUS 刀柄的结构设计可保证刀柄主轴与主轴端面的间隙约 20 μm,锁紧时可利用主轴内孔的弹性膨胀对该间隙进行补偿,以确保刀柄与主轴端面贴紧。这种两面约束(过定位)的夹持系统弥补了传统工具系统的许多不足,代表了刀具-机床接口技术的主流方向,必将得到越来越广泛的应用。

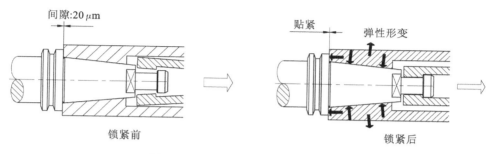

图 4-81 BLG-PLUS 刀柄的装夹原理

日本 BLG-PLUS 刀柄在高的切削参数下,比现有的传统刀柄更可靠,并提高加工效率。刀柄的跳动减少,重复换刀精度提高,延长刀具的寿命,提高加工质量和加工的安全性。因此在高速切削领域可实现很高的加工精度。

6) 刀具系统的平衡

当加工中心机床主轴转速高达 10000 r/min 以上时,高速旋转的刀具(包括夹持刀柄)存在的不平衡量所产生的离心力将对主轴轴承、机床部件等施加周期性载荷,从而引起振动,这将对主轴轴承、刀具寿命和加工质量造成不利影响。因此,高速切削加工对旋转刀具提出了严格的动平衡要求。研究高速旋转刀具的动平衡技术,有效控制刀具不平衡量是研制开发和推广应用高速切削技术的必要前提和配套技术。

旋转刀具的动平衡原理与一般旋转零件的动平衡原理相似。首先,刀具结构的设计应尽可能对称;其次,在需要对刀具进行平衡时,可根据测出的不平衡量采用刀柄去重或调节配重等方法实现平衡。

由于刀具品种不同,具体采用的平衡方法也不相同。图 4-82 所示为法国 EPB 公司特制

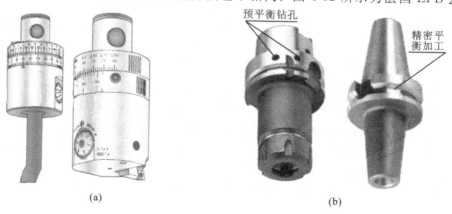

(a)   (b)

图 4-82 法国 EPB 公司的平衡刀具(柄)产品

图 4-83　德国 Walter 公司平衡高速端面铣刀
1—平衡调整螺钉；2—高强度铝合金刀体

的平衡刀具（柄）产品。图 4-82（a）所示的产品内装了平衡配重机构，并设置了配重刻度，通过转动配重环，调整其相对位置，即可补偿因刀具结构不对称或调刀引起的不平衡量，图 4-82（b）所示的则是经钻孔（或磨削）去重的刀柄。图 4-83 所示为德国 Walter 公司采用螺钉调节不平衡量的高速端面铣刀。

4.2.2　超硬磨具

超硬磨具是指用人造金刚石或立方氮化硼超硬磨料所制成的磨具，是磨具的一大系列。

由超硬磨料制成的磨具，其优越性主要表现在以下几个方面。

（1）硬度是决定磨料性能的主要特性。超硬磨料本身具有极高的硬度，故可加工各种高硬度材料，特别适用于普通磨料难以加工的材料。例如，用金刚石磨具加工硬质合金以及陶瓷、玛瑙、光学玻璃、半导体材料、石材、混凝土等非金属材料和非铁金属等；用立方氮化硼磨具加工工具钢、模具钢、不锈钢、耐热合金等，特别是加工高钒高速钢等金属，均可获得满意的加工效果。

（2）超硬磨具的磨损少，使用周期长，磨削比高，在合理使用的条件下，可获得良好的经济效果，特别是对用普通磨料难以加工的材料，经济效果更佳。

（3）超硬磨具的形状和尺寸在使用中变化极为缓慢，有利于磨削操作，加工中也无须经常更换砂轮，可大大节约工时，更适合在自动线上加工高精度零件。超硬磨具在使用中很少修整，某些树脂结合剂超硬磨具甚至可以不需要修整，因而大大改善了劳动条件。

（4）超硬磨具能长时间保持锋利的切削刃，因此磨削力较小，这不但有利于被加工零件的精度的提高，而且还可减少机床的动力消耗。

（5）超硬磨具的磨削温度较低，可大大提高被加工工件的表面质量，避免零件出现裂纹、烧伤、组织变化等弊病，还大为改善零件加工表面的应力状况，有利于零件使用寿命的延长，使综合经济指标得以改善。

1. 金刚石砂轮

以金刚石磨料为原料，用金属粉、树脂粉、陶瓷和电镀金属作黏结剂，制成的中央有通孔的圆形固结磨具称为金刚石砂轮。

1）金刚石砂轮的结构

金刚石砂轮结构一般由工作层、基体、过渡层三部分组成。

工作层又称金刚石层，由磨料、黏结剂和填料组成，是砂轮的工作部分。过渡层又称非金刚石层，由黏结剂、金属粉和填料组成，是将金刚石层牢固地连接在基体上的部分。

基体用于承接磨料层，并在使用时用法兰盘牢固地夹持在磨床主轴上。一般金属黏结剂制品选用钢材、合金钢粉作基体；树脂黏结剂选用铝合金、电木作基体。基体起支承工作层和装卡磨具的作用。砂轮成形质量的好坏和使用精度的高低都与基体有很大关系。

2）金刚石砂轮的分类

金刚石砂轮按黏结剂可分为：树脂黏结剂金刚石砂轮；陶瓷黏结剂金刚石砂轮（见图

4-84）；金属（青铜）黏结剂金刚石砂轮。

金刚石砂轮按生产工艺可分为：烧结式金刚石砂轮（树脂黏结剂金刚石砂轮；陶瓷黏结剂金刚石砂轮；金属黏结剂金刚石砂轮）；电镀金刚石砂轮；钎焊金刚石砂轮。

金刚石砂轮按磨削方式可分为：磨钻石用金刚石砂轮；磨硬质合金用金刚石砂轮（金刚石刀磨砂轮）；磨金刚石复合片用金刚石砂轮；无芯磨床用无心磨金刚石砂轮；磨陶瓷制品用金刚石砂轮；切割用金刚石砂轮（也被称为金刚石切割片）；金刚石锯片。

金刚石砂轮按外观或形状可分为：平行砂轮，筒形砂轮，杯形砂轮，碗形砂轮，碟形砂轮，磨边砂轮，磨盘等。

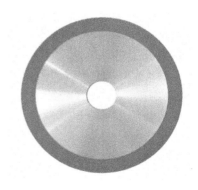

图 4-84　陶瓷黏结剂金刚石砂轮

3）用途

由于金刚石磨料所具有的特性（硬度高、抗压强度高、耐磨性好），使金刚石磨具在磨削加工中成为磨削硬脆材料及硬质合金的理想工具，不但效率高、精度高，而且加工的工件粗糙度低、磨具消耗少、使用寿命长，同时还可改善劳动条件。因此广泛用于普通磨具难于加工的低铁含量的金属及非金属硬脆材料，如硬质合金、高铝瓷、光学玻璃、玛瑙宝石、半导体材料、石材等。

金刚石砂轮用于玻璃、陶瓷、铁氧体、半导体材料等硬脆性材料和金属材料的研磨加工、硬质合金材料的外形加工、电解磨削加工，以及磨削加工中心用金刚石钻头的磨削等重负荷切割，具有磨削耐磨性好、效率高、使用寿命长的特点。

2. CBN 砂轮

立方氮化硼（cubic boron nitride）是由美国通用电气（GE）公司利用人工方法在高温高压条件下合成的，其硬度仅次于金刚石而远远高于其他材料，因此它与金刚石统称为超硬材料。

CBN 是由六方氮化硼和触媒在高温高压下合成的，是继人造金刚石问世后出现的又一种新型高新技术产品。它具有很高的硬度、热稳定性和化学惰性，以及良好的透红外形和较宽的禁带宽度等优异性能，它的硬度仅次于金刚石，但热稳定性远高于金刚石，对铁系金属元素有较大的化学稳定性。CBN 磨具的磨削性能十分优异，不仅能胜任难磨材料的加工，提高生产率，还能有效地提高工件的磨削质量。CBN 的使用是对金属加工的一大贡献，导致磨削发生革命性变化，是磨削技术的第二次飞跃。

1）CBN 砂轮的特点

（1）热稳定性好。因 CBN 砂轮其耐热性（1250～1350 ℃）比金刚石砂轮（800 ℃）高，当磨削出现火花时，仍能保持其优良的磨削性能。

（2）化学惰性强。CBN 砂轮不易和铁族元素产生化学反应，故适于磨削各种高速钢、工具钢、高合金淬硬钢、铬钢、镍合金、粉末冶金钢和高温合金等高温硬度高、热传导率低的材料。

（3）CBN 砂轮寿命长，在整个切削过程中能保持其较好的切削性能，因此有利于实现加工自动化。

（4）磨削效率高。CBN 砂轮线速度最高达到 30～50 m/s 及以上速度。

（5）加工表面质量好，工件耐用度提高。由于 CBN 砂轮磨削时切削锋利，磨削力小，磨削能获得较高的尺寸精度与较低的表面粗糙度，加工表面不易产生裂纹和烧伤，残余应力小，提高了工件的抗压抗疲劳强度，工件的耐用度因此提高 10%～30%。砂轮的弹性模量大，热膨胀小,韧度好,砂轮变形小,形状保持性好,可获得精确尺寸和表面粗糙度低的加工件。

（6）加工成本低。虽然 CBN 砂轮比普通材质砂轮价格高,但具有加工效率高、表面质量好、寿命长、容易控制尺寸精度、辅助工时少、废品率低等优点,所以综合成本十分低廉。

（7）CBN 砂轮不宜磨削硬质合金和非金属硬材料,在磨削高温下,CBN 磨粒遇碱性水溶液会发生化学反应,反应结果将使磨粒晶形破坏。所以,CBN 砂轮磨削时,只能选用油性冷却液,而不能用水基冷却液。

图 4-85　陶瓷黏结剂 CBN 砂轮

2）CBN 砂轮的应用

CBN 砂轮的选择和金刚石砂轮的选择相类似。但在黏结剂的选用上,大部分是树脂黏结剂,次之是电镀,金属黏结剂。

陶瓷黏结剂 CBN 砂轮（见图 4-85）主要用于钛合金、高速钢、可锻铸铁等难加工的金属磨削。

树脂黏结剂 CBN 砂轮适用于磨削铁磁性材料,是加工钢材的理想选择。

4.2.3　冲压模具

1. 概述

模具是指在冲裁、成形冲压、模锻、冷镦、挤压、粉末冶金件压制、压力铸造,以及工程塑料、橡胶、陶瓷等制品的压塑或注塑的成形加工中,用以在外力作用下使坯料成为有特定形状和尺寸的制件的工具。

模具一般分为两个部分:动模和定模,或凸模和凹模。它们可分可合。分开时装入坯料或取出制件,合上时使坯料成形。在冲裁、成形冲压、模锻、冷镦、压制和压塑过程中,分离或成形所需的外力通过模具施加在坯料上;在挤压、压铸和注塑过程中,外力则由气压、柱塞、冲头等施加在坯料上,模具承受的是坯料传递的压力。

模具除其本身外,还需要模座、模架、导向装置和制件顶出装置等,这些部件一般都是制成通用型,以适用于一定范围的不同模具。

模具基本上是单件生产的,其形状复杂,对结构强度、刚度、表面硬度、表面粗糙度和加工精度都有很高的要求,所以模具生产需要有很高的技术水平。模具的及时供应及其质量直接影响产品的质量、成本和新产品研制。因此,模具生产的水平是机械制造水平的重要标志之一。

加工金属的模具按所采用的加工工艺分类如下。

（1）冲压模。包括:冲裁模、弯曲模、拉深模、翻孔模、缩孔模、起伏模、胀形模、整形模等。

（2）锻模。包括:模锻用锻模、镦锻模等,以及挤压模和压铸模。

（3）用于加工非金属和粉末冶金的模具,则按加工对象命名和分类,有塑料模、橡胶模和粉末冶金模等。

冲压模具是在冷冲压加工中,将材料（金属或非金属）加工成零件（或半成品）的一种特殊工艺装备,称为冷冲压模具（俗称冷冲模）。冲压是在室温下,利用安装在压力机上的模具对材料施加压力,使其产生分离或塑性变形,从而获得所需零件的一种压力加工方法。

冲压模是用于板料冲压成形和分离的模具。成形用的模具有型腔,分离用的模具有刃口。最常用的冲压模只有一个工位,完成一道生产工序。这种模具应用普遍,结构简单,制造容易,但生产效率低。为提高生产率,可将多道冲压工序,如落料、拉深、冲孔、切边等安排在一个模具上,使坯料在一个工位上完成多道冲压工序,这种模具称为复合模。

另有将落料、弯曲、拉深、冲孔和切边等多道工序安排在一个模具的不同工位上,在冲压过程中坯料依次通过多工位被连续冲压成形,至最后工位成为制件,这种模具称为级进模,又称连续模。

冲压模具的特点是:精度高,尺寸准确,有些冲裁模的凸模与凹模的间隙近于零;冲压速度快,每分钟可冲压数十次至上千次;模具寿命长,有些硅钢片冲裁模寿命在几百万次以上。这里仅介绍较简单的中小零件冲裁与拉深模具。

2. 冲裁模具

冲裁模包括:落料模、冲孔模、切断模、切边模、半精冲模、精冲模及整修模等。

1) 冲裁模的分类

(1) 按完成冲压工序的组合程度,冲裁模可分为:简单模、级进模和复合模。

① 简单模。简单模即在压力机的一次冲压行程中,完成一道工序的模具,图 4-86 所示为导柱式简单落料模。上、下模利用导柱 1、导套 2 的滑动配合导向。虽然采用导柱导套导向会增大模具轮廓尺寸,使模具笨重,增加模具成本,但导柱、导套是圆柱形结构,其制造不复杂,容易达到高的精度,且可进行热处理,使导向面具有高的硬度,还可以制成标准件。

由于导柱导套导向比导板可靠,导向精度高,使用寿命长,更换安装方便,故在大量和成批生产中广泛采用导柱式冲裁模。

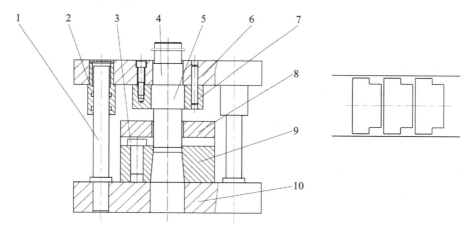

图 4-86　导柱式简单落料模

1—导柱;2—导套;3—挡料销;4—模柄;5—凸模;6—上模板;

7—凸模固定板;8—刚性卸料板;9—凹模;10—下模板

② 级进模。在压力机一次行程中,在模具不同部位上完成前后两次冲裁中有连续的数道冲压工序的模具称为级进模。级进模所完成的冲压工序均分布在坯料的送进方向上,如冲垫圈时,先在模具的第一个位置上冲孔,然后在第二个位置上落料。这样的模具就是一种级进模,又如,在刚带或条料上做连续拉深也是用的级进模。

③ 复合模。压力机一次行程中在模具平面的同一位置上完成两道以上冲压工序的模具称为复合模。如垫圈生产,坯料送进至模具的同一坐标位置,于压力机的一次行程中,完成冲孔和落料,其模具就是一种复合模,又如一般所谓落料拉深模也是一种复合模,且是落料完后再拉深。

三种模具的简单比较如表 4-6 所示。

表 4-6　三种模具的比较

项目 ＼ 模具	简 单 模	级 进 模	复 合 模
外形尺寸	小	大	中
复杂程度	简单	较复杂	复杂
工作条件	不太好	好	好
生产效率	低	最高	高
工件精度	低	高	最高
模具成本	低	高	高
模具加工	易	难	难
设备能力	小	大	中
生产批量	以中、小批量为主	以大批、大量为主	

（2）按有无导向装置和不同的导向装置形式可分为：无导向的开式模、有导向的导板模（导板有时可兼作卸料板或为凸模导向）、导筒模、导柱模等。

（3）按挡料或定位方式可分为：带固定挡料销、带活动挡料销、带导正销和带侧刃及挡板式冲模。

（4）按卸料方式可分为：带刚性卸料板和带弹性卸料板的冲模。

（5）按进料、出件及排除废料的方式可分为：手动模，半自动模和全自动模。

（6）按模具零件组合通用程度可分为：专用模（包括简易模）和组合通用模（或称组合冲模）。

（7）按凸模凹模采用的材料可分为：钢模、硬质合金模、聚氨酯模、低熔点合金模等。

（8）按模具轮廓可分为：大型模、中型模、小型模等。

2）冲裁模的组成

一般来说，冲裁模都是由固定部分和活动部分组成，固定部分用压板、螺栓紧固在压力机的工作台上；活动部分固定在压力机的滑块上。通常紧固部分为下模，活动部分为上模。上模随着滑块做上下往复运动，从而进行冲压工作。

任何一副冲裁模都是由各种不同的零件组成，也可以由几十个甚至由上百个零件组成。但无论它们的复杂程度如何，冲裁模上的零件都可以根据其作用分为五种类型。

（1）工作零件。工作零件作用是直接使被加工材料变形、分离，从而加工成工件，如凸模、凹模、凸凹模等。

（2）定位零件。定位零件的作用是控制条料的送进方向和送进距离，确保条料在冲模中的正确位置。定位零件有挡料销、导正销、导尺、定位销、定位板、侧压板等。

（3）压料、卸料和顶料零件。压料、卸料与顶料零件包括冲裁模的卸料板、顶出器、废料切刀、拉深模中的压边圈等。这类零件的作用是保证在冲压完毕后，将工件或废料从模具中排出，以使下次冲压顺利进行。而拉深模中的压边圈的主要作用是防止板料毛坯失稳起皱。

（4）导向零件。导向零件的作用是保证上模对下模相对运动精确导向，使凸模和凹模之间保持均匀的间隙，提高冲压件的品质。导柱、导套、导筒等属于这类零件。

　　（5）固定零件。固定零件包括上模板、下模板、模柄、凸模和凹模的固定板、垫板、限位器、弹性元件、螺栓、销钉等。这类零件的作用是使上述四类零件连接和固定在一起，构成整体，保证各零件的相互位置，并使冲模能安装在压力机上。

　　当然，并非所有的冲裁模都具备上述的五种零件。在试制或小批量生产时，为了缩短试制周期和降低成本，可以把冲模简化成只有工作零件、卸料零件和几个固定零件的简易模具；而在大批、大量生产时，为了确保工件品质和模具寿命及提高劳动生产率，冲裁模上除了包括上述五类零件外，还附加自动送、出料装置。

　　3. 拉深模具

　　1）变形趋向性分析及控制

　　（1）合理确定坯料和半成品的尺寸。如图 4-87 所示，环形坯料尺寸 D_0、d_0 与 d_T 相互关系发生改变时，则可产生拉深、翻边和胀形三种变形趋向，其尺寸关系如表 4-7 所示。

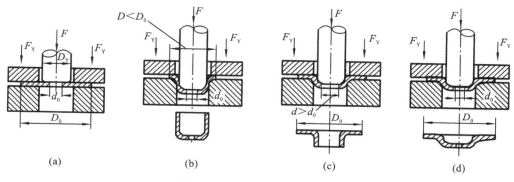

图 4-87　环形毛坯的变形趋向

（a）变形前的模具与毛坯　（b）拉深　（c）翻边　（d）胀形

表 4-7　平板环型毛坯的尺寸关系

尺寸关系	变形方式
$D_0/d_T<1.5\sim2$；$d_0/d_T<0.15$	拉深
$D_0/d_T>2.5$；$d_0/d_T>0.2\sim0.3$	翻边
$D_0/d_T>2.5$；$d_0/d_T<0.15$	胀形

　　在塑性变形中，破坏了金属的整体平衡而强制金属流动，当金属质点有向几个方向移动的可能时，它向阻力最小的方向移动。换句话说，在冲压加工中，板料在变形过程中总是沿着阻力最小的方向发展，这就是塑性变形中的最小阻力定律。例如，将一块方形板料压深成圆筒形制件，当凸模将板料压入凹模时，距凸模中心越远的地方（即方形料的对角线处），流动阻力越大，越不易向凹模洞口流动，拉深变形后，凸缘形成弧状而不是直线边，如图 4-88 所示。最小阻力定律说明了在冲压生产中金属板料流动的趋势，控制金属流动就可控制变形的趋向性。影响金属流动的因素主要是材料本身的特性和应力状态，而应力状态与冲压工序的性质、工艺参数和模具结构参数（如凸模、凹模工作部分的圆角半径、摩擦和间隙等）有关。

　　① 当 D_0/d_T 与 d_0/d_T 都小时，D—d_T 的外环部分为弱区，可得到外径收缩的拉深变形。

　　② 当 D_0/d_T 与 d_0/d_T 都大时，d_T—d_0 的内环为弱区，可得到内孔扩大的翻边变形。

　　③ 当 D_0/d_T 大而 d_0/d_T 小时，外环拉深或内环翻边变形均很困难，而内外环中间部分为弱区，可得到中间部分板料变薄的胀形变形。

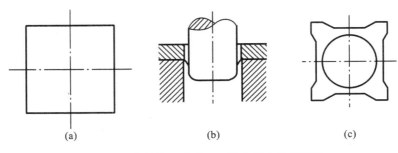

图 4-88　方板拉深试验——最小阻力定律试验

(a)毛坯　(b)拉深　(c)制件

（2）改变模具工作部分的几何形状和尺寸。如增大凸模圆角半径，减小凹模圆角半径，可使拉深阻力增大，翻边阻力减小，这样则有利于翻边成形的进行。

（3）改变坯料与模具接触表面间的摩擦阻力。如果采用润滑，减小压边力，则有利于拉深成形。

（4）采用局部加热或深冷，降低变形区的变形抗力，提高传力区的强度。如对不锈钢板料进行拉深时，对传力区采取冷却方法来阻止其产生变形，或对变形区进行加热来降低变形抗力，以提高变形区塑性。

2）组合型活动式拉深模

在一般拉深工艺中，每一道拉伸工序都对应一副拉深模，这样模具的设计和制造成本较高。图 4-89 所示为零件图，图 4-90 所示为该零件的组合式多次拉伸的结果。该模具结构有工作零件更换方便的特点。

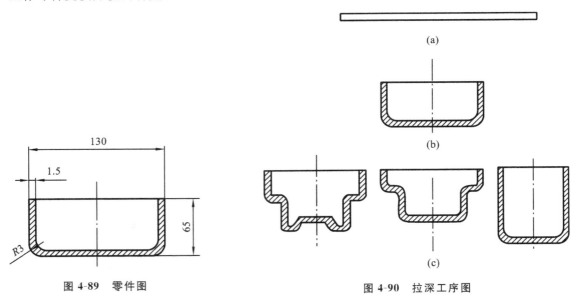

图 4-89　零件图

图 4-90　拉深工序图

图 4-91 所示的模具除了凸模固定座 10 和模架之外，其余零件都是活动的，可根据需要进行更换。拉伸凸模 8 用螺钉 9 固定在凸模固定座上。凹模 5 被螺钉 3 顶紧，并用圆锥销定位。

拉伸凸模与凸模固定座孔、凹模套 4 与下模座 1 之间、凹模 5 与凹模套 4 都采用 H7/f6 的配合。

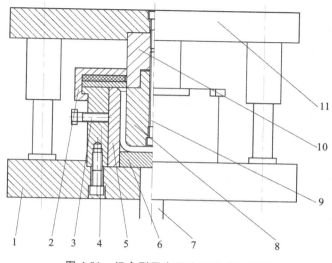

图 4-91　组合型固定压边活动式拉深模

1—下模座；2—压料装置；3—螺钉；4—凹模套；5—凹模；6—顶料板；

7—顶杆；8—拉深凸模；9—螺钉；10—凸模固定座；11—上模座

更换凸模 8、凹模 5、顶料板 6 时可以不卸下模架，缩短了更换模具的时间。减少了模具的成本。

（1）工作零件的设计及安装。如图 4-91 所示零件，拉伸直径为 $\phi130$ mm，高为 60 mm，厚为 1.5 mm 的筒形零件，展开料尺寸为 $\phi210$ mm。

凹模套 4 的高度尺寸应根据拉深件形状及高度确定，但至少应大于零件的高度与顶料板的厚度之和。其余零件尺寸设计按常规要求。

由于凹模套与凹模、凸模柄与固定座之间是间隙配合，在更换这两个零件后，通过试拉伸和调整间隙，然后将螺钉拧紧。

该模具用于拉伸系数较大的、用两次拉伸可完成的零件，对于带凸台的拉伸件更显优势。对于拉伸系数较小，需多次拉伸的零件，因工作零件设计较麻烦而不宜采用。

（2）压边圈的设计。首次拉伸时，模具必须有压边装置。该模具采用了一种特殊的固定压边装置，如图 4-92 所示。该装置有如下一些特点。

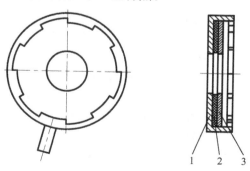

图 4-92　压边圈

1—固定压边圈；2—橡胶垫；3—压料板

① 内扣式的锁紧方法。如图 4-92 所示，扣齿结构类似高压锅盖。压料时，用固定压边圈 1 将坯料压在凹模之上，并加力顺时针旋转 30°，这样锁紧很方便、也很可靠。应注意的是：扣

齿沿旋转方向应加工成一定斜度,以利于锁扣(见图 4-92)。

② 可调式压料板。压料板 3 用沉头螺钉固定在压边圈 1 上,中间放一层橡胶垫。为了保证只有一定的压边力,可根据每次拉伸板料的厚度,在压料板 3 的后面加垫片调整,或拆下另行更换新的压料板。

③ 弹性压料。这种装置不同于一般固定压边圈,它在压料板 3 与固定压边圈 1 之间增加了一个弹性橡胶垫 2,该橡胶垫厚度视拉伸板料厚度而定,一般取 3~5 mm。压边圈锁紧后,橡胶被预压 0.5 mm 左右。在整个拉伸过程中,可给坯料一个比较平稳的压边力,并且基本上不随冲床的行程而变化,从而有效地防止了起皱和开裂的产生。采用弹簧与橡胶的活动压边圈比较,它克服了随拉伸进行压边力不断增大而拉裂的现象,同时,降低了模具的高度。它具有刚性压边的效果,但又不需要双动压床。

④ 固定压边圈。如图 4-92 所示,设计固定边圈外径为 ϕ270 mm,内孔 ϕ130 mm,厚度 28 mm,全部压边装置(包括 8 mm 厚的压料板,5 mm 厚的胶垫)的质量仅为 4.2 kg。

该模具拉伸出的零件平整、光滑、表面质量高。对生产批量小、品种繁多、尺寸相差不大、形状简单的圆筒形拉伸件有明显的优势,且具有实用价值。

4.2.4　光滑极限量规

量具按其用途可分为以下三大类。

(1) 标准量具。指用作测量或检定标准的量具。如量块、多面棱体、表面粗糙度比较样块等。

(2) 通用量具(或称万能量具)。一般指由量具厂统一制造的通用性量具。如直尺、平板、角度块、卡尺等。

(3) 专用量具(或称非标量具)。指专门为检测工件某一技术参数而设计制造的量具。如内外沟槽卡尺、钢丝绳卡尺、步距规等,光滑极限量规也属于此类。

光滑极限量规是具有孔或轴的最大极限尺寸和最小极限尺寸为公称尺寸的标准测量面(测头),能反映控制被检孔或轴边界条件的无刻线长度测量器具。使用量规可检验被检尺寸不超过最大极限尺寸,以及不小于最小极限尺寸,其结构简单,通常是一些具有准确尺寸和形状的实体,分通端(规)和止端(规),如圆柱体、圆锥体、块体平板等。

光滑圆柱体工件的检验可用通用测量器具,也可以用光滑极限量规。特别是大批、大量生产时,通常应用光滑极限量规检验工件。

1. 光滑极限量规作用与分类

光滑极限量规是一种没有刻线的专用测量器具。它不能测得工件实际尺寸,而只能确定被测工件的尺寸是否在它的极限尺寸范围内,从而对工件作出合格性判断。

光滑极限量规的基本尺寸就是工件的基本尺寸,通常把检验孔径的光滑极限量规称为塞规(见图 4-93(a)),把检验轴径的光滑极限量规称为环规或卡规(见图 4-93(b))。不论塞规还是环规或卡规都包括两个量规:一个是按被测工件的最大实体尺寸制造的,称为通规,也称为通端;另一个是按被测工件的最小实体尺寸制造的,称为止规,也称为止端。

检验时,塞规或环规都必须把通规和止规联合使用。例如使用塞规检验工件孔时(见图 4-94),如果塞规的通规通过被检验孔,说明被测孔径大于孔的最小极限尺寸;塞规的止规塞不进被检验孔,说明被测孔径小于孔的最大极限尺寸。于是,知道被测孔径大于最小极限尺寸且小于最大极限尺寸,即孔的作用尺寸和实际尺寸在规定的极限范围内,因此被测孔是合格的。

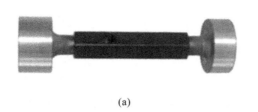
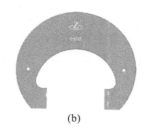

(a)　　　　　　　　　　　　　　　　　　　　　(b)

图 4-93　光滑极限量规

(a)塞规　(b)卡规

同理,用卡规的通规和止规检验工件轴径时(见图 4-95),通规通过轴,止规通不过轴,说明被测轴径的作用尺寸和实际尺寸在规定的极限范围内,因此被测轴径是合格的。

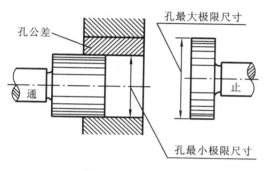
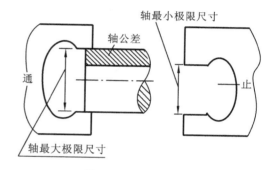

图 4-94　塞规应用　　　　　　　　　　图 4-95　卡规的应用

由此可知,不论塞规还是卡规,如果通规通不过被测工件,或者止规通过了被测工件,即可确定被测工件是不合格的。

根据量规不同用途,分为工作量规、验收量规和校对量规三类。

(1)工作量规。指工人在加工时用来检验工件的量规。一般用的通规是新制的或磨损较少的量规。工作量规的通规用代号"T"来表示,止规用代号"Z"来表示。

(2)验收量规。指检验部门或用户代表验收工件时用的量规。一般检验人员用的通规为磨损较大但未超过磨损极限的旧工作量规;用户代表用的是接近磨损极限尺寸的通规,这样由生产工人自检合格的产品,检验部门验收时也一定合格。

(3)校对量规。指用以检验轴用工作量规的量规。它检查轴用工作量规在制造时是否符合制造公差,在使用中是否已达到磨损极限所用的量规。校对量规可分为三种。

①"校通-通"量规(代号为 TT)检验轴用量规通规的校对量规;

②"校止-通"量规(代号为 ZT)检验轴用量规止规的校对量规;

③"校通-损"量规(代号为 TS)检验轴用量规通规磨损极限的校对量规。

2. 光滑极限量规的设计原理

加工完的工件,其实际尺寸虽经检验合格,但由于形状误差的存在,也有可能出现不能装配、装配困难或即使偶然能装配,也达不到配合要求的情况。故用量规检验时,为了正确地评定被测工件是否合格,是否能装配,对于遵守包容原则的孔和轴,应按极限尺寸判断原则(即泰勒原则)验收。

泰勒原则是指工件的作用尺寸不超过最大实体尺寸(即孔的作用尺寸应大于或等于其最

小极限尺寸;轴的作用尺寸应小于或等于其最大极限尺寸),工件任何位置的实际尺寸应不超过其最小实体尺寸(即孔任何位置的实际尺寸应小于或等于其最大极限尺寸;轴任何位置的实际尺寸应大于或等于其最小极限尺寸)。

作用尺寸由最大实体尺寸限制,就把形状误差限制在尺寸公差之内;另外,工件的实际尺寸由最小实体尺寸限制,才能保证工件合格并具有互换性,并能自由装配,也符合泰勒原则验收的工件是能保证使用要求的。符合泰勒原则的光滑极限量规应达到如下要求。

(1) 通规用来控制工件的作用尺寸,它的测量面应具有与孔或轴相对应的完整表面,称为全形量规,其尺寸等于工件的最大实体尺寸,且其长度应等于被测工件的配合长度。

(2) 止规用来控制工件的实际尺寸,它的测量面应为两点状的,称为不全形量规,两点的尺寸应等于工件的最小实体尺寸。

若光滑极限量规的设计不符合泰勒原则,则对工件的检验可能造成错误判断。以图 4-96 为例,分析量规形状对检验结果的影响。被测工件孔为椭圆形,实际轮廓从 X 方向和 Y 方向都已超出公差带,已属废品。但若用两点状通规检验,可能从 Y 方向通过,若不作多次不同方向检验,则可能发现不了孔已从 X 方向超出公差带。同理,若用全形止规检验,则根本通不过孔,发现不了孔已从 Y 方向超出公差带。这样,由于量规形状不正确,实际应用中的量规由于制造和使用方面的原因,常常偏离泰勒原则。例如,为了用已标准化的量规,允许通规的长度小于工件的配合长度;对大尺寸的孔、轴用全形通规检验,既笨重又不便于使用,允许用不全形通规;对曲轴轴径由于无法使用全形的环规通过,允许用卡规代替。

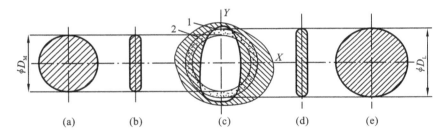

图 4-96　量规工作部分的形状对检验结果的影响
(a)全形通规　(b)两点式通规　(c)工件　(d)两点式止规　(e)全形止规
1—实际孔;2—孔公差带

对止规也不一定全是两点式接触。由于点接触容易磨损,一般常以小平面、圆柱面或球面代替点;检验小孔的止规,常便于制造的全形塞规。同样,对刚度差的薄壁件,由于考虑受力变形,常用全形的止规。光滑极限量规的国家标准规定,使用偏离泰勒原则的量规时,应保证被检验的孔、轴的形状误差(尤其是轴线的直线度、圆度)不影响配合性质。

3. 光滑极限量规的公差

作为量具的光滑极限量规,其本身也相当于一个精密工件,制造时和普通工件一样,不可避免地会产生加工误差,同样需要规定制造公差。量规制造公差的大小不仅影响量规的制造难易程度,还会影响被测工件加工的难易程度以及对被测工件的误判。为确保产品质量,国家标准 GB/T 1957—1998 规定量规公差带不得超越工件公差带。

通规由于经常通过被测工件会有较大的磨损,为了延长使用寿命,除规定了制造公差外,还规定了磨损公差。磨损公差的大小决定了量规的使用寿命。止规不经常通过被测工件,故磨损较少,所以不规定磨损公差,只规定制造公差。

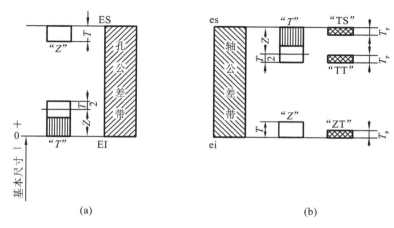

图 4-97　量规公差带图

(a)孔用工作量规公差带　　(b)轴用工作量规及其校对量规公差带

图 4-97 所示为光滑极限量规国家标准规定的量规公差带。工作量规"通规"的制造公差带对称于 Z 值且在工件的公差带之内,其磨损极限与工件的最大实体尺寸重合。

工作量规"止规"的制造公差带从工件的最小实体尺寸起,向工件的公差带内分布。校对量规公差带的分布如下。

"校通-通"量规(TT)的作用是防止通规尺寸过小(制造时过小或自然时效时过小)。检验时应通过被校对的轴用通规,其公差带从通规的下偏差开始,向轴用通规的公差带内分布。

"校止-通"量规(ZT)的作用是防止止规尺寸过小(制造时过小或自然时效时过小)。检验时应通过被校对的轴用止规,其公差带从止规的下偏差开始,向轴用止规的公差带内分布。

"校通-损"量规(TS)的作用是防止通规超出磨损极限尺寸。检验时,若通过了,则说明所校对的量规已超过磨损极限,应予报废。其公差带是从通规的磨损极限开始,向轴用通规的公差带内分布。

国家标准规定检验各级工件用的工作量规的制造公差"T"和通规公差带的位置要素"Z"值,列于表 4-8。表 4-8 中的"T"和"Z"的数值是考虑量规的制造工艺水平和使用寿命等因素,按表 4-9 的规定确定的。

表 4-8　IT6～IT16 级工作量规制造公差"T"和通规公差带位置要素"Z"值(GB/T 1957—2006)

单位:μm

工件基本尺寸/mm	IT6		IT7		IT8		IT9		IT10		IT11		IT12		IT13		IT14		IT15		IT16	
	T	Z	T	Z	T	Z	T	Z	T	Z	T	Z	T	Z	T	Z	T	Z	T	Z	T	Z
～3	1	1	1.2	1.6	1.6	2	2	3	2.4	4	3	6	4	9	6	14	9	20	14	30	20	40
3～6	1.2	1.4	1.4	2	2	2.6	2.4	4	3	5	4	8	5	11	7	16	11	25	16	35	25	50
6～10	1.4	1.6	1.8	2.4	2.4	3.2	2.8	5	3.6	6	5	9	6	13	8	20	13	30	20	40	30	60
10～18	1.6	2	2	2.8	2.8	4	3.4	6	4	8	6	11	7	15	10	24	15	35	25	50	35	75
18～30	2	2.4	2.4	3.4	3.4	5	4	7	5	9	7	13	8	18	12	28	18	40	28	60	40	90
30～50	2.4	2.8	3	4	4	6	5	8	6	11	8	16	10	22	14	34	22	50	34	75	50	110
50～80	2.8	3.4	3.6	4.6	4.6	7	6	9	7	13	9	19	12	26	16	40	26	60	40	90	60	130

续表

工件基本尺寸/mm	IT6		IT7		IT8		IT9		IT10		IT11		IT12		IT13		IT14		IT15		IT16	
	T	Z	T	Z	T	Z	T	Z	T	Z	T	Z	T	Z	T	Z	T	Z	T	Z	T	Z
80～120	3.2	3.8	4.2	5.4	5.4	8	7	10	8	15	10	22	14	30	20	46	30	70	46	100	70	150
120～180	3.8	4.4	4.8	6	6	9	8	12	9	18	12	25	16	35	22	52	35	80	52	120	80	180
180～250	4.4	5	5.4	7	7	10	9	14	10	20	14	29	18	40	26	60	40	90	60	130	90	200
250～315	4.8	5.6	6	8	8	11	10	16	12	22	16	32	20	45	28	66	45	100	66	150	100	220
315～400	5.4	6.2	7	9	9	12	11	18	14	25	18	36	22	50	32	74	50	110	74	170	110	250
400～500	6	7	8	10	10	14	12	20	16	28	20	40	24	55	36	80	55	120	80	190	120	280

表 4-9　光滑极限量规的制造公差"T"值和通规公差带位置要素"Z"值与工件公差的比例关系

	IT6	IT7	IT8	IT9	IT10	IT11	IT12	IT13	IT14	IT15	IT16
	公比 1.25					公比 1.5					
$T_0 = 15\%\mathrm{IT6}$		$1.25T_0$	$1.6T_0$	$2T_0$	$2.5T_0$	$3.15T_0$	$4T_0$	$6T_0$	$9T_0$	$13.5T_0$	$20T_0$
	公比 1.40					公比 1.5					
$Z_0 = 17.5\%\mathrm{IT6}$		$1.4Z_0$	$2Z_0$	$2.8Z_0$	$4Z_0$	$5.6Z_0$	$8Z_0$	$12Z_0$	$18Z_0$	$27Z_0$	$40Z_0$

　　国家标准规定的工作量规的形状和位置误差应在工作量规的尺寸公差范围内。工作量规的几何公差为量规制造公差的 50%。当量规的制造公差小于或等于 0.002 mm 时,其形位公差为 0.001 mm。

　　标准还规定校对量规的制造公差 T_p 为被校对的轴用工作量规的制造公差 T 的 50%,其几何公差应在校对量规的制造公差范围内。

　　根据上述可知,工作量规的公差带完全位于工件极限尺寸范围内,校对量规的公差带完全位于被校对量规的公差带内。从而保证了工件符合《公差与配合》国家标准的要求,但是相应地缩小了工件的制造公差,给生产加工带来了困难,并且还容易把一些合格品误判为废品。

　　4. 设计步骤及极限尺寸计算

　　1) 量规形式的选择

　　检验圆柱形工件的光滑极限量规的形式很多。合理地选择与使用,对正确判断检验结果影响很大。按照国家标准推荐,检验孔时,可用下列几种形式的量规(见图 4-98(a)):全形塞规、不全形塞规、片状塞规、球端杆规。检验轴时,可用下列形式的量规(见图 4-98(b)):环规和卡规。

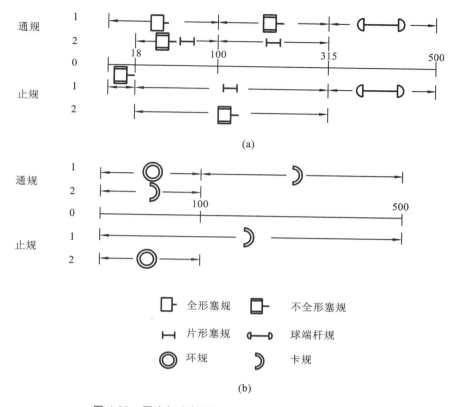

图 4-98　国家标准推荐的量规形式及应用尺寸范围

(a)测孔量规形式及应用尺寸范围　(b)测轴量规形式及应用尺寸范围

　　上述各种形式的量规及应用尺寸范围可供设计时参考。具体结构形式参看标准 GB/T6322—1986 及有关资料。

　　2）量规极限尺寸的计算

　　光滑极限量规的尺寸及偏差计算步骤如下。

　　（1）查出被测孔和轴的极限偏差。

　　（2）由表 4-8 查出工作量规的制造公差 T 和位置要素 Z 值。

　　（3）确定工作量规的形状公差。

　　（4）确定校对量规的制造公差。

　　（5）计算在图样上标注的各种尺寸和偏差。

　　3）设计计算实例

　　例 4-1　计算 $\phi 25\text{H}8/\text{f}7$ 孔和轴用量规的极限偏差。

　　解　①由国家标准 GB/T 1800—1998 查出孔与轴的上、下偏差为

$\phi 25\text{H}8$ 孔：　　　　　　　　$\text{ES}=+0.033\ \text{mm},\text{EI}=0$

$\phi 25\text{f}7$ 轴：　　　　　　　　$\text{es}=-0.020\ \text{mm},\text{ei}=-0.041\ \text{mm}$

　　②由表 4-5 查得工作量规的制造公差 T 和位置要素 Z。

塞规：　　　　制造公差 $T=0.0034\ \text{mm}$；位置要素 $Z=0.005\ \text{mm}$

卡规：　　　　制造公差 $T=0.0024\ \text{mm}$；位置要素 $Z=0.0034\ \text{mm}$

　　③确定工作量规的几何公差。

塞规：　　　　　　　　　　几何公差 $T/2 = 0.0017$ mm

卡规：　　　　　　　　　　几何公差 $T/2 = 0.0012$ mm

④确定校对量规的制造公差。

校对量规制造公差 $T_p = T/2 = 0.0012$ mm

⑤计算在图样上标注的各种尺寸和偏差。

$\phi 25H8$ 孔用塞规

通规：　上偏差 $= EI + Z + T/2 = (0 + 0.005 + 0.0017)$ mm $= +0.0067$ mm

　　　　　下偏差 $= EI + Z - T/2 = (0 + 0.005 - 0.0017)$ mm $= +0.0033$ mm

磨损极限 $= D_{min} = 25$ mm

止规：　　　　　　　上偏差 $= ES = +0.033$ mm

　　　下偏差 $= ES - T = (0.033 - 0.0034)$ mm $= +0.0296$ mm

$\phi 25f7$ 轴用卡规

通规：上偏差 $= es - Z + T/2 = (-0.02 - 0.0034 + 0.0012)$ mm $= -0.0222$ mm

　　　下偏差 $= es - Z - T/2 = (-0.02 - 0.0034 - 0.0012)$ mm $= -0.0246$ mm

磨损极限尺寸 $= d_{max} = 24.98$ mm

止规：　　　　上偏差 $= ei + T = (-0.041 + 0.0024)$ mm $= -0.0386$ mm

　　　　　　下偏差 $= ei = -0.041$ mm

轴用卡规的校对量规

"校通—通"

上偏差 $= es - Z - T/2 + T = (-0.02 - 0.0034 - 0.0012 + 0.0012)$ mm $= -0.0234$ mm

　　　下偏差 $= es - Z - T/2 = (-0.02 - 0.0034 - 0.0012)$ mm $= -0.0246$ mm

"校通—损"

上偏差 $= es = -0.02$ mm，下偏差 $= es - T_p = (-0.02 - 0.0012)$ mm $= -0.0212$ mm

　　　"校止—通"上偏差 $= ei + T_p = (-0.041 + 0.0012)$ mm $= -0.0398$ mm

　　　　　　下偏差 $= ei = -0.041$ mm

$\phi 25H8/f7$ 孔、轴用量规公差带如图 4-99 所示。

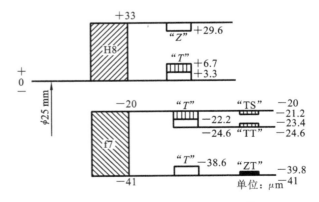

图 4-99 $\phi 25H8/f7$ 孔、轴用量规公差带图

4）量规的技术要求

量规测量面的材料可用渗碳钢、碳素工具钢、合金工具钢和硬质合金等材料制造,也可在测量面上镀铬或氮化处理。

量规测量面的硬度直接影响量规的使用寿命。用上述几种钢材经淬火后的硬度一般为 58～65 HRC。

量规测量面的表面粗糙度参数值取决于被检验工件的基本尺寸、公差等级和表面粗糙度参数值及量规的制造工艺水平。一般不低于光滑极限量规国家标准推荐的表面粗糙度参数值（见表 4-10）。

表 4-10　量规测量面粗糙度参数值

工 作 量 规	工件基本尺寸/mm		
	至 120	>120～315	>315～500
	表面粗糙度 Ra（小于）/μm		
IT6 级轴用量规	0.04	0.08	0.16
IT6～IT9 级轴用量规 IT7～IT9 级孔用量规	0.08	0.16	0.32
IT10～IT12 级孔、轴用量规	0.16	0.32	0.63
IT13～IT16 级孔、轴用量规	0.32	0.63	0.63

注：校对量规测量面的表面粗糙度数值比被校对的轴用量规测量面的粗糙度数值略高一级。

工作量规图样的标注如图 4-100 所示。

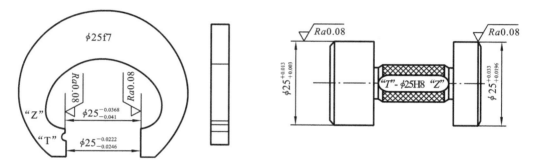

图 4-100　量规图样的标注

习题与思考题

1. 何谓机床夹具？试举例说明机床夹具的作用及其分类？

2. 工件在机床上的安装方法有哪些？其原理是什么？

3. 夹具由哪些元件和装置组成？各元件有什么作用？

4. 机床夹具有哪几种？机床附件是夹具吗？

5. 何谓定位和夹紧？为什么说夹紧不等于定位？

6. 什么叫做六点定位原理？

7. 工件装夹在夹具中，凡是有六个定位支承点，即为完全定位，凡是超过六个定位支承点就是过定位，不超过六个定位支承点就不会出现过定位，这种说法对吗，为什么？

8. 定位中欠定位和过定位是否均不允许存在？为什么？根据加工要求应予以限制的自由度或工件 6 个自由度都被限制了就不会出现欠定位或过定位吗？试举例说明。

9. 常见的定位元件有哪些,分别限制的自由度的情况如何?

10. 简述可调支承、自位支承和辅助支承的不同之处。

11. 何谓定位误差? 定位误差是由哪些因素引起的? 定位误差的数值一般应控制在零件公差的什么范围之内?

12. 为什么会出现基准位移误差? 以工件的孔和外圆在心轴和 V 形块上的定位为例说明。

13. 夹紧力的确定原则是什么?

14. 钻套的种类有哪些? 分别适用于什么场合?

15. 夹具的动力装置有几种? 各有什么特点?

16. 数控刀具有哪些结构形式? 刀柄与拉钉各有什么作用?

17. TSG 和 TMG 工具系统各有什么特点?

18. 简述各种高速切削刀具材料及其特点。

19. 从精度和刚度方面理解 HSK、KM、BLG-PLUS 等刀柄的"过定位"结构。

20. 简述金刚石和 CBN 砂轮的性能、特点和应用范围。

21. 简述简易冲裁模具和拉深模的工作原理和结构特点。

22. 设计计算 $\phi50H8/f7$ 孔和轴用光滑极限量规。

第 5 章

物 流 装 备

"物流"是指物料的流动过程。工厂物流是指从原材料和毛坯进厂,经过储存、加工、装配、检验、包装,直至成品和废料出厂,在仓库、车间、工序之间流转、移动和储存的全过程。物流贯穿着生产的全过程,是生产的基本活动之一。在流动过程中,尽管不增加物料的使用价值,也不改变物料的性质,然而物流是资金的流动,库存是资金的积压。因此,物流系统的改进有助于减少生产成本,提高产品质量,压缩库存,加快资金周转,提高综合经济效益。

物流系统必须具有以下几方面的功能。

(1)原材料和毛坯、外购件、在制品、产品、工艺装备的储存及搬运,做到存放有序,存入、取出容易,且尽可能实现自动化。

(2)加工设备及辅助设备的上、下料尽可能实现自动化,以提高劳动生产率。

(3)工序间中间工位和缓冲工作站的在制品储存。

(4)各加工工位间工件的搬运应尽可能及时而迅速,减少工件在工序间的无效等待时间。

(5)各类物料流装置的调度及控制,物料的运输方式和路径能够变化与优化。

(6)物料流的监测、判别等监控。

5.1 机床送料装置

5.1.1 类型与特点

1. 机床送料装置的类型

送料是指将毛坯送到加工位置的过程。机床送料装置的类型可按其自动化程度和毛坯的种类及结构进行分类。按自动化程度,机床送料装置有人工送料和自动送料装置两种。

(1)人工送料装置。在普通机床上,送料过程由人工操作,往往需要较多的时间,同时也消耗体力。这种送料方式只适用于单件、小批生产或者加工大型的、外形复杂的工件。对于质量较大的毛坯,送料过程虽然是人工操作,但通常采用输送辊道或起吊等设备;毛坯的夹紧则采用气动、液压或机械方式,以减少工人的体力劳动,缩短辅助时间。

(2)自动送料装置。在大批、大量生产中,为了缩短送料时间、减轻体力消耗,通常采用各种自动送料装置,使送料过程机械化、自动化,辅助时间进一步缩短,并且免除了繁重的体力劳动。

自动送料装置接到送料指令后,送料机构自动松开已加工的工件,将其推走,然后将待加工的工件带到加工位置,进行定位和夹紧。

采用机器人或自动运输小车对数控机床进行上、下料,构成柔性制造单元,已是当今自动化发展的趋势之一。

按毛坯的种类及结构分类,可分棒料送料机构和件料送料机构。件料送料机构又分两类:一是毛坯不便于自动定向而加工循环时间又较长的;二是毛坯便于自动定向而加工循环时间极短的。对于前者采用料仓送料装置,由人工按一定方向装入料仓中;对于后者,人工已来不及一个一个装料,而改用料斗送料装置,这时工人只需把毛坯倒入料斗中,要求毛坯能自动定向并依次送到加工部位。

近年来兴起的机器人上料和自动托盘站上料,且适合于中、小批量生产的场合。

2．送料装置的特点和要求

(1)送料所消耗的时间应尽可能少,以缩短辅助时间和提高生产率。

(2)送料平稳,尽量减少冲击,避免送料挡块等送料机件过早地损坏。

(3)送料装置的构造应尽可能简单,工作可靠,以免因夹紧位置不正确或送料长度不足等原因产生废品或发生事故。

(4)送料装置应有一定的适用范围。对于棒料上料机构,应能根据加工工件的直径和长度进行调整,件料上料机构应能适应一定尺寸范围内结构相似的工件。

(5)满足工件的一些特殊要求,例如用机器人搬运一些轻薄零件或易碎的零件时,机器人手爪部分应采用较软的材料和自行调整握紧力的大小,以免被夹持的工件变形和破碎。

5.1.2　料仓式送料装置

1．料仓的功用和组成

当单件毛坯的尺寸较大,而且形状比较复杂,难以自动定向时,可以采用料仓上料机构。这时需工人或专门的定向装置不断地将单件毛坯以一定方位装入料仓中,然后再由料仓送料机构自动地将单件毛坯从料仓送到机床上。料仓式上料装置应用在大量和大批生产中,所运送的毛坯可以是锻件、铸件,也可以是由棒料加工成的毛坯和半成品。

由于料仓式送料装置要手工加料,因此适于加工时间较长的零件,即加工时间为5～30 s。加工时间较短(0.5～5 s)的零件,人工加料将使工人十分紧张,影响生产率的提高。料仓式上料装置用于加工时间较长的零件,便于进行一人多机床操作,可明显地提高劳动生产率。

图5-1所示为料仓装置料机构的简图。毛坯由人工装入料仓1。机床进行加工时,上料器3退到图所示的最右位置,隔料器2被上料器3上的销钉带动逆时针方向旋转,其上部的毛坯便落在上料器3的接收槽中。当零件加工完毕,夹料筒夹4松开,推料杆6将工件从筒夹中顶出,工件随即落入导出槽7中。

送料时,上料器3向左移动,将毛坯送到主轴前端,对准夹料筒夹4,随后上料杆5将毛坯推入筒夹4。

筒夹4将毛坯夹紧后,上料器3和上料杆5向右退开,零件开始加工。当上料器3向左上料时,隔料器2在弹簧8作用下顺时针方向旋转到料仓下方,将毛坯托住,以免落下。毛坯用完时,自动停车装置9动作,使机床停车。图5-1中的料仓、隔料器和上料器属于料仓送料机构,其他部件属于机床机构。

2．料仓

料仓的作用是储存毛坯。料仓的大小决定了毛坯的尺寸及工作循环的长短。为了使工人能同时看管多台机床,毛坯的储存量应能保证机床连续工作10～30 min。按照毛坯在料仓中的送进方法,可将料仓分为两类,即靠毛坯的自重送进和强制送进。

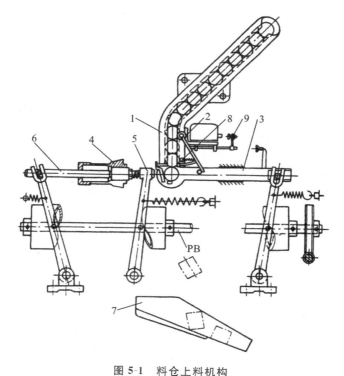

图 5-1　料仓上料机构

1—料仓；2—隔料器；3—上料器；4—夹料筒夹；5—上料杆；

6—推料杆；7—导出槽；8—弹簧；9—自动停车装置

1) 靠毛坯自重送进的料仓

图 5-2(a)所示的直线形料仓的结构最简单。料仓用薄钢板制成，其导向槽表面要经过热处理，使硬度达到 45～50 HRC，并具有较低的表面粗糙度。通常料仓的两壁做成开式，以便观看毛坯运动及装料情况。料仓的侧壁往往做成可调节的，以适应不同长度的工件。料仓位置可以是垂直的或倾斜的。

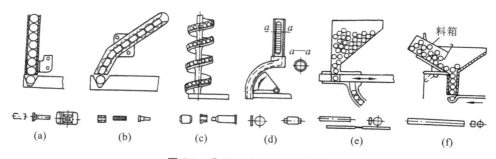

图 5-2　靠毛坯自重送进的料仓

(a)直线式　(b)曲线式　(c)螺旋型　(d)管式　(e)料斗式　(f)料斗/料箱式

因为曲线的形状和倾斜角度的选择，使曲线式料仓(见图 5-2(b))比直线式料仓装料更方便程度、容量更大，并能保证毛坯在料仓的槽中可靠而平稳地运动。

圆锥体和具有轴肩的圆柱体采用螺旋式的料仓(见图 5-2(c))较好。通常料仓由薄铜板制成，很少用铸件来做，其形状和大小取决于毛坯的尺寸和锥度。如果毛坯的锥度不大，而长度相当大时,则料仓可做成一圈螺旋的式样,如果送进短的圆锥体,螺旋式料仓可做成多圈的螺旋。

用内表面经过很好加工的钢管制成的管式料仓(见图 5-2(d))用来送进圆盘料。为了便于观察和便于装填毛坯,在管上做出两道纵向槽。管式料仓可以垂直或倾斜地装在机床上。

料斗式料仓(见图 5-2(e))的料斗容积较大,每次人工装料可以间隔较长的时间。这类料仓的落料口处常有毛坯搅动机构,防止在落料口的上面毛坯堆成拱形而堵塞出口。料斗式料仓侧壁的位置可以调节,以适用不同长度的毛坯。

料斗/料箱式料仓(见图 5-2(f))的特点是采用料箱进行装料,以加快装料的速度。事先将毛坯在料箱中按一定的方位装好,当料斗需要装料时,把装满的料箱放在料斗上,揭开料箱的活动底板,毛坯就从料箱落于料斗内。为了使毛坯有足够的储备量,以便长时间连续工作,一个料仓常配备几个料箱。

2) 强制送进的料仓

当毛坯的质量较小,不能保证靠自重可靠地落到上料器中,或毛坯的形状较复杂,不便靠自重送进时,采用强制送进的料仓,图 5-3(a)所示为用重锤的力量推送毛坯,图 5-3(b)所示为用弹簧力量推送毛坯。

图 5-3(c)所示的毛坯放在由两套三角带传动轮组成的 V 形槽内,靠皮带摩擦力进行推送。这类机构中具有驱动机构,机构较为复杂,常用于轴承加工机床上用来送进座圈、圆柱滚子和圆锥滚子等。

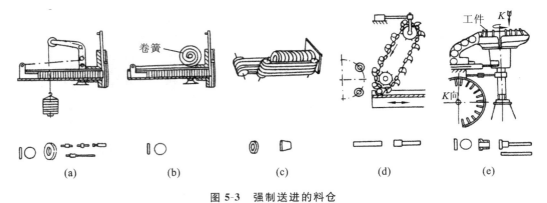

图 5-3　强制送进的料仓
(a)重锤式　(b)弹簧式　(c)摩擦式　(d)链式　(e)圆盘式

图 5-3(d)所示的毛坯放在链条的凹槽上或钩子上,靠链条的传动把毛坯送到规定的位置。这类链式料仓常用在多轴自动机床和单轴转塔自动车床上,送进长的轴和套筒等。

图 5-3(e)所示为圆盘式料仓送料机构,其料仓是一个转盘,毛坯装在转盘周边的料槽中,圆盘间歇地旋转将毛坯对准接收槽,并沿接收槽滑到上料器中。这类送料机构常用以送圆盘、套筒、光轴和阶梯轴等零件。

3) 其他料仓

如图 5-4(a)所示,盘形料仓将工件放入盘中,边振动,工件边从槽中滑下;对于环状零件来说,图 5-4(b)所示的悬臂料仓既简单,又有较大的容量;图 5-4(c)所示的薄工件料仓常常做成倾斜 20°～60°,比垂直布置更能顺利运动;图 5-4(d)所示的皮带槽式料仓适合于中等规格的圆柱体零件。

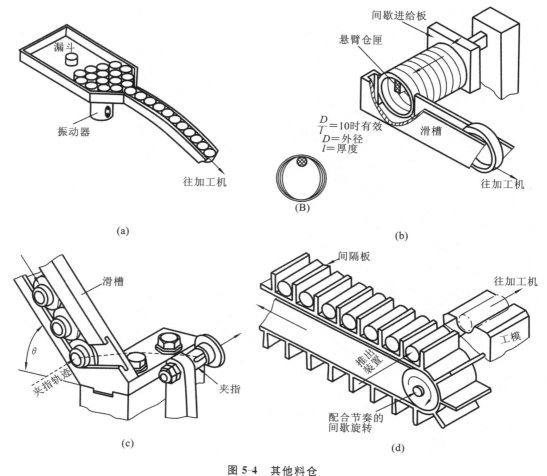

图 5-4　其他料仓

(a)盘形料仓　(b)悬臂料仓　(c)薄工件料仓　(d)皮带槽式料仓

3. 隔料器

隔料器的作用是把待加工的毛坯(通常是一个)从料仓中的许多毛坯中隔离出来,使其自动地进入上料器,或由隔料器直接将其送到加工位置。在后一种情况下,隔料器兼有上料器的作用。最常用的隔料器的几种形式如图 5-5 所示。

(1) 由上料器兼作隔料器。这类隔料器的构造最简单,如图 5-5(a)、(b)所示。当上料器送毛坯到加工位置的过程中,上料器的上表面将料仓的通道隔断,完成隔料功能。这类隔料方法的缺点是隔料时,料槽内所有毛坯的质量都作用在上料器的上表面,使上料器运动阻力大,且易于磨损。

(2) 快门隔料器。快门隔料器如图 5-5(c)所示,滑动块门做往复直线运动或往复摆动运动。隔料器每做一次往复运动,从料槽中分离出一个毛坯,由上料器将其送走。

采用快门隔料器,毛坯的质量不再落在上料器上。这类隔料器大多应用在中等生产率的情况下,即 50～70 件/min。当生产率更高时,隔料器每次往复的时间很短,工件因其惯性有可能进不了隔料位置,工作就不可靠了。

(3) 分度隔料器。图 5-5(d)所示的槽轮隔料器和图 5-5(e)所示的圆盘隔料器都是按分度的原理进行隔料,工件分别从侧面和上方落入隔料槽和孔中。圆盘上可设计很多成形槽和孔,

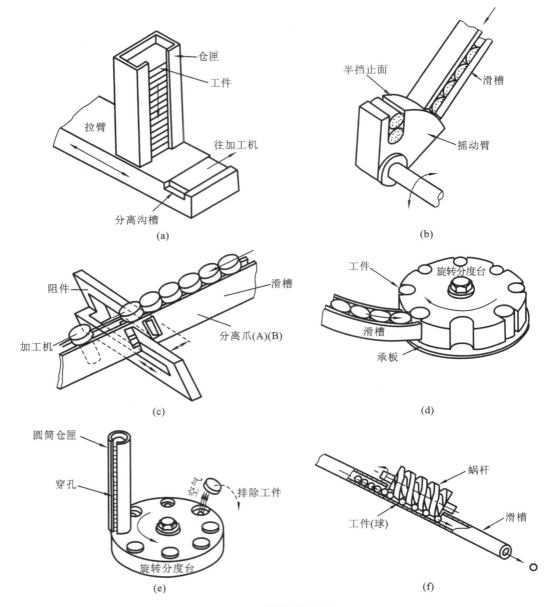

图 5-5　隔料器的形式

（a）、（b）上料器兼作隔料器　（c）快门隔料器　（d）、（e）分度隔料器　（f）蜗杆隔料器

圆盘每转一周,便能送出相当多的毛坯。因此,这种隔料器能在低速下保证平稳地工作,也能保证高的生产率和避免毛坯因受冲击而损坏。

（4）蜗杆隔料器。图 5-5（f）所示为蜗杆隔料器,采用蜗杆的齿形对球形零件的隔料。

4．上料器

上料器是把毛坯从料仓送到机床加工位置的装置,典型的上料器如图 5-6 所示。

（1）料仓兼作上料器。图 5-6（a）所示料仓本身就起了上料器的作用。当料仓自水平位置摆动到倾斜位置时,其外弧面起隔料的作用,挡住料槽中的毛坯,而料仓中最下部的毛坯的轴线正好和主轴中心线重合,由顶料杆将其顶出料仓,放到机床的加工位置。待顶料杆退还后,

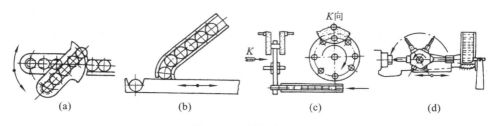

图 5-6 上料器的形式

(a)料仓兼作上料器 (b)槽式上料器 (c)圆盘式上料器 (d)转塔刀架兼作上料器

料仓即摆回原来的水平位置,料槽中的毛坯即往料仓补充。这类料仓上料器做往复运动,因惯性较大,生产率受到限制。

(2) 槽式上料器。图 5-6(b)所示的上料器有容纳毛坯的槽,承接从料仓落下的毛坯。当上料器往左运动时,该毛坯即被送到机床的加工位置。此时料仓中其他毛坯被上料器的上表面隔住。由于槽式上料器做往复运动,生产率也受到一定限制。

(3) 圆盘式上料器。图 5-6(c)所示的上料器中的圆盘朝一个方向连续旋转,毛坯从料仓送入圆盘的孔中,由圆盘带到加工位置,加工完毕后工件又被推出。圆盘式上料器的生产率较前两种高,广泛地应用于磨床上料,例如磨滚子或轴承环的端面。

有时上料操作也可由机床的部件(例如刀架或转塔刀架)和专门的接收器来完成。如图 5-6(d)所示转塔自动车床,料仓固定在转塔刀架右方,转塔刀架的一个刀具孔中装有接收器。顶杆将料仓最下方的毛坯送给接收器,转塔刀架转位 180°,便将毛坯对准主轴轴线,转塔刀架再向左移动即将毛坯送入主轴的夹紧筒夹孔内。

5. 上料杆和卸料杆

在应用料仓送料时,为控制毛坯送进位置的精度,有以下两种方式。

(1) 采用挡块来限制毛坯送进的位置,挡块可利用筒夹上的台肩(见图 5-7(a)),或装在主轴的内部(见图 5-7(b))。这时采用的上料杆应带有缓冲弹簧,如图 5-7(d)和图 5-7(e)所示,上料杆行程略大于毛坯实际的送进长度,以便将具有较大长度误差的毛坯可靠地顶在挡块上。

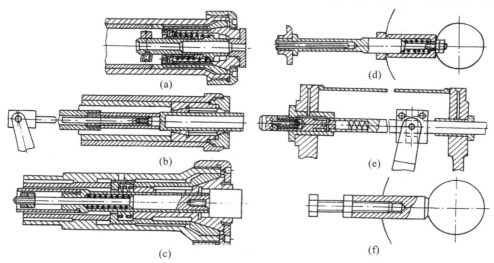

图 5-7 上料杆和卸料杆

（2）靠上料杆的行程使毛坯顶到所要求的位置,图5-7(f)所示为上料杆装在转塔刀架的工具孔中,转塔刀架带动上料杆将毛坯准确地顶入图5-7(c)所示的主轴筒夹孔内。上料杆行程的准确度决定了毛坯送进的准确度。这里采用的上料杆是固定长度的,以保证送料的精度。

卸料杆也有两种类型:带弹簧的和固定长度的。带弹簧的卸料杆装在筒夹内部(见图5-7(a)、(c)),当上料杆将毛坯顶入筒夹孔中时,毛坯靠在卸料杆上并将卸料杆往里推,压缩弹簧。加工完毕后,筒夹松开,在弹簧复位力作用下卸料杆将毛坯推出。固定长度式卸料杆(见图5-7(b))是一根装在主轴内部的杆子,可做往复直线运动。当毛坯被送入时,杆子后退;毛坯加工完毕后,筒夹松开,杆子把工件推出,然后再回到原位。

5.1.3　料斗式送料装置

1.送料装置的组成

料斗式送料装置包括装料和储料两部分机构。装料机构由料斗、搅动器、定向器、剔除器、分流器和合流器等组成;储料机构由隔离器、上料器等组成。此外,在机床上还有工件的定位夹紧机构、推出器和排料机构等。

1)料斗

料斗是盛装工件的容器,工件在料斗中大多应能完成自动定向过程,并按次序送到料斗的出口处,即送料槽,故在料斗中装有定向器。为了防止工件在进入送料槽时产生阻塞,在料斗中常装有搅动器。剔除器的用途是剔除那些未按要求定向的工件,防止它们进入送料槽。

料斗的形式有很多,根据在料斗中获取工件,使工件进入送料槽的方式可以分为以下几种。

（1）回转钩式料斗。图5-8(a)所示为回转钩式料斗,常用于带孔的管套类零件,如螺母等。料斗中有一带定向钩子的回转圆盘,当圆盘回转时,钩子抓取工件并自然定向,送入送料槽。当送料槽充满工件时,通过安全离合器使圆盘停止旋转,以避免传动机构的损坏。

（2）扇形块式料斗。图5-8(b)所示为扇形块式料斗,常用于T形零件。料斗中有一个做上下摆动的扇形块来获取工件,扇形块上有根据工件形状做的槽隙。扇形块上摆时,工件落入槽隙中并自然定向,靠重力滑入送料槽。在送料槽入口处设有剔除器,避免未按要求定向的工件滑入送料槽。与此原理相同的另一方式是扇形块不动,料斗做上下摆动。

（3）沟槽圆盘式料斗。图5-8(c)所示为沟槽圆盘式料斗。倾斜放置的料斗中有一回转圆盘,圆盘上根据工件的形状开有沟槽或成形孔,使工件定向;或开有径向格子,工件靠重心偏移而定向;也有靠圆盘的外圆和料斗的内壁形成一定形状的沟槽而使工件定向。料斗斜置是为了增加工件落入沟槽的机会。

（4）往复滑块式料斗。图5-8(d)所示为往复滑块式料斗,其底部有一可上下垂直运动的滑块,滑块上根据工件的形状开有成形槽,使工件定向。滑块上升到图示最高位置时,滑块上的成形槽与送料槽对接,在重力作用下工件滑入送料槽。

（5）桨叶槽隙式料斗。图5-8(e)所示为桨叶槽隙式料斗。回转桨叶拨动工件进入一定形状的槽隙而定向,并顺序进入送料槽。

（6）回转管式料斗。图5-8(f)所示为回转管式料斗,料斗底部开口处有一回转管子,管子的内孔根据工件的形状而定,使工件定向。管子转动时,工件即可定向落入,落入管子的工件通向送料槽。与此原理相同的方式是管子不回转,料斗回转。

（7）往复管式料斗。图5-8(g)所示为往复管式料斗,其底部开口处有一可往复运动的管子,其内孔根据工件形状而定,使工件定向。管子做往复运动时,工件便可落入并滑入送料槽。

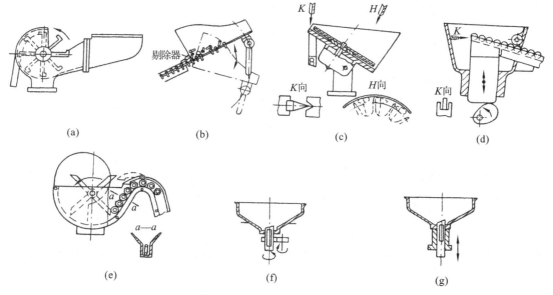

图 5-8　料斗的几种典型结构

(a)回转钩式　(b)扇形块式　(c)沟槽圆盘式　(d)往复滑块式
(e)桨叶槽隙式　(f)回转管式　(g)往复管式

2）搅动器

工件在料斗中由于拥挤易形成拱形而堵塞出口，如图 5-9(a)所示，使料斗中的工件不能到达落料孔处，在落料孔处形成空穴。在落料孔附近形成的拱形称为小拱形，在落料孔上部形成的拱形称为大拱形。

搅动器的结构形式有很多，如图 5-9 所示。摇摆的杠杆(见图 5-9(b))和转动的缺口盘(见图 5-9(c))主要用来破坏小拱形；摇摆的隔板(见图 5-9(d))主要是破坏大拱形。此外，还可以利用上料器来进行搅动(见图 5-9(e))以及和其他构件结合的办法来搅动工件，如上述扇形块

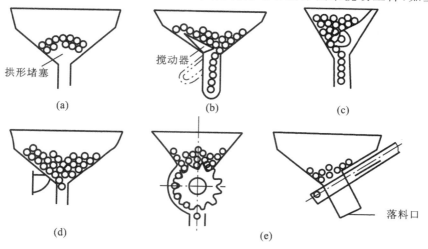

图 5-9　搅动器的结构形式

(a)拱形堵塞　(b)摇摆杠杆搅动器　(c)转动的缺口盘搅动器
(d)摇摆隔板搅动器　(e)上料器兼作搅动器

式料斗中,扇形块既是定向器,也是搅动器。

3）定向器

工件在料斗内或料斗外的送料槽中要进行定向,使工件按一定的位置顺序排列。定向器的作用主要是矫正工件的位置,并剔除位置不正确的工件。定向器的结构形式有很多,表 5-1 所示为部分常用的定向方法。

表 5-1　常用定向方法

序号	方法	示例	说明	序号	方法	示例	说明
1	抓取法		利用钩、销来抓取工件并定向	3	型孔选择法		利用与零件适应的型孔选择零件
2	槽隙法		利用一定形状的槽隙进行定向	4	重心偏移法		利用零件的重心偏移

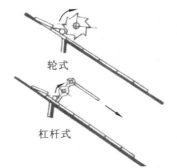

图 5-10　剔除器的结构形式

4）剔除器

剔除器的作用是剔除从料斗到送料槽中一些位置不正确的工件,保证工件进入送料槽的工作方位正确,使被剔除的工件返回到料斗中。

剔除器有轮式、杠杆式等多种结构形式,如图 5-10 所示。

5）分流器

分流器是把运动的工件分为两路或多路,分别送到各台机床,用于一个高速、高效率料斗同时供应多台机床工作的情况。图5-11表示了气缸分配式、滑块分流式两种分流器结构形式。

6）合流器

当机床效率特别高,需要多个送料料斗供给时,采用合流

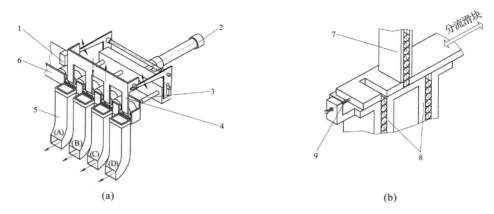

图 5-11　分流器的结构形式

（a）气缸分配式　（b）滑块分流式

1—光电开关；2—气缸；3—推杆；4—门；5—分流滑槽；6、8—滑槽；7—流入滑槽；9—停止器

器。合流器的结构形式如图 5-12 所示。

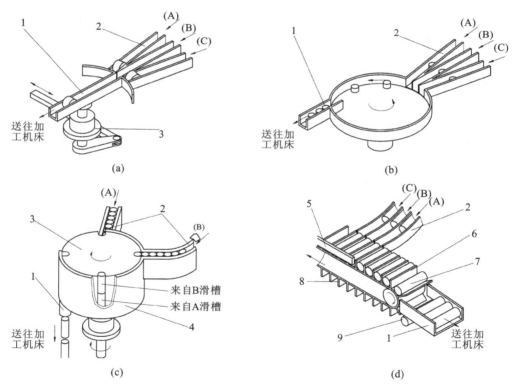

图 5-12　合流器的结构形式

（a）摆动滑槽式　（b）旋转圆板式　（c）分度式　（d）皮带槽式

1—合流滑槽；2—流入滑槽；3—分度盘；4—壳体；5—止动板；6—间隔板；7—工件；8—皮带；9—过剩供给的工件

7）隔离器

隔离器的作用如下。

（1）调节从储料器或送料槽送入上料器的工件数量，可以是一个工件或几个工件。

（2）在自动上料时,把一个工件从许多工件中分离出来。

（3）改变工件的位置或运动方向。

（4）工件较重时,避免所有工件的质量都作用在上料器上。

隔离器的结构形式如图 5-13 所示。

* 具有往复运动的隔离器(见图 5-13(a)、(b)、(c))。

* 具有摇摆运动的隔离器(见图 5-13(d)、(e)、(f))。

* 具有回转运动的隔离器(见图 5-13(g)、(h)、(i))。其中图 5-13(i)所示的是使工件间隔排列的隔离器,可以是两种工件,或一种工件的两个不同方位。

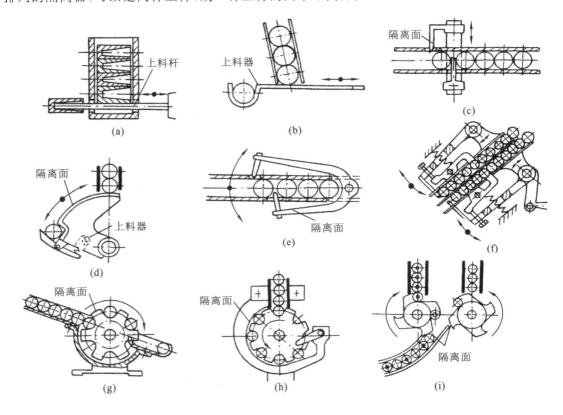

图 5-13　隔离器的结构形式

（a）、(b)、(c)往复运动隔离器　　(d)、(e)、(f)摇摆运动隔离器　　(g)、(h)、(i)回转运动隔离器

有时,隔离器的作用由上料器来完成,两者合为一体。

8）上料器

上料器的结构形式很多,大致可分为 4 类,如图 5-6、图 5-14 所示。

（1）直线往复运动的上料器。图 5-14(a)、(b)所示的是直线往复运动的上料器。图 5-6(a)所示的是由摆动杆使上料器得到往复运动,工件由侧面进入储料槽。图 5-6(b)所示的是靠工件自重上料,上料器下移后再由上料杆推至夹具上,上料器有储料器的功能。

直线往复运动上料器能保证上料的准确性,储料器可以装在距加工机床较远处;但往复行程次数不能太快,太快可能产生上料跟不上的情况,或使机构很快磨损。

（2）摆动运动的上料器。图 5-14(c)所示的上料器具有工件容纳槽的摆块。图 5-14(d)所示的是摆动的储料器,同时起上料器的作用。摆动的上料器有较高的生产率,工作可靠,由于不需要导轨,其结构比较简单。

（3）旋转运动上料器。图 5-14(e)所示的上料器是一个有工件容纳槽的圆盘。图 5-14(f)所示的上料器有夹紧作用,当工件在容纳槽中随圆盘转动时即被夹紧,并进行加工。待工件转至最低位置时,加工已完毕并自由落下。图 5-6(c)所示的是工件从侧面进入有工件容纳槽的圆盘,由两个砂轮同时磨削工件的两端面,加工后可转至最低位置时自由落下。

旋转运动上料器的生产率较高,广泛用于磨床、铣床及多工位机床。由于这种上料器距加工地点较近,在结构上有时不好处理。

（4）复合运动上料器。图 5-14(g)所示的是工件落入滑杆中有夹爪的容纳槽中,当滑杆向右移动时同时转动 90°,工件便处于能进入机床夹具的位置,并可松开夹爪,由推料杆将工件送入夹具。图 5-14(h)所示的是链式上料器。图 5-6(d)所示的是转塔头上料器。图 5-14(i)所示的是有弹簧夹的上料器,是一种机械式的简单机械手。图 5-14(j)所示的是装卸料机械手。

工业机器人也可以用作上料器,它可完成上料、送料、卸料等多种工作。

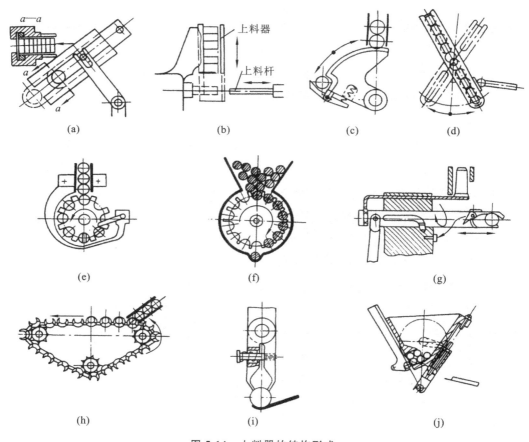

图 5-14　上料器的结构形式

(a)、(b)直线往复运动式　(c)、(d)摆动运动式　(e)、(f)旋转运动式
(g)滑杆式　(h)链式　(i)弹簧夹式　(j)装卸料机械手

2. 生产率计算

料斗获取工件的生产率可表示为

$$Q_{平均} = zPnK$$

式中:$Q_{平均}$——料斗获取工件的平均生产率(件/分钟);

z——定向器中取工件的构件数,如扇形块、滑块或其他槽隙定向,$z=1$;

n——定向器每分钟的工作循环数,单位为 r/min 或双行程次数/分钟;

K——定向器取工件的构件的成功系数,它表示定向概率的大小,与工件的形状、料斗的结构、定向器的形式等有关;

P——定向器中每个取工件的构件每次抓取的工件数,对于钩、销、成形孔槽的定向方式,$P=1$。

3. 振动式料斗

振动式料斗是一种典型的自动上料装置,其料斗为圆筒形,内壁有螺旋形送料槽,当整个圆筒做扭转振动时,工件将沿着螺旋形的送料槽逐渐上升,并在上升过程中进行定向,剔除位置不正确的工件。上升的工件最后从料斗上部的出口进入送料槽。

图 5-15 所示是一种典型的振动式料斗自动上料装置,圆筒形料斗由内壁带螺旋送料槽的圆筒 1 和底部呈锥形的筒底 2 组成。筒底呈锥形是为了使工件向四周移动,便于进入筒壁上的螺旋送料槽。料斗底部用三个连接块 3 分别与三个板弹簧 4 相连接,板弹簧 4 的下部再通过三个连接块 5 固定在底盘 6 上。板弹簧是倾斜安装的,其沿长度方向的中线在水平面上的投影与半径为 r 的圆相切,r 小于料斗的平均半径 r_m。

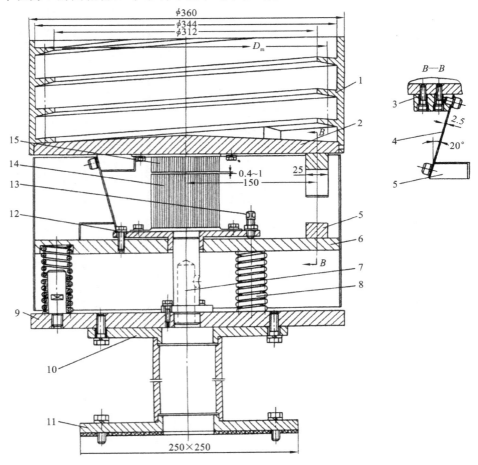

图 5-15　振动式料斗自动上料装置

1—圆筒;2—筒底;3、5—连接块;4—板弹簧;6—底盘;7—导向轴;8—弹簧;9—支座;
10、11—支架;12—支承盘;13—调节螺钉;14—铁芯线圈;15—衔铁

在筒底 2 的中央固定着衔铁 15,电磁振动器的铁芯和线圈 14 固定在支承盘 12 上,通过三个调节螺钉 13 可调整衔铁 15 与铁芯线圈 14 之间的间隙,支承盘 12 又固定在底盘 6 上。当线圈通入交流电时,衔铁被吸,由于板弹簧 4 的两端是固定的,因而产生弯曲变形;由于板弹簧 4 是沿圆周切向布置的,因此产生扭转。当电磁振动器通电时,使料斗做上下和扭转振动。

板弹簧 4 的倾斜方向应与筒壁螺旋槽的螺旋升角 α 方向相反,其倾角一般为 20°～30°,几片板弹簧的尺寸、安装倾角必须相同。

为了防止振动式料斗对机床的影响,底盘 6 和支座 9 之间有三个弹簧 8 进行隔振,并用导向轴 7 使料斗装置位置稳定。

振动式料斗装置应用很广,多用于钟表、仪器仪表等小零件加工中的自动上料,用于中等尺寸零件时所耗能量较大。

工件自振动式送料装置送入机床以前,必须把位置和方向不正确的零件去掉,保证严格的定向。所采用的定向方法及定向机构通常随零件的形状而异,如表 5-2 所示。

表 5-2　振动式料斗典型零件定向方法

序号	零件形状	结 构 形 式	工 作 原 理
1	凸台件		盆壁的限制板设缺口,使零件定向通过,其中 $D>H$
2	杯形件		R 形状缺口使杯口向下的零件落下,高速时可增加缺口
3	长方件		IT 元件中有脚的长方形零件常用
4	圆锥件		$2D\sin\theta>d$ 则可定向

续表

序号	零件形状	结 构 形 式	工 作 原 理
5	U形件	落下排除　缝隙 往滑槽 缝隙　导轨　落下排除	渐进导向而定向

5.2　自动输送装置

机床间工件传递和运送用的自动输送装置有：连续输送机，步伐式输送装置，托盘和随行夹具输送，有轨小车（RGV），无轨小车（AGV）等。

5.2.1　连续输送机

输送机是在一定的线路上连续输送物料的搬运机械，又称连续输送机。连续输送机有带式、链式、刮板式等，如图 5-16 所示。

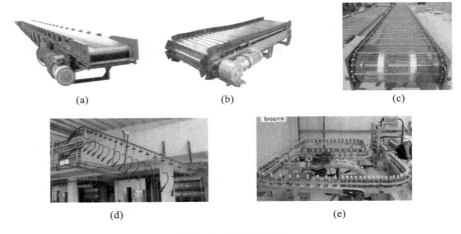

(a)　　　　　　　　　　(b)　　　　　　　　　　(c)

(d)　　　　　　　　　　　　　(e)

图 5-16　连续输送机
（a）带式输送机　（b）链板输送机　（c）网带输送机　（d）悬挂链输送机　（e）插件线输送机

带式输送机是一种利用连续而具有挠性输送带连续地来输送物料的输送机。

链式输送机是利用链条牵引、承载，由链条上安装的板条、金属网、辊道等承载物料的输送机。

刮板输送机是利用相隔一定间距而固定在牵引链条上的刮板，沿敞开的导槽刮运散货的输送机。

1. 带式输送机

带式输送机又称胶带输送机，通用带式输送机由输送带、托辊、滚筒及驱动装置、张紧装置、制动器、清扫器等装置组成。

1）输送带

常用的输送带有橡胶带和塑料带两种。橡胶带适用于工作环境温度－15～40 ℃之间。物料温度不超过 50 ℃，超过 50 ℃以上订货时需告知厂家，可以选用耐高温输送带。向上输送散粒料的倾角 12°～24°。对于大倾角输送可用裙边带。塑料带具有耐油、酸、碱等优点，但对于气候的适应性差，易打滑和老化。带宽是带式输送机的主要技术参数。

2）托辊

托辊有槽形托辊、平形托辊、调心托辊、缓冲托辊等。槽形托辊（由 3 个辊子组成）用以输送散粒物料；调心托辊用以调整带的横向位置，避免带跑偏；缓冲托辊装在受料处，以减小物料对带的冲击。

3）滚筒

滚筒分驱动滚筒和改向滚筒。驱动滚筒是传递动力的主要部件。滚筒分单滚筒（胶带对滚筒的包角为 210°～230°）、双滚筒（包角达 350°）和多滚筒（用于大功率）等。

4）张紧装置

张紧装置的作用是使输送带达到必要的张力，以免在驱动滚筒上打滑，并使输送带在托辊间的挠度保证在规定范围内。张紧装置包含螺旋张紧装置、重锤张紧装置、车式拉紧装置等。

2. 链式输送机

链式输送机是利用链条牵引、承载，由链条上安装的板条、金属网带、辊道等承载物料的输送机。

链式输送机有：链板式、悬挂式、链网式和插件线式等，此外，也常与其他输送机、升降装置等组成各种功能的生产线。

1）链板输送机

链板输送机可以满足饮料瓶贴标、灌装、清洗等设备的单列输送的要求，也可以使单列变成多列，并行走缓慢，从而产生储存量，满足杀菌机、储瓶台、冷瓶机的大量供料的要求。可以将两条链板输送机的头尾部做成重叠式的混合链，使得瓶（罐）体处于动态过渡状态，使输送线上不滞留瓶子，可以满足空瓶及实瓶的压力和无压力输送。

2）悬挂链输送机

悬挂链输送机是一种三维空间闭环连续输送系统，适用于车间内部和车间之间成件物品的自动化输送。悬挂链输送机采用滚珠轴承作为链条走轮，导轨均选用 16Mn 材料经过深加工而成，使用寿命在 5 年以上。链条节距常用的有 150/200/240/250 等，单点承重也各不一样。同时通过选择吊具类型，可增加链条的单点承重。该类输送线能随意转弯、爬升，能适应各种地形环境条件。

3）网带输送机

网带输送机的特点：模块式网带用延伸在输送带整个宽度上的塑料铰接销连接，把注塑成形的网带组装成互锁单元。这种方法增加了输送带的强度，并可以组接成任何需要的宽度和长度。挡板和侧板也可以用铰接销互锁，成为输送带整体部件之一。

4）插件线输送机

插件线输送机采用专用铝合金导轨，靠近操作面一边的导轨固定，另一边可调节移动，保证操作每一次拾取元件距离最小，以提高生产效率。该设备对于电子基板的流水作业线非常适合,其导轨间可调,各式基板悬空流动,带动基板引走的链条有不锈钢链条、碳钢链条、塑钢链条,导轨及机架有铝、不锈钢、碳钢等多种材质。

5.2.2　步伐式输送装置

步伐式输送装置利用其上的刚性推杆来推动工件,可以采用机械驱动、气压驱动和液压驱动,常用于箱体类零件和带随行夹具的生产线中。常见的步伐式输送装置有棘爪式、回转式和抬起式等。

步伐式输送装置的结构比较简单,通用性较强,但由于受工件运动惯量的影响,当输送速度较高时,工件的输送精度不易保证。

1. 棘爪式步伐输送装置

图 5-17 所示的是最常见的棘爪式步伐输送装置。输送带由若干垫圈 1,侧板 2、11,连接板 8 组成。大约每隔 1 m 安装 1 个支承辊,输送带可在支承辊 10 上运动。

输送带上装有若干个棘爪 6,每一棘爪都可绕棘爪销 5 转动,棘爪的前端顶在工件的后端,下端被挡销 7 挡住;当传动装置 9 推动输送带向前运行时,棘爪 6 就带动工件,由两侧限位板 12 导向,在支承板 13 上移动一个步距 t。

当输送带回程时,棘爪被工件压下,绕棘爪销 5 回转而将弹簧 4 拉伸,并从工件下面滑过,待退出工件之后,棘爪重新抬起,准备输送下一个工件。

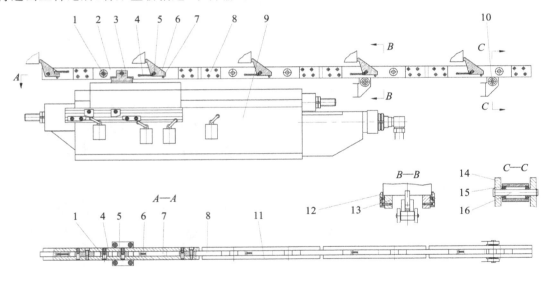

图 5-17　棘爪式步伐式输送带

1—垫圈;2、11—侧板;3—拉架;4—弹簧;5—棘爪销;6—棘爪;7—挡销;8—连接板;
9—传动装置;10—支承辊;12—侧限位板;13—支承板;14—支承滚架;15—滚轮;16—滚子轴

2. 抬起式步伐输送装置

图 5-18 所示为加工曲轴时所采用的一种抬起式步伐输送装置。曲轴的中间轴颈安放在固定的 V 形托架上,每个 V 形托架的下方正对着输送杆 3 的 V 形块 2。

曲轴输送时先由液压缸 5 驱动齿条 6,经过齿轮齿条传动使支承滚轮 7 上升,使输送杆 3 抬起,将曲轴抬离固定托架,并上升一定高度;传动装置 4 将输送杆及工件向前输送一个步距;

当输送杆落下时,将曲轴安放在下一个固定托架 8 上后,然后脱离曲轴,由传动装置将其迅速退回原位。这种抬起式步伐输送装置(见图 5-18)适用于输送那些不便于用随行夹具输送的工件。

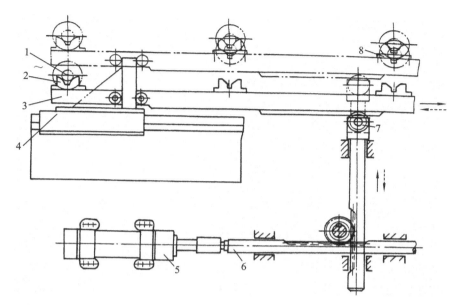

图 5-18　抬起式步伐输送装置

1—曲轴类零件;2、8—V 形块;3—输送杆;4—传动装置;5—液压缸;
6—齿条;7—支承滚轮;8—固定托架

3. 回转式步伐输送装置

回转式步伐输送装置如图 5-19 所示。圆柱形输送杆 1 与拨爪 2 刚性相连,工作时输送杆回转一定角度,使拨爪转向工件 3 并卡住工件的两端;然后输送杆 1 通过拨爪 2 推动工件 3 向前移动到机床加工部位,工件 3 被装夹在机床上之后,输送杆 1 反转一定角度,使拨爪 2 脱离工件 3,再退回起始位置。

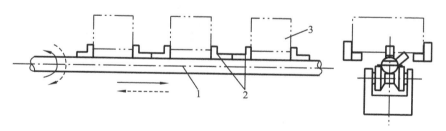

图 5-19　回转式步伐输送装置

1—输送杆;2—拨爪;3—工件

有些结构形状比较复杂的工件,没有可靠的支承面和导向面,直接用步伐式输送装置输送有困难。常将这类工件装夹在外形规则的随行夹具上,再用步伐式输送装置将随行夹具连同工件一起输送到机床上加工。为使随行夹具反复使用,工件加工完毕并从随行夹具上卸下后,随行夹具必须重新返回到原始位置,所以在使用随行夹具的生产线上应具有随行夹具的返回装置。

5.2.3　转位转向装置

在生产线上,为改换工件的加工面,常采用转位装置将工件绕水平轴、垂直轴,或空间任一轴回转一定的角度。转位装置将生产线划分为前后两个工段。对转位装置的要求是转位时间短,转位精度高,工件输入转位装置和从转位装置输出的方位应分别与上、下工段工件的输送方位一致。

图 5-20 所示为一种绕垂直轴回转的转位台。转位台面 2 与齿轮轴 4 固定连接,双活塞液压缸 1 中的活塞杆齿条与齿轮轴 4 啮合。当活塞杆齿条移动时,就可使转位台面 2 回转。更换长度不同的活塞杆可使转台回转 90°或 180°。回转终点的准确位置由液压缸两端的定程螺丝保证。当齿轮轴 4 转动时,驱使带有挡铁 6 的信号杆 5 移动并压合行程开关 7,发出转位到位信号。

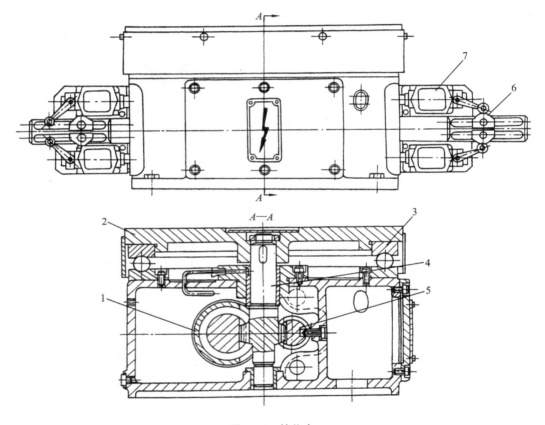

图 5-20　转位台

1—双活塞液压缸;2—转位台面;3—推力球轴承;4—齿轮轴;5—信号杆;6—挡铁;7—行程开关

图 5-21 所示的是可绕水平轴回转的转位鼓轮。鼓轮 1 由双活塞油缸的活塞杆齿条 5,通过齿轮 4 和 3 带动鼓轮上的齿圈 2 实现转位。更换不同长度的活塞杆可使鼓轮回转 90°或 180°。

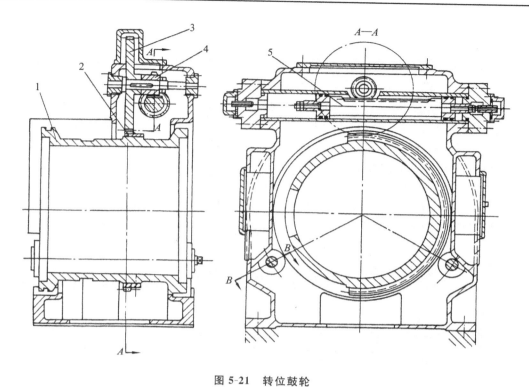

图 5-21　转位鼓轮

1—鼓轮；2—鼓轮上的齿圈；3、4—齿轮；5—活塞杆齿条

5.2.4　托盘和随行夹具

1. 托盘和随行夹具的应用

工件在机床间传送时，除了工件本身外，还有随行夹具和托盘等。如图 5-22 所示，在装卸工位，工人从托盘上卸去已加工的工件，装上待加工的工件，由液压或电动推拉机构将托盘推回到回转工作台上。

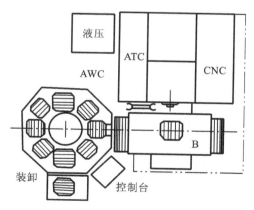

图 5-22　加工中心与托盘系统

回转工作台由单独电动机拖动，按顺时针方向做间歇回转运动，不断地将装有待加工工件的托盘送到加工中心工作台左端，由液压或电动推拉机构将其与加工中心工作台上托盘进行

交换。装有已加工工件的托盘由回转工作台带回装卸工位,如此反复不断地进行工件的传送。如果在加工中心工作台的两端各设置一个托盘系统,则一端的托盘系统用于接收前一台机床已加工工件的托盘,为本台机床上料,另一端的托盘系统用于为本台机床下料,并传送到下一台机床去。由多台机床可形成用托盘系统组成的较大生产系统。

对于结构形状比较复杂而缺少可靠运输基面的工件或质地较软的非铁金属工件,常将工件先定位、夹紧在随行夹具上,和随行夹具一起传送、定位和夹紧在机床上进行加工。工件加工完毕后与随行夹具一起被卸下机床,带到卸料工位,将加工完的工件从随行夹具上卸下,随行夹具返回到原始位置,以供循环使用。

2. 随行托盘和夹具的返回方式

随行托盘和夹具的返回方式有上方返回、下方返回、水平返回三种。

1) 上方返回

如图 5-23 所示,随行托盘和夹具 2 在自动线的末端用提升装置 3 升到机床上方后,经一条倾斜(1∶50)滚道 4 靠自重返回自动线的始端,然后用下降装置 5 降至主输送带 1 上。这种方式结构简单紧凑、占地面积小,但不宜布置立式机床,调整维修机床不便。较长的自动线不宜采用这种形式。

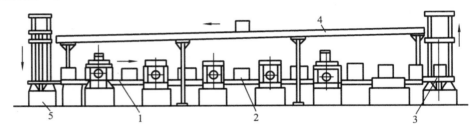

图 5-23　随行夹具上方返回

1—输送带;2—随行夹具;3—提升装置;4—滚道;5—下降装置

2) 下方返回

如图 5-24 所示,装有工件的随行托盘和夹具 2,由往复液压缸 1 驱动,一个接一个地沿着输送导轨移动到加工工位。加工完毕后随行夹具被送到末端的回转鼓轮 5 上,翻转到下面,经机床底座内部或底座下地道内的步伐式输送带 4 送回自动线的始端,再由回转鼓轮 3 从下面翻转至上面的装卸料工位。下方返回方式结构紧凑,占地面积小,但维修调整不便,同时会影响机床底座的刚度和排屑装置的布置,多用于工位数少、精度不高的小型组合机床的自动线上。

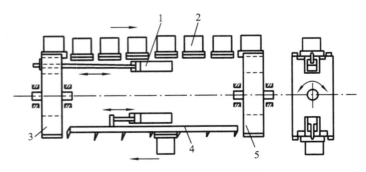

图 5-24　随行夹具下方返回

1—液压缸;2—随行夹具;3、5—回转鼓轮;4—步伐式输送带

3）水平返回

随行托盘和夹具在水平面内做框形运动返回,图 5-25(a)所示的返回装置是由三条步伐式输送带 1、2、3 所组成。图 5-25(b)所示为采用三条链条代替步伐式输送带。水平返回方式占地面积大,但结构简单,敞开性好,适用于工件及随行夹具比较重、比较大的情况。

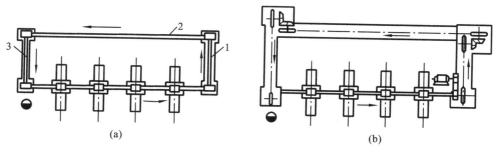

图 5-25　随行夹具水平返回
1、2、3—步伐式输送带

5.2.5　自动运输小车

自动运输小车是现代生产系统中机床间传送物料很重要的设备,它分有轨小车(RGV)和无轨小车(AGV)两大类。

1. 有轨自动运输小车(RGV)

图 5-26 所示的是采用 RGV 的生产系统,RGV 沿直线导轨运动,机床和辅助设备在导轨一侧,安放托盘或随行夹具的台架在导轨的另一侧。RGV 采用直流或交流伺服电动机驱动,由生产系统的中央计算机控制。当 RGV 接近指定位置时,由光电装置、接近开关或限位开关等传感器识别出减速点和准停点,向控制系统发出减速和停车信号,使小车准确地停靠在指定位置上。小车上的传动装置将托盘台架或机床上的托盘或随行夹具拉上小车,或将小车上的托盘或随行夹具送给托盘台架或机床。

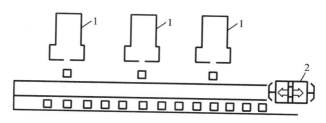

图 5-26　采用 RGV 搬运物料的生产系统
1—NC 机床;2—输送台车

RGV 适用于运送尺寸和质量均较大的托盘或随行夹具,而且传送速度快,控制系统简单,成本低廉。缺点是它的铁轨一旦铺成后,改变路线比较困难,适用于运输路线固定不变的生产系统。

2. 无轨自动运输小车(AGV)

常见的 AGV 的运行轨迹是通过电磁感应制导的。由 AGV、小车控制装置和电池充电站组成 AGV 物料输送系统如图 5-27 所示。

图 5-27 中有两台无轨自动运输小车,由埋在地面下的电缆传来的感应信号对小车的运行

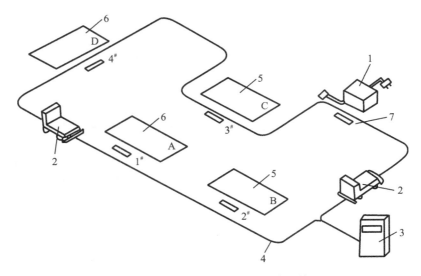

图 5-27　具有两台 AGV 的生产系统

1—充电站;2—AGV;3—小车控制装置;4—传输电缆;5—卸载台;6—装载台;7—充电地点

轨迹进行制导,功率电源和控制信号则通过有线电缆传到小车。由计算机控制,小车可以准确停在任一个装载台或卸载台,进行物料的装卸。充电站是用来为小车上的蓄电池充电用的。小车控制装置通过电缆与上一级计算机联网,它们之间传递的信息有以下几类:行走指令;装载和卸载指令;连锁信息;动作完毕回答信号;报警信息;等等。小车系统信息的传递框图如图5-28 所示。

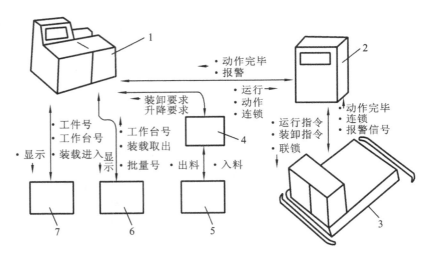

图 5-28　AGV 的信息传递框图

1—管理计算机;2—小车控制装置;3—无轨运载小车;4—操作台;5—出入库;6—出库台;7—入库台

　　无轨自动运输小车一般由随行工作台交换、升降、行走、控制、电源和轨迹制导等六部分组成(见图 5-29)。

　　(1) 随行工作台交换部分小车的上部有回转工作台 7,工作台的上面为滑台叉架 5,由计算机控制的进给电动机 8 驱动,将夹持工件的随行工作台 4 从小车送到机床上随行工作台交换器 3,或从机床随行工作台交换器拉回小车滑台叉架,实现随行工作台的交换。

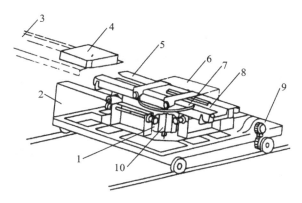

图 5-29　AGV 的组成

1—齿轮齿条式水平保持机构；2—控制柜；3—机床上随行工作台交换器；

4—放工件用的随行工作台；5—滑台叉架；6—液压单元；7—回转工作台；

8—进给电动机；9—传动齿轮箱；10—升降液压缸

（2）升降部分通过升降液压缸 10 和齿轮齿条式水平保持机构 1 实现滑台叉架 5 的升降，对准机床上随行工作台交换器导轨。

（3）行走部分。

（4）控制部分。由计算机控制的直流调速电动机和传动齿轮箱 9 驱动车轮，实现 AGV 的包括控制柜 2、操作面板、信息接收发送等部分组成，通过电缆与 AGV 的控制装置进行联系，控制 AGV 的启停、输送或接收随行工作台的操作。

（5）电源部分采用蓄电池作为电源，一次充电后可用 8 h。

（6）AGV 轨迹制导通常采用电磁感应，在 AGV 行走路线的地面下深 10～20 mm，宽 3～10 mm 的槽内敷设一条专用的制导电缆，通上低周波交变电，在其四周产生交变磁场。在小车前方装有两个感应接收天线，在行走过程中类似动物触角一样，接收制导电缆产生的交变磁场。

AGV 也可采用光学制导，在地面上用有色油漆或色带绘成路线图，装在 AGV 上的光源发出的光束照射地面，自地面反射回的光线作为路线识别信号，由 AGV 上的光敏器件接收，控制 AGV 沿绘制的路线行驶。这种制导方式改变路线非常容易，但只适用于非常洁净的场合，如实验室等。

5.3　自动化仓库

5.3.1　自动化仓库的构成

随着自动化生产技术的发展，人们逐渐认识到物流技术的重要，将传统仅起存放物品作用的仓库转化为物资调节和流通中心，出现了具有高层货架的自动化仓库以及各种先进的存货、取货、快速分拣装置等新设施。自动化仓库采用计算机管理，配置了自动化物流系统，不用书面文档，大大提高仓库空间利用率，增加货存量，加快进货和发货的速度，减少库存货物数据的差错率、货物非生产性损坏，以及生锈、变质、自然老化等损失，减少仓库的工作人员。

最常见的是巷道式立体仓库，如图 5-30 所示。它适用于存放多品种、少批量货物。巷道两边是多层货架。在巷道间有堆垛机,沿巷道轨道移动,堆垛机上的装卸托盘可到多层货架的每一个仓位存取货物,送至巷道一端的出入库装卸站。

　　根据存放物品的多少,可以设置若干个如图 5-31 所示的多层货架,每两个货架之间留有巷道。巷道内安装轨道,供堆垛机行走。

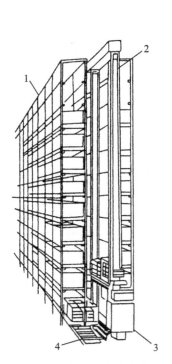

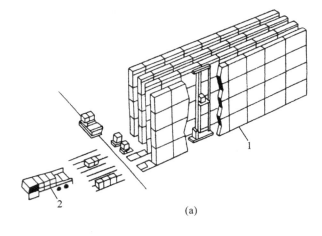

(a)

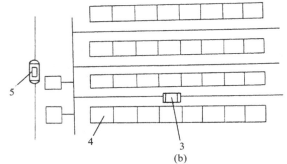

(b)

图 5-30　巷道式立体仓库
1—货架;2—升降架;
3—堆垛机;4—滚道传送

图 5-31　仓库多层货架
(a)立体图　(b)平面图
1—立体仓库;2—输送;3—堆垛机;4—仓库货架;5—自动运输小车

　　货架按列和层划分成许多仓位,每个仓位内可放一个货箱或上下垒起来放多个货箱。每个仓位赋予一个"地址",对应于库存数据库中该仓位数据词条的关键词。当仓位中物品发生变化时,按该地址可修改相应的数据词条。

5.3.2　堆垛机

　　单立柱型堆垛机的最大负重量为 1000 kg,行走速度为 40 m/min,升降速度 5 m/min。如图 5-32(a)所示。

　　双立柱型堆垛机是一个框架结构,可在巷道轨道上行走,堆装机上的装卸托盘可沿框架导轨上下升降,以便对准每一个仓位,取走或送入货箱。如图 5-32(b)所示。

　　堆垛机采用相对寻址的工作方式寻找仓位。当堆垛机沿巷道轨道或装卸托盘沿框架导轨行走时,每经过仓库的一列或一层,将仓位地址的当前值加 1 或减 1。当当前值与设定值接近时,控制堆垛机或装卸托盘自动减速,当当前值与设定值完全相符时,发出停车指令,装卸托盘便准确地停在设定的仓位前。

　　目前的堆垛机的最大水平行走速度可达 60 m/min，装卸托盘的升降速度较低，约为行走速度的 1/4；最大负重量为 1000 kg。

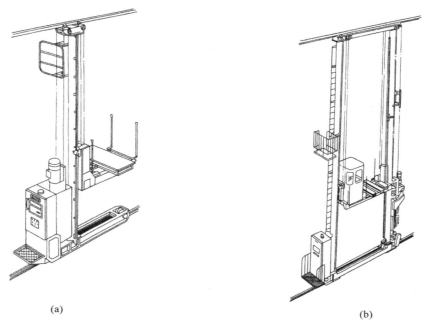

(a)　　　　　　　　　　　　　　　　　　　(b)

图 5-32　巷道堆垛机

（a）单立柱型　（b）双立柱型

　　图 5-33 所示的是堆垛机上装卸托盘的结构，图 5-33(a) 所示为钩型，图 5-33(b) 所示为鞍型。装卸托盘沿铅直导轨上下移动，对准设定的仓位后，装卸托盘上的货叉将托盘上的货箱送入仓位，或将仓位中的货箱取出放在托盘上。

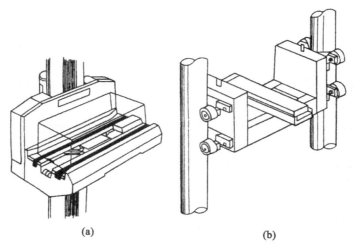

(a)　　　　　　　　　　　(b)

图 5-33　堆垛机的装卸托盘

（a）钩型装卸托盘　（b）鞍型装卸托盘

5.3.3　出入库装卸站

　　在立体仓库的巷道端口处有出入库装卸站。入库的物品先放置在出入库装卸站上，由堆垛机将其送入仓库；出库的物品由堆垛机自仓库取出后，也先放在出入库装卸站上，再由其他运输工具运往别处。

出入库装卸站的数量与布局决定了巷道式立体仓库的物流形式，如表 5-3 所示。

表 5-3　巷道式立体仓库的物流形式

序号	物　流　形　式	说　　明	序号	物　流　形　式	说　　明
1	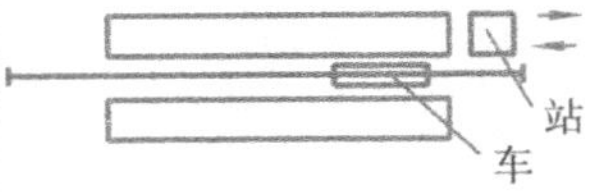	每个巷道两个货架，合用一个出入库装卸站	5	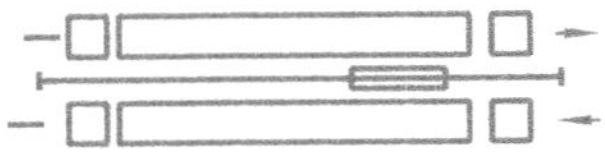	每个货架有自己位于货架的两端的出库装卸站和入库装卸站
2	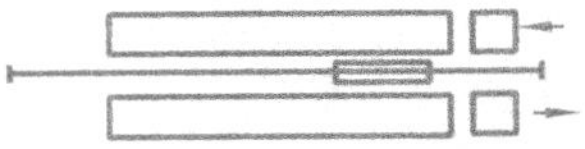	每个巷道两个货架，合用一个出库装卸站和一个入库装卸站	6	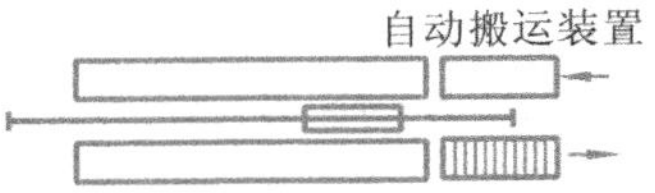	每个巷道合用一个入库装卸站，位于一个货架的端部，在另一个货架最下一层有辊道
3	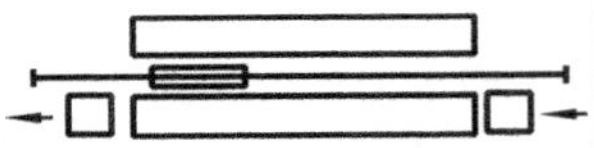	每个巷道合用的出库装卸站和入库装卸站位于巷道的两端	7	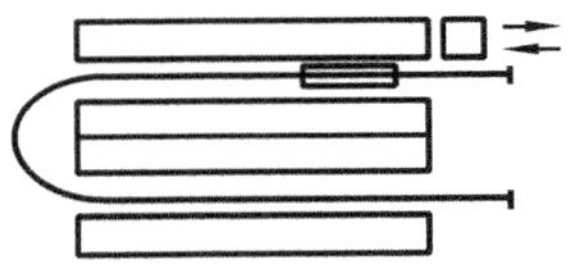	两个巷道合用一个堆垛机和一个出入库装卸站
4	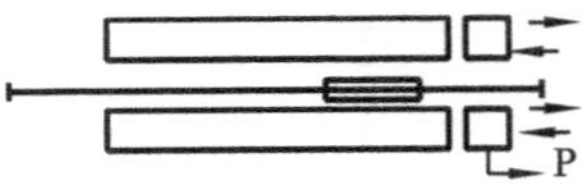	每个货架有自己的出入库装卸站	8	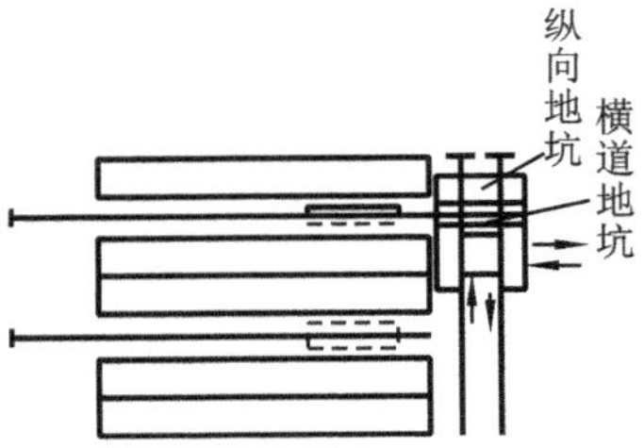	所有巷道合用一个出入库装卸站，该站可在横向地坑内移动，以便接受每个巷道堆垛机送出的货物或向其输送货物

5.3.4　自动化仓库的工作过程

以图 5-34 所示的 4 层货架的自动化仓库为例，介绍其工作过程。

（1）堆垛机停在巷道起始位置，待入库的货物已放置在出入库装卸站上，由堆垛机的货叉将其取到装卸托盘上，如图 5-34(a) 所示。将该货物存入的仓位号及调出货物的仓位号一并从控制台输入计算机。

（2）计算机控制堆垛机在巷道行走，装卸托盘沿堆垛机竖直导轨升降，自动寻址向存入仓位行进,如图 5-34(b)所示。

（3）装卸托盘到达存入仓位前,即图中的第 4 列第 4 层,装卸托盘上的货叉将托盘上的货物送进存入仓位,如图 5-34(c)所示。

（4）堆垛机行进到第 5 列第 2 层,到达调出仓位,货叉将该仓位中的货物取出,放在装卸托盘上,如图 5-34(d)所示。

（5）堆垛机带着取出的货物返回起始位置,货叉将货物从装卸托盘送到出入库装卸站,如图 5-34(e)所示。

（6）重复上述动作,直至暂无货物调入调出的指令后,堆垛机就近停在某一位置待命。

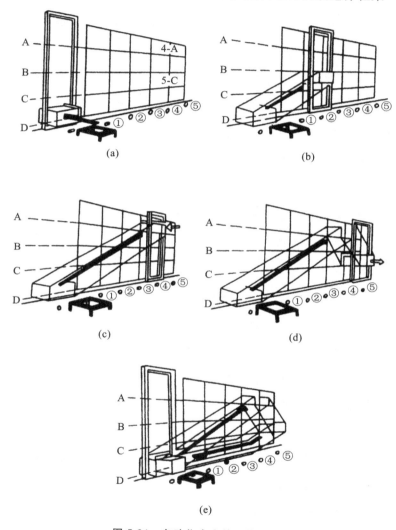

图 5-34　自动化仓库的工作过程

(a)进库　(b)输送　(c)入库　(d)出库　(e)返回原始位置

习题与思考题

1. 机床上料装置应具有哪些特点? 有哪些基本组成?

2. 常见的上料装置有哪些类型？简述各类上料装置适用的场合。

3. 目前机器人上、下料应用在哪些场合？

4. 目前机床间工件传输装置有哪几种？各适用于哪些场合？

5. 为什么要采用随行夹具？随行夹具的三种返回方式各有什么特点？

6. 试述无轨自动运输小车的工作原理和适用场合。

7. 自动化仓库的构成和作用是什么？试述其运行过程。

8. 试设计几种堆垛机的装卸托盘结构。

第6章

机械加工生产自动线

6.1 生产线概述

6.1.1 机械加工生产线及其基本组成

在机械产品的生产过程中,为保证产品质量、提高生产率和降低成本,往往把加工装备按工件的加工工序依次排列,并用一些输送装置与辅助装置将它们连接成为一个整体,被加工工件按其工序经过各台加工装备,完成工件的全部加工过程。把为实现零件的机械加工工艺过程,以机床为主要设备再配以相应的输送装置与辅助装置,并按工件的加工工序依次排列而成的生产作业线称为机械加工生产线。

如图 1-3 所示,机械加工生产线由加工装备、工艺装备、输送装备、辅助装备和控制系统组成。

6.1.2 机械加工生产线的类型

机械加工生产线的结构及复杂程度常常有很大差别,主要取决于工件的生产类型和工件的加工要求。机械加工生产线主要有如下类型。

1. 单一产品固定节拍生产线

图 6-1 所示的滚动轴承内圈车削自动线就是单一产品固定节拍生产线,这类装备的特点如下。

图 6-1 滚动轴承内圈车削自动线

(1)生产线由自动化程度较高的、高效专用的加工装备、工艺装备、输送装备和辅助装备组成,制造单一品种的产品,生产效率高、产品质量稳定。属大量生产类型,精度稳定性要求高,可持续生产多年。

（2）生产线所有设备的工作节拍等于或成倍于生产线的生产节拍。

（3）生产线的设备按产品的工艺流程布局,工件沿固定的路线,采用自动化的物流输送装置。

（4）由于工件的输送和加工严格地按生产节拍运行,工序间不必储存供周转用的半成品,因此在制品数量少,设备必须充分可靠。

2. 单一产品非固定节拍生产线

产品非固定节拍生产线的特点如下。

（1）生产线由生产效率较高、具有不同自动化程度的专用制造装备组成,在一些次要的工序也可采用一般的通用设备,用于制造单一品种的产品。这类生产线专用性也较强,制造的产品也必须是大量生产类型,可持续生产较长的时间,也能达到较高的精度稳定性,但投资强度少于单一产品固定节拍生产线。

（2）生产线的制造装备按产品加工工序依次排列,工件沿固定的路线流动,以缩短工件在工序间的搬运路线,节省辅助时间。

（3）生产线上各设备的工作周期是其完成各自工序需要的实际时间,可以是不一样的。

（4）由于各设备的工作节拍不一样,在相邻设备之间,或相隔若干个设备之间需设置储料装置,将生产线分成若干工段。

（5）生产线各设备间工件的传输没有固定的节拍,工件在工序间的传送通常不是直接从加工设备到加工设备,而是从加工设备到半成品暂存地,或从半成品暂存地到下一个加工设备。

3. 成组产品可调整生产线

成组产品可调整生产线的特点如下。

（1）生产线由按成组技术设计制造的可调整的专用制造装备组成,用于结构和工艺相似的成组产品的生产,具有一定的生产效率和自动化程度。对成组产品中的每个产品来说,属于批量生产类型,持续生产的时间可相对短一些;当产品更新时改造和重组生产线的可能性大一些,花费也少一些。

（2）生产线的制造装备按成组工艺流程布局,各产品沿大致相同的路线流动,以缩短工件在工序间的搬运路线,节省辅助时间。

（3）与单一产品非固定节拍生产线一样,生产线上各设备的工作节拍是不一样的,设备或工段间需设置储料装置,输送装置的自动化程度通常不是很高。

4. 柔性制造生产线

"柔性"是相对于"刚性"而言的,传统的"刚性"自动化生产线主要实现单一品种的大批量生产。这里所谓的"柔性"是指适应各种生产条件变化的能力。柔性制造生产线的主要特征如下。

（1）由高度自动化的多功能柔性加工设备（如加工中心、数控机床等）、物料输送装置及计算机控制系统组成,主要用于中、小批生产各种结构形状复杂、精度要求高、加工工艺不同的同类工件。建立这类生产线技术难度高,投资大,但由于能灵活迅速地生产出符合市场需要的一定范围内的产品,应用越来越广泛。

（2）组成这类生产线的加工设备数量不多（一般不足 10 台）,但在每台加工设备上,通过工作台转位、自动更换刀具,工序高度集中,完成工件上多个工位、多种加工面（如各种面、孔和槽等)、多工种的加工,以减少工件的定位安装次数,减少安装定位误差,简化生产线内工件的运送系统。

(3) 生产线进行混流加工,即不同种类的工件同时上线,各设备的生产任务是多变的,由生产线的作业计划调度系统根据每台设备的工艺可能性随机分配生产任务。

(4) 每种工件,甚至同一工件在生产线内流动的路线是不确定的。这是因为各工件的加工工艺不同,需采用不同的机床。

(5) 由于生产线没有统一的节拍,工序间应有在制品的存储。

(6) 物料输送装置有较大的柔性,可根据需要在任一台设备和存储场点之间,也可以是在任两台设备之间进行物料的传送。

6.1.3　机械加工生产线的设计原则

机械加工生产线的设计原则如下。

(1) 生产线的设计首先应保证产品的加工质量,并且以较低的加工成本稳定达到产品图样上规定的各项技术要求。

(2) 生产线应满足生产纲领的要求,并留有一定的生产潜力。

(3) 生产线的设计应尽量减轻工人的劳动强度,给工人提供一个安全、舒适和宜人的工作环境。

(4) 生产线的设计应有利于对资源和环境的保护,实现清洁化生产。

(5) 根据产品的批量、可持续生产的时间,生产线应有一定的柔性。即使是在大量生产条件下,也应避免采用完全刚性的生产线。

6.1.4　机械加工生产线的工艺方案

1. 生产线工艺方案的制订

1) 分析被加工零件和生产线的现场条件

在设计工作开始前,应仔细分析被加工零件的要求,以及生产线建设现场的条件,大致包括以下内容。

(1) 被加工零件的种类、结构和工艺相似情况,需要在生产线上完成的工艺内容,应达到的精度要求和技术条件。

(2) 通过了解被加工零件在产品中的位置和作用,分析零件每一项技术要求对产品性能影响的重要程度,对有些不合理的,或较难达到的技术要求,及时同有关设计人员商讨修改。

(3) 工件的材料和硬度及其变化范围,被加工零件的毛坯情况、加工余量及其尺寸稳定性,或零件入线前的预加工(包括定位基面的加工)达到的精度。

(4) 要求达到的生产率,每天工作的班数,设计时要考虑为今后生产的发展留有余地。

(5) 了解车间平面布置、通道位置、车间高度和起重设备的情况,了解车间工件和切屑的流向,生产线在车间的安装位置及允许占用面积,车间对刀具结构和材料、切削用量等方面的特殊要求。

(6) 有无润滑、冷却液的集中供给系统及其压力、润滑-冷却供给设备的位置。

(7) 了解车间电网的电压,允许最大的启动功率,有无压缩空气及其压力。

(8) 了解被加工零件的现行工艺及其加工方法、精度保证情况及生产率。

2）确定生产类型

设计生产线必须首先确定产品的生产类型，即生产线的"刚性"和"柔性"及程度。

不同生产类型生产线的专业化和自动化程度有较大差别，制造装备的选型和设计的要求也不同，生产线的总体布局和物流设计也各有特点。生产类型是指工业企业生产专业化程度的分类，一般分为大量生产、成批生产和单件生产三类。

大量生产的特点是生产品种单一，产量大，不更换产品，采用专用设备常年重复进行生产，设备专业化水平和生产效率都比较高。单件生产的特点是产品品种繁多，每种产品生产一件或几件后，不再重复生产或不定期重复生产，一般只能采用通用设备。

成批生产的特点是产品品种有多个，而每种产品的产量又不足常年重复生产，采用轮番生产的方式，每隔一定时间生产其中的一批，一般同时采用专用和通用设备进行生产。按品种的多寡、每种产品每次投入生产的数量，成批生产又可分为大批生产、中批生产和小批生产三种。大批生产类型生产的品种较少，每次投入的批量较大，接近大量生产类型的生产方式；小批生产类型生产的品种较多，每次投入的批量较小，接近单件生产的生产方式；中批生产则处于中间状态。

由此可见，生产类型主要取决于产品的年生产纲领和加工周期。产品的产量大，加工周期又较长，足够生产线常年重复生产，则属于大量生产类型，否则就属于成批生产或单件生产类型。

3）确定毛坯类型

毛坯类型有铸件、锻件和型材三大类。

铸件可采用砂型铸造或特种铸造等方法获得。

特种铸造方法有熔模铸造、壳型铸造、金属型铸造、压力铸造、离心铸造、负压铸造、陶瓷型铸造、连续铸造等，一般可获得较高的铸件质量。

锻件可采用手工锻造、自由锻造、胎模锻造、模型锻造或特种锻造等方法获得。特种锻造如轧、辊、冲、挤等。

提高毛坯的制造质量（包括尺寸精度、表面质量和材料金相组织结构等）会增加毛坯制造成本，但可以减少机械加工工作量，提高材料的利用率，有助于提高产品质量。

究竟采用哪种毛坯类型最合适，在可以稳定供应符合质量要求的各类毛坯中，应通过技术经济分析，选择最合适的毛坯类型。

4）生产线工艺方案的拟定

（1）输送方式的确定。在各种制造装备中，物流装备历来具有贯通全局的作用。机械加工生产线也应从物流着手，首先应确定工件在生产线上是采取直接输送还是通过随行夹具输送。

在可能的情况下，直接输送是最好的方式，其前提是工件有足够大的支承面、两侧的导向面和供输送带棘爪用的推拉面，而且这些面与定位基面（包括定位面和定位销孔）间有一定的位置精度要求，使工件稳定、可靠、准确地输送到机床夹具中，自动进行定位和夹紧。如上述条件不太具备，在结构允许的前提下，可在工件上增加一些工艺凸台，以实现直接输送。

反之，如工件没有足够大的支承面，两侧的导向面和供输送带棘爪用的推拉面也不理想，在输送过程中必然发生歪斜，影响工件准确送到定位夹紧位置，需要采用随行夹具。如工件不具备理想的定位基面，或切削力和夹紧力较大，工件刚度不足时，夹具中需增加辅助支承，以提高工件定位的稳定性和减少工件的变形。

在自动生产线中,具有辅助支承的夹具较难实现自动化,也需要采用随行夹具。

虽然采用随行夹具将增加生产线的复杂性和资金投入,但往往因为采用了随行夹具使难题迎刃而解。

(2) 定位基面的选择。我们已经在有关课程中学习过确定工艺基面的一般原则,这里重点强调一下在设计生产线时,选择定位基面应注意的问题,概括起来有如下内容。

① 集中统一。在生产线上尽可能采用统一的定位基面,以利于保证加工精度,简化生产线的结构。但有时做不到这一点,如有些表面因夹具结构阻碍而无法进行加工,需要换另外的定位基准,使这些表面外露出来方可进行加工。两套定位基准应有足够的相互位置精度,以减少定位误差。

② 自为基准。对于工件是毛坯,生产线上的第一道工序的定位基面应选其最重要的平面,且该平面以后还要在生产线上加工的。这样做能有效地保证这些平面加工余量的均匀分配。

③ 一面两销。对于箱体类工件,最方便的是采用一面两销的定位方式,这种定位方式可靠,而且便于实现自动化,也容易做到全线采用统一的定位基面。两个定位销,一个是圆柱销,另一个是菱形销。为保证定位销定位的可靠性,圆柱销通常放在工件移动方向的前端。

④ 两面一销。如箱体类工件没有足够大的支承平面,或该支承平面与主要加工表面之间的位置精度较差,可采用两个相互垂直的平面及一个定位销进行定位,定位销应是菱形销。

⑤ 两套定位。在较长的生产线上加工材料较软的工件(如铝件)时,其定位销孔因多次定位将严重磨损。为了保证精度,可采用两套定位孔,一套用于粗加工,另一套用于精加工;或采用较深的定位孔,粗加工用定位孔的一半深度,精加工用定位孔的全部深度。

(3) 确定各表面的加工工艺。确定各表面加工工艺的依据是工件的材料,各加工表面的尺寸,加工精度和表面粗糙度要求,加工部位的结构特征和生产类型等。

① 平面。平面加工一般采用铣削工艺。根据表面粗糙度要求的不同,铣削工艺可以是铣一次;也可以是铣两次,即粗铣、精铣;或铣三次,即粗铣、半精铣、精铣。为提高加工效率,较多采用组合铣刀或多头组合铣床,同时对工件上多个平面进行加工。

② 孔。加工毛坯上较大的孔($D>16\sim30$ mm)都预先铸出孔或锻出孔。随孔的加工精度和粗糙度要求不同,采用不同的加工工艺。

一般来说,在实体上加工孔,采用钻、扩、铰工艺居多。

已有铸孔或锻孔的工件,第一道粗加工工序可采用粗镗或扩,半精加工采用半精镗或粗铰,精加工采用精镗或精铰。

铰削可较好地保证孔的尺寸精度,但对孔的位置精度和直线度的校正能力较差,故当孔的位置精度和直线度要求较高时,精加工常以镗代铰。

③ 深孔。当钻孔直径较小,而孔的深度较大时(长度大于 6 倍孔径),尤其在钢件上钻深孔,将产生排屑困难、刀具冷却困难、钻孔轴线容易歪斜等问题。

解决的方法有:钻头在加工过程中定期退出,以排除切屑和冷却钻头;如是通孔,可以从两面同时钻孔;如结构上允许,将深孔改为直径差仅为 0.2~0.3 mm 的阶梯孔,分在几个工位或机床上加工;机床采用卧式布局;加工直径较大的深孔时,采用中空钻头,加工时将高压冷却液从钻头中孔注入,迫使切屑排出,也达到冷却目的;钻头不转,工件旋转,在一定程度上可提高深孔加工的直线性;在钢件上加工深孔要注意断屑。

④ 螺纹。加工一般紧固螺纹孔的加工工艺是钻底孔、倒角和攻螺纹;较高精度的螺纹孔

的加工工艺则是钻孔、扩孔至底孔尺寸、倒角和攻螺纹。

（4）划分加工阶段。机械加工工艺过程一般可划分为粗加工、半精加工和精加工三个加工阶段。粗加工阶段大量切除毛坯黑皮和加工余量；半精加工阶段为精加工准备好具有一定精度和表面粗糙度的表面；精加工阶段是各加工表面达到图样规定的各项技术要求。

将工件的加工过程划分为粗加工、半精加工和精加工三个加工阶段的好处是：工件经粗加工后可得到充分冷却，减少热变形及内应力变形对加工精度的影响；可避免粗加工产生的振动对半精加工和精加工的影响；能根据粗、精加工的不同要求合理地选择和使用设备，有利于精加工机床的精度持久保持等。但这样做，必然会增加生产线机床的数量。

当生产批量较小，机床负荷率较低时，从经济性角度考虑，也可用一台机床进行粗、精加工，但应采取以下措施来减少上述不利影响。

① 粗加工和精加工不同时进行。

② 粗、精加工采用不同的夹具夹紧力。

③ 粗、精加工在机床的不同工位进行。

④ 加工孔时采用刚性主轴不带导向，或导向不在夹具而在托架上等方法。

（5）确定工序集中和分散程度。为减少生产线机床台数，相应减少占地面积和节省人力，提高生产效率，生产线上的机床应尽可能采用工序高度集中的方案，即采取多轴、多面、多工位和复合刀具等方法，在工件的一次安装下，同时或先后完成多道工序。

但要注意的是，不适当的工序集中会带来一些问题，包括机床结构复杂化、笨重、占地面积大、可靠性降低、调整及使用不方便，夹紧变形和热变形等影响加工精度等。因此决定工序集中程度时应考虑的问题如下。

① 有些工序，例如钻孔、钻深孔、铰孔、锉孔和攻螺纹等，它们的切削用量、工件夹紧力、夹具结构、润滑要求等有较大差别，不宜集中在同一工位或同台机床上加工。

② 工件上相互之间有严格位置精度要求的表面，其精加工宜集中在同一工位或同台机床上加工。

③ 确定工序集中的程度应充分考虑工件的刚度，避免因切削力和夹紧力过大影响加工精度。

④ 充分考虑粗、精加工工序的合理安排，避免粗加工时热变形以及由于工件和夹具刚度不足产生变形，影响加工精度。

⑤ 必须考虑机床调整、使用方便和提高工作可靠性，例如主轴排列不宜过密，以免影响刀具的调整和更换。

（6）安排工序顺序。工序顺序安排的一般原则如下。

① 粗、精加工分开。重要表面的粗、精加工不但不应放在一台机床上加工，而且应将粗、精加工工序拉得远一些，以免粗加工产生的热变形影响精加工精度。对不重要的表面，粗、精加工可安排得近一些，以便调整工序间的加工余量。

② 易出现废品的粗加工工序，应放在生产线的最前面，或在线外加工，以免影响生产线的正常节拍。

③ 精度太高、不易稳定达到加工要求的工序（如磨削、抛光等），一般也不应放在线内加工，若安排在线内加工，应自成工段，并有较大的生产潜力，即使产生较高的废品率也不会影响生产线的正常节拍。

④ 尽可能减少机床的台数，以减少投资和占地面积。减少机床台数的措施是工序集中，

如采用复合刀具和组合刀具、多轴加工、多面加工、多工位加工等方法。

⑤ 位置精度要求高的加工面尽可能在一个工位上加工。

⑥ 同轴度小于 0.05 mm 的孔系,其半精加工和精加工都应从一侧进行。

⑦ 尽可能减少转位装置。因为多一个转位装置就多增加一个工段,相应就要增加在工件输送装置、电气液压设备方面的投资,也增加占地面积。

⑧ 攻螺纹工序一般安排在生产线的最后,这样做对润滑油回收、切屑处理、减少清洗装置和改善生产线的环境条件均有好处。

⑨ 如钻小孔和攻螺纹较易折断刀具,该工序应放在精加工工序之前,以便刀具折断时能采取相应措施。

2. 机床设备的选型

机床设备是否选择得正确、合理,不但影响工件的加工质量、生产效率和制造成本,而且还会涉及生产线的投资强度和投资的回收期限。

机床设备选型是生产线设计的关键环节。

所选机床设备的尺寸规格、精度等级、运动参数、动力参数、自动化程度和生产效率等,都应与工件的外形尺寸、质量、精度要求和生产类型等相适应。如果工件尺寸太大或太小,或工件的加工精度要求过高,没有现成的机床设备可供选用时,应设计和制造专用机床。

(1) 在大量生产条件下的生产线应广泛采用组合机床等"刚性"装备,其优点有:设计制造周期短,制造成本低,生产效率高;更新产品时,组合机床上的通用部件(例如动力头、立柱、床身、底座、回转工作台等)仍可利用。但是,随着科学技术的进步和市场竞争的需要,产品更新换代的周期大大缩短,固定生产单一产品的生产模式已越来越少,以组合机床和输送装置连接而成的刚性生产线已越来越不适应社会生产的需求了。

(2) 生产批量不大而品种繁多已成为现代机械制造工业生产发展的趋势,这就要求生产线采用数控机床、加工中心、柔性制造单元等"柔性"装备,要求做到在一条生产线上可以加工形状和尺寸相近的同一组零件,或周期更换生产某几种(或组)零件。当变换生产对象时,只需变更数控指令,并对机床和工艺装备稍作调整即可。数控机床、加工中心等柔性加工设备具有适应产品更换的能力强,加工精度高等优点,但它造价昂贵,机床生产效率有时不如组合机床、专用机床高。

针对某一生产的具体情况,究竟采用哪一类设备比较合理,只有通过技术经济论证方能最后确定。

3. 生产线的生产率与经济性

1) 生产线的生产率

生产线的生产率可用生产线的生产节拍时间 t_p 衡量,t_p 值越小,生产率越高。

$$t_p = \frac{T}{N} \tag{6-1}$$

式中:N——生产线的计算生产纲领,是在生产纲领的基础上考虑废品率和备品率计算出来的(件/年);

T——生产线的全年有效工作时间(h),$T = 8 \times (365 - 52 \times 2 - 7)mk$,$k$ 为生产线停修系数,影响生产线停修系数的因素很多,由于生产线加工设备数量、复杂程度、新旧程度、维护条件以及工作班数 m 皆不同,每年用于生产线停修的时间也不同,停修系数可参考表 6-1 所列数据选取;生产线中精密、复杂的设备多,k 值取小值,生产线中旧设备多,k 值取小值。

表 6-1　停修系数

每日工作班数 m	停修系数 k
1	0.89～0.92
2	0.86～0.89
3	0.83～0.86

生产线的生产节拍时间 t_p 是进行生产线设计的重要依据。生产线中各道工序的单件加工时间 t_d 都必须小于 t_p。

设第 i 道工序的单件加工时间是 t_{di}，与 t_p 不相符，则第 i 道工序所需机床的数量可表示为

$$G_i = \frac{t_{di}}{t_p} \tag{6-2}$$

按式(6-2)，G_i 值一般不是整数，因此须将计算所得的 G_i 值圆整为整数 G_{iz}。如 G_i 值小数点后的尾数较小，为这个小尾数增加一台机床显然不合适，但圆整后删去该尾数，必将造成该工序生产能力不足，应采取适当措施提高其生产能力。这些措施包括：提高切削用量以降低基本时间；提高自动化程度以降低辅助时间等。

由于 G_{iz} 与 G_i 不同，因此引出了机床负荷率的概念。

设第 i 道工序机床的负荷率为 η_i，则

$$\eta_i = \frac{G_i}{G_{iz}} \tag{6-3}$$

一条生产线要完成多道工序的加工，某些工序的机床可能利用得较充分，η_i 值较大；某些工序的机床可能利用得不充分，η_i 值较小。为衡量整条生产线机床的利用情况，应求出整条生产线的机床平均负荷率。

设生产线上有 n 台机床，生产线的机床平均负荷率为

$$\eta_{平均} = \frac{1}{n} \sum_{i=1}^{n} \frac{G_i}{G_{iz}} \tag{6-4}$$

为确保生产线机床能得到充分利用，生产线的机床平均负荷率不应低于 0.8。

2）生产线的经济性分析

生产线的经济效果的优劣主要由零件的生产成本和建线投资的回收期来衡量。

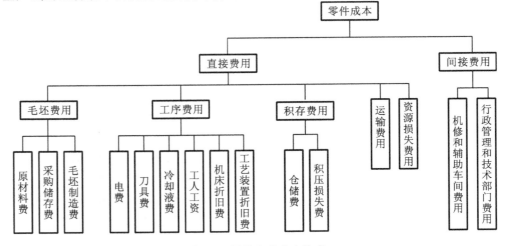

图 6-2　零件生产成本构成

（1）零件的生产成本。图 6-2 所示的是一个零件生产成本的组成,它分为直接费用和间接费用两大类。直接费用是指与制造零件直接有关的费用,包括毛坯费用、工序费用、积存费用、运输费用和资源损失费用等。

毛坯费用是指从市场采购原材料到制成毛坯所需的费用,折合到每个毛坯就是单个零件毛坯费用。

工序费用是每道工序所花费的各种费用,工序费用之和就是生产这个零件的总加工费。

积存费用是指在制品在工序间等待所造成的损失,它包括中间仓库的存储费用和在制品所造成的流动资金积压而带来的损失。

运输费用是指工序之间输送一个工件所支付的费用。

资源损失费用是直接用于生产的设备没有得到充分利用所造成的损失。

间接费用包括工厂的行政管理费用、技术部门的费用和车间费用等。

（2）建线投资的回收期。建线投资的回收期直接关系到生产线的经济效益,是其设计的重要经济指标。若生产线建线投资回收期限为 T(年),有

$$T = \frac{I}{N(S-C)} \tag{6-5}$$

式中:I——生产线建线总投资(元);

　　　S——零件的销售价格(元/件);

　　　C——零件的制造成本(元/件);

　　　N——生产纲领。

生产纲领是指企业在计划期间应当生产的产品产量和进度计划。计划期常为一年,所以生产纲领常称为年产量。

生产线建线投资回收期限 T 越短,其经济效益越好,一般应同时满足以下条件才允许建线。

① 投资回收期小于生产线制造装备的使用年限。

② 投资回收期小于该产品(零件)的预定生产年限。

③ 投资回收期小于 4～6 年。

在生产线建线总投资 I 中,加工装备尤其是关键加工装备的投资所占份额甚大,在决定选购复杂昂贵加工装备前,必须核算其投资的回收期限,如在 4～6 年内收不回设备投资,则不宜选购,应另行选择其他类型的加工装备。

6.1.5　生产线的总体布局设计

生产线总体布局方式与生产线的类别有关:在单一产品的生产线上,加工设备是严格按工件的加工工序依次排列的;在成组产品生产线上,加工设备是按相似零件族中典型零件的加工工序依次布置的;在多品种可调生产线上,则是按生产批量较大的、有代表性的主要零件的加工工序设计的。

此外,生产线总体布局方式还和工件的结构形状、工件的输送方式等因素有关。

1. 箱体、杂类工件加工生产线

1) 直线通过式

图 6-3 所示为加工汽缸盖的直线通过式加工生产线,全线有七台机床,由两个转位装置将其划分成三个工段。直线通过式加工生产线的特点是生产面积可以得到充分利用,输送工件方便。

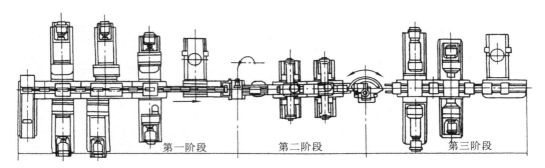

图 6-3　直线通过式加工生产线布局

2）折线通过式

对于工位数较多、长度较长的加工生产线，直线布置常受到车间长度的限制。为充分利用车间现有面积或为了工件的自然转位，生产线可布置成折线通过式，如图 6-4 所示。在生产线的两个拐弯处自然地水平转位 90°，不需要另设水平转位装置。依据工件加工过程中希望的转位，折线通过式加工生产线可设计成多种形式。

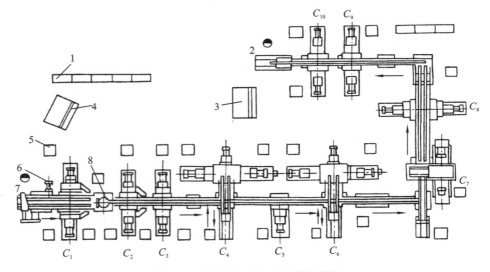

图 6-4　折线通过式加工生产线布局

1—电气框；2—卸料处；3—操纵台；4—中央操纵台；5—油箱；6—排屑装置；7—装料处；8—转位台

3）框形

框形布局适用于采用随行夹具输送工件的生产线，随行夹具自然地循环使用，可以省去一套随行夹具的返回装置。图 6-5 所示为框形布局的加工生产线。

4）非通过式

图 6-6 所示的是非通过式加工生产线的布局方式。这种布局方式的特点是工件的输送装置布置在加工生产线的一侧，便于采用三面以上的加工机床，在一个工位上加工三个以上的面，以提高生产效率，保证加工面的相互位置精度。其缺点是加工生产线占地面积较大。

2．回转体类工件加工生产线

1）工件输送装置设置在机床之间

这类布局形式如图 6-7 所示。这类输送装置结构简单，装卸工件辅助时间短，加工生产线

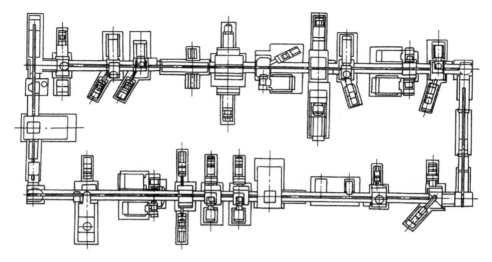

图 6-5　框形布局加工生产线

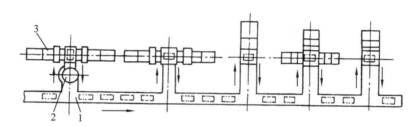

图 6-6　非通过式加工生产线的布局
1—输送装置;2—转位台;3—机床

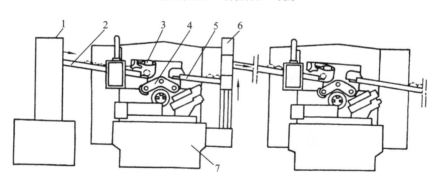

图 6-7　工件输送装置设置在机床之间
1—料仓;2—上料通道;3—隔料装置;4—上下料机械手;
5—下料通道;6—提升装置;7—机床

占地面积小,一般适用于加工外形较简单的小型轴类零件。

　　2)工件输送装置设置在机床外侧

　　这种布局形式可将沿线机床纵向单行排列,也可以按两行面对面排列或交错排列。工件输送装置根据沿线机床的排列方式,可设置在机床的前方或机床的一侧。图 6-8 所示为机床按两行面对面排列的加工生产线布局形式。

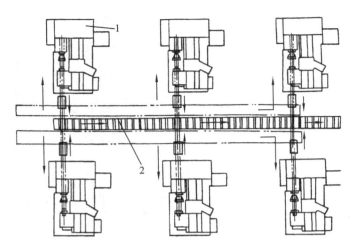

图 6-8　工件输送装置在机床外侧

1—机床；2—工件输送装置

6.2　回转式小型部件多工位装配自动线

在单一产品固定节拍生产线中，多工位回转台式专用机床自动线具有很高的自动化程度和生产效率，被广泛应用于小型零部件的加工和装配中。

拟设计自动线待装配的部件如图 6-9 所示，这是某机械上的铝合金轴承座壳体部件，需依次将轴承 5、隔套 4、轴承 3 压装到壳体 2 中；还要在壳体端部旋上螺钉 1。

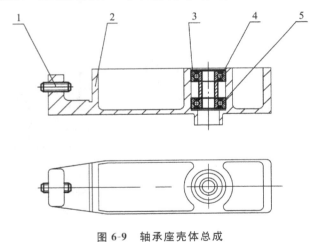

图 6-9　轴承座壳体总成

1—螺钉；2—壳体；3、5—轴承；4—隔套

6.2.1　装配自动线总体设计

1. 装配自动线总体工艺方案设计

1）分析待装配壳体总成和设备的现场条件

（1）待装配壳体总成中轴承外圈为过盈配合压装，有一定的精度要求。

（2）壳体总成中装配后，需转动灵活，无杂音。

（3）壳体毛坯为铝合金精密铸造，轴承孔等采用数控机床加工，达到图样要求。

（4）要求生产率较高，单件节拍为 8 秒/件。

（5）装配自动线的占地面积尽可能小。

（6）车间电网电压稳定。可提供 0.6 MPa 稳定压力的压缩空气。

（7）壳体总成的现行装配工艺为手动，精度稳定，但生产率较低。

2）确定生产类型

设计前须首先确定产品的生产类型，即生产线的"刚性"和"柔性"及其程度。轴承座壳体部件的特点是品种单一，产量大，不更换产品，属大量生产。应该采用专业化水平和生产效率都比较高的专用设备常年重复进行生产。

3）拟订工艺方案

（1）确定输送方式。由于轴承座壳体为铝合金铸造并喷塑，直接输送会损伤壳体表面，需要采用随行夹具。将回转工作台与随行夹具结合，借助回转工作台可使随行夹具很方便地返回。

（2）选择定位基面。从壳体零件看，采用数控机床加工的轴承孔的尺寸和形状精度都较高；而该孔与底面有垂直度的要求，因为底面是毛坯面，故垂直度并不太好；轴承孔下面有个小孔，与轴承孔之间没有精度要求。

在随行夹具上，拟采用底面和小孔作预定位，能够在壳体上料时，对壳体零件粗略的定位夹紧；在压装轴承的关键工位，则依照"自为基准"，选择轴承孔为定位基面。

（3）拟订装配工艺流程。在装配过程中，图 6-9 所示的轴承 3、5 及隔套 4 的固有顺序不可改变，螺钉的装配无关大局。因此可拟订加工工序如图 6-10 所示的装配工艺流程。

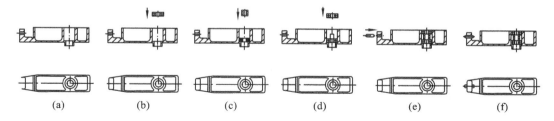

| (a) | (b) | (c) | (d) | (e) | (f) |

图 6-10　轴承座壳体总成装配工艺流程

(a)壳体上料　(b)压轴承 1　(c)装隔套　(d)压轴承 2　(e)装螺钉　(f)壳体总成下料

2. 装配自动线的总体布局设计与工作原理

轴承座壳体总成装配自动线的总体布局如图 6-11 所示，共有 8 个工位，分别是壳体上料、压装轴承 1、装隔套、压装轴承 2、回转台定位、装螺钉、壳体总成下料和空工位。

壳体通过上料输送的传输带送到壳体上料工位的前端，推料机构将壳体推到上料机械手的手爪中。

回转工作台转动一个工位，进行回转台定位后；上料机械手的手爪将壳体夹紧，上升并向前移动到上料工位上对准，机械手下降将壳体放到随行夹具上预定位，随后手爪松开，机械手沿原路径返回；机械手上料时，其他如压装轴承 1、装隔套、压装轴承 2、装螺钉和壳体总成下料等工位也都在同步完成自己的工作。

当所有工位工作完毕，随即开始新的循环，即回转工作台又开始转动。

3. 液压与气动系统

装配自动线中压装、夹紧和升降等负载力较大的动作采用液压缸，其他辅助动作采用气

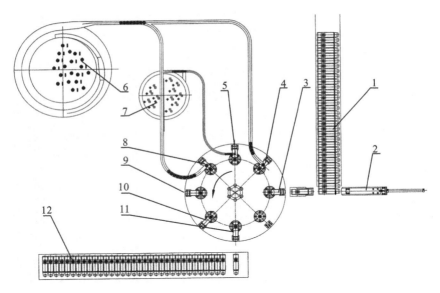

图 6-11　轴承座壳体总承装配自动线的总体布局

1—壳体上料输送;2—推壳体机构;3—壳体上料工位;4—装轴承 1 工位;5—装隔套工位;

6—轴承振动料斗;7—隔套振动料斗;8—装轴承 2 工位;9—回转台定位;

10—装螺钉工位;11—壳体总成下料;12—下料输送

缸。液压系统和气动系统的原理图设计如图 6-12、图 6-13 所示。图中:GY 表示液压缸;GQ
表示气缸;YA 表示电磁铁;SQ 表示接近开关、行程开关等位置传感器;GP 表示光电开关;SP
表示压力继电器。

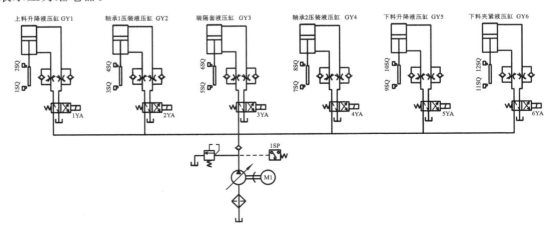

图 6-12　装配自动线液压系统原理图

　　4. 自动循环加工流程图

　　在总体方案设计和液压气动系统设计的基础上,可设计如图 6-14 的装配自动线循环流程
图。

　　自动循环流程图可清楚地表示装配自动线各部件、各动作的逻辑关系,是连接机械结构设
计与计算机控制技术的重要纽带。

　　设计自动循环加工流程图应注意以下几个方面。

　　(1)确定循环起始点。回转工作台转位、定位后为循环起始点。

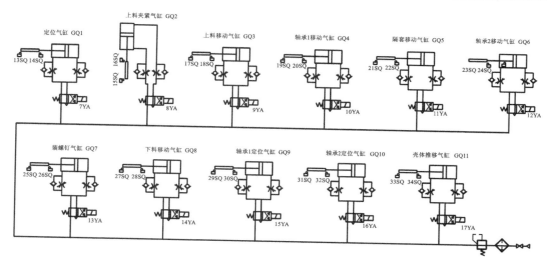

图 6-13　装配自动线气动系统原理图

（2）确定"原位"条件。"原位"即"零位"或"常态位"，在循环起始点，所有的执行机构（液压缸、气缸等）都要处预先确定的"原位"，如图 6-14 左边所示。

（3）确定正常工作条件。除执行机构都要处于原位外，正常工作的前提如下。

① 液压系统正常。

② 气动系统正常。

③ 轴承 1、轴承 2、隔套和螺钉等供料正常。

（4）"自动循环启动"采用带锁按钮，使循环得以继续下去。

（5）流程图必须满足正确的逻辑关系。

6.2.2　回转工作台与随行夹具

1. 回转工作台的结构和工作原理

图 6-15 所示为轴承座壳体总成装配自动线的回转工作台。伺服电动机 1 通过精密减速机 2 和齿形皮带副 3 驱动回转主轴 4 及台面 5 做工位间转动，每转动一个工位由定位机构进行精确定位；随行夹具 6 与台面 5 浮动连接。

2. 随行夹具的结构和工作原理

随行夹具的结构如图 6-16 所示，其特点如下。

（1）定位座 5 安装在底座 6 上，定位座的定位平面底座底面平行。

（2）中心定位销 4 分为 3 段圆柱，下段与定位座过盈配合并确保垂直。

（3）中心定位销中段直径比壳体定位孔小 0.5～0.8 mm，用作粗略预定位。

（4）中心定位销上段圆柱的顶端为球头，用作轴承内圈孔精确定位，压装图 6-10 中的轴承 1 时，轴承由定位销球头导引，通过壳体倒角进入壳体，起到定位作用。

（5）底座 6 与回转工作台的台面浮动连接，其配合直径与台面的孔有较大间隙，底座下部安装的 4 个螺钉与台面底部仍有间隙。

（6）支承架 1 的挡边用作限制壳体转动，调整螺钉 2 使壳体与定位座的定位平面平行。

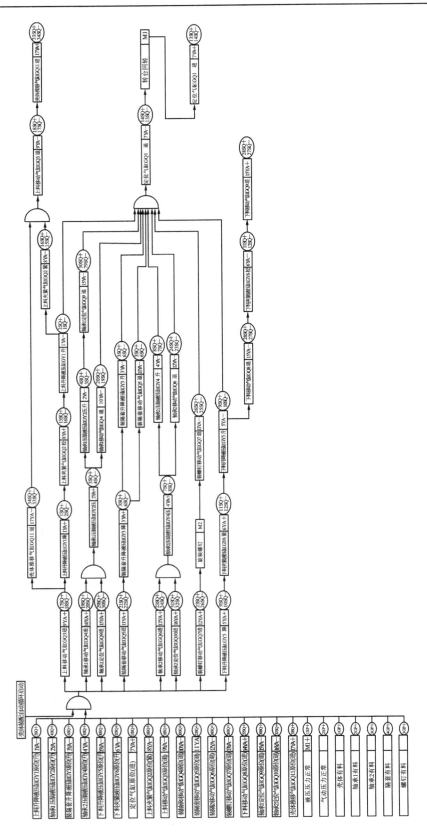

图 6-14 装配自动线自动循环流程图

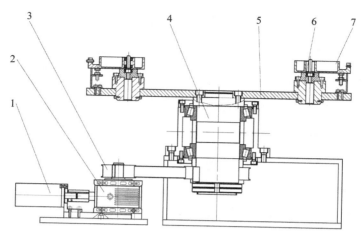

图 6-15　回转工作台

1—伺服电动机；2—精密减速机；3—齿形皮带副；4—回转主轴；
5—台面；6—随行夹具；7—壳体零件

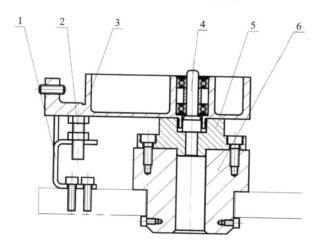

图 6-16　随行夹具

1—支承架；2—调整螺钉；3—壳体总成；4—中心定位销；5—定位座；6—底座

6.2.3　典型装配机构

轴承座壳体总成装配自动线中最典型也是最重要的机构就是压装轴承工位的压装机构（见图 6-17），其工作原理如下。

（1）装有壳体的随行夹具 2 由回转台面送到压装轴承工位时，底座 8 上的小平台通过斜面使随行夹具微微向上抬，随行夹具底平面落在底座的小平台上。

（2）气缸 12 的活塞杆推动楔块 11 作用于导杆 10 的上滚轮，斜面的作用将短定位销 9 向上推入随行夹具的销孔中定位，使随行夹具与轴承压装机构对中。

（3）轴承 4 已被预先推到夹持位，由弹簧力夹持轴承，压装液压缸 6 的活塞杆通过导向杆及压头向下推轴承，轴承由定位销球头导引，通过壳体倒角进入壳体，起到定位作用。

（4）导向杆及压头继续下压，随行夹具底平面作用于底座上，将轴承压到预定位置。

（5）导向杆及压头在压装液压缸 6 的作用下向上抬起；气缸 12 的活塞杆推拉动楔块 11，

通过导杆 10 的下滚轮,使短定位销 9 退出随行夹具的定位销孔,以便随行夹具与壳体随回转
台面送到下一工位。

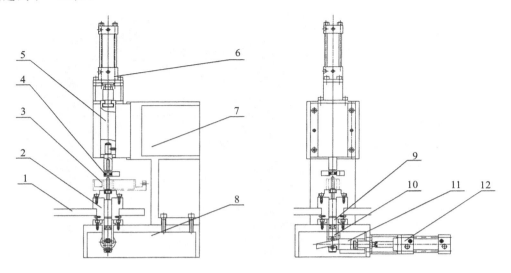

图 6-17　轴承压装机构

1—回转台面;2—随行夹具;3—壳体零件;4—轴承;5—导向杆及压头;6—压装液压缸;

7—立柱;8—底座;9—短定位销;10—导杆;11—楔块;12—气缸

6.3　柔性制造生产线

6.3.1　柔性制造生产线的应用和分类

随着批量生产时代正逐渐被适应市场动态变化的生产所替换,一个制造自动化系统的生
存能力和竞争能力在很大程度上取决于它是否具备能在很短的周期内生产出较低成本、较高
质量的不同品种产品的能力。柔性已占有相当重要的位置。

采用柔性制造系统(flexible manufacturing system,FMS)可以解决多品种、中小批生产效
率低、成本高及质量差的问题。

与刚性自动化生产线的特征相反,柔性制造生产线具有工序相对集中、没有固定的生产节
拍、没有统一的物流路线、实施混流加工的特点。其高效率和低成本,能在中小批的生产条件
下接近大量生产中采用的刚性自动线。

这里所谓的"柔性"是指一个制造系统适应各种生产条件变化的能力,集中反映在加工、人
员和设备等三个方面。"加工柔性"是指能加工不同零件的自由度,它与加工工艺方法、设备的
连接形式、作业计划出现干扰时重新安排的余地和生产调度的灵活性有关。"人员柔性"是指
不管加工任务的数量和时间有什么变化,操作人员能够完成加工任务的能力。"人员柔性"高,
就可以利用现有人员完成不同的加工任务。"设备柔性"是指机床能在短期内适应新零件加工
的能力。设备柔性高,改变加工对象时的调整时间就短。

按照生产线的规模、柔性和其他特征,柔性制造生产线有多种形式,如柔性制造单元、柔性
制造系统、独立制造岛等。

柔性制造单元(FMC)通常由 1～2 台加工中心构成,并具有不同形式的刀具交换和工件

的装卸、输送及储存功能。除了机床的数控装置外,通常还有一台单元计算机来进行数控程序的管理和外围设备的协调。柔性制造单元适合于小批生产、加工形状比较复杂、工序不多而加工时间较长的零件,它有较大的设备柔性。但由于机床较少,工艺范围较窄,可以加工的零件和工序种类较少,也不可能在出现故障后进行内部调整和替代,加工柔性较低。此外,由于工人的任务主要是装卸工件和更换刀具等固定工作,人员柔性也较低。

柔性制造系统(FMS)由两台以上的加工中心,以及清洗、检测设备组成,具有较完善的刀具和工件的输送和储存系统,除调度管理计算机外,还配备有过程控制计算机和分布式数控终端等,形成多级控制系统组成的局部网络。柔性制造系统适用于加工形状复杂、加工工序较多、并有一定批量的多种零件。柔性制造系统在加工柔性上有明显的提高,它具有多种加工方法,可通过计算机及时调度和控制。系统内由于某个工位因故障而出现停机时,系统内其他工位有可能承担故障工位的加工任务,不会影响整个系统的运行。但操作人员的任务仍主要是装卸工件,因而人员柔性也比较低。

独立制造岛(AMD)是以成组技术为基础,由若干台数控机床和普通机床组成的制造系统,其特点是将工艺技术准备、生产组织管理和制造过程结合在一起,借助计算机进行工艺设计、数控程序管理、作业计划编制和实时生产调度等。这种生产模式具有较广泛的使用范围,投资相对较少,无论在加工柔性、人员柔性和设备柔性等方面都比较高。

如某企业的液压泵类产品,系列品种广泛,其泵体加工属中小批量、多品种生产类型。在原泵体加工生产线的设备条件下,按独立制造岛生产模式,提出图 6-18 所示机床布局方案,在该岛内完成泵体加工所需的各种工序。采用该种方案明显改善了物料条件,大大提高了生产效率。

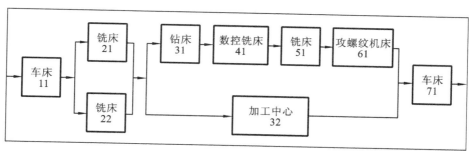

图 6-18　泵体制造岛的机床布局

6.3.2　柔性制造系统的组成

柔性制造系统由加工系统、物流系统以及控制与管理系统三部分组成,如图 6-19 所示。

1. 加工系统

在柔性制造系统中实际完成改变物性任务的执行系统是加工系统。加工系统主要由数控机床、加工中心等加工设备(有的还带有工件清洗、在线检测等辅助与检测设备)构成,系统中的加工设备在工件、刀具和控制三个方面都具有可与其他子系统相连接的标准接口。

目前,金属切削 FMS 的加工对象主要有两类工件:棱柱体类(包括箱体形、平板形)和回转体类(长轴形、盘套形)。对加工系统而言,通常用于加工棱柱体类工件的 FMS 由立、卧式加工中心,数控组合机床(数控专用机床、可换主轴箱机床、模块化多动力头数控机床等)和托盘交换器等构成;用于加工回转体类工件的 FMS 由数控车床、车削中心、数控组合机床和上

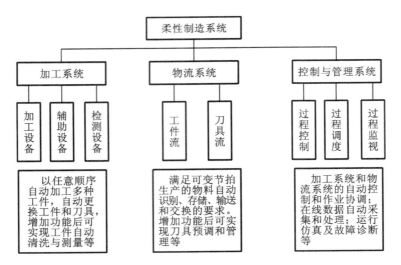

图 6-19　柔性制造系统的组成

下料机械手或机器人及棒料输送装置等构成。

　　因为棱柱体类工件的加工时间较长,且工艺复杂,为实现夜间无人值守自动加工,加工棱柱体类工件的柔性制造系统首先得到了发展。小型柔性制造系统的加工系统多由 4～6 台机床构成,这些数控加工设备在柔性制造系统中的配置有互替形式(并联)、互补形式(串联)和混合形式(并串联)三种(见表 6-2)。应该指出的是,这些配置主要取决于机床功能、柔性制造系统的物料流和信息流,而并非取决于加工设备的物理布局。

表 6-2　机床配置形式与特征比较

特　征	互替形式	互补形式	混合形式
简图	（简图）	（简图）	（简图）
生产柔性	低	中	高
生产率	低	高	中
技术利用率	低	中	高
系统可靠性	高	低	中
投资强度比	高	低	中

　　2. 物流系统

　　1) 托盘(又称托板)

　　托盘是柔性制造系统中安装夹具及工件的底板,同时它也起到加工中心工作台面板的作用。托盘上有定位基面和导向面,以便可靠准确地导入和安装在机床、自动运输小车与托盘缓冲站上;也有供工件或夹具在托盘上定位的基面和导向面。标准托盘(见图 6-20)的顶面除平面型外,还有孔系、T 形槽系等不同类型。

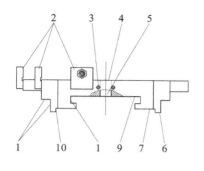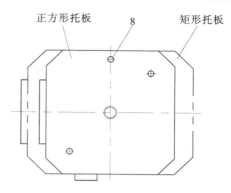

图 6-20　标准托盘的基本形状

1—托盘导向面；2—侧面定位块；3—安装锁定机构的螺孔；4—顶面(工件安装面)；5—中央孔；

6—托盘侧置面；7—底面(托盘支承面)；8—工件(或夹具)定位孔；9—托盘夹紧面；10—托盘定位面

2）托盘交换装置

加工中心中最为常见的换料装置是托盘交换器，它不仅是加工系统与物流系统间的工件输送接口，而且还起到物流系统工件缓冲站的作用。托盘交换器按其运动方式有回转式和往复式两种，如图 6-21 所示。托盘交换器在机床单机运行时是加工中心的一个辅件，但在 FMS 的整体功能分析上，它完成或协助完成物料(工件)的装卸与交换，并起缓冲作用，因此从系统分析出发，又可把它划为物流系统。

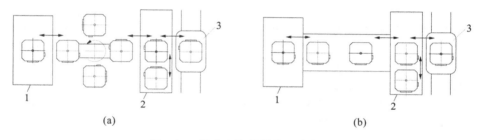

(a)　　　　　　　　　　　　　　　　(b)

图 6-21　托盘交换装置的运动方式

(a)回转交换方式　(b)往复交换方式

1—机床工作台；2—缓冲台；3—小车

托盘交换装置是柔性制造系统中加工设备和工件输送装置之间的接口装置，它不仅起连接作用，还可以暂存工件，起到防止系统阻塞的缓冲作用。

3）工业机器人、工业机械手

在柔性制造系统中，工业机器人和工业机械手广泛用于物料的输送。图 3-48 所示为典型的工业机器人，它有很大的柔性和灵活性；图 6-22 所示为龙门式机械手，它往往用于各机床之间工件或刀具的输送。

4）刀具输送装置

刀具输送装置能自动完成加工系统所需刀具的自动输送和储存任务，它的柔性化程度将直接影响整个柔性制造系统的柔性。在柔性制造的系统中，输送刀具主要有两种方式，一种是从加工中心的刀库取出刀具，由换刀机械手装到机床主轴上去，并将机床主轴换下来的刀具存放到机床刀库中；另一种是从柔性制造系统的中央刀库选取一批刀具，由换刀机器人装到机床刀库中去，将机床刀库替换下来的刀具放回到中央刀库。采用中央刀库，在不降低机床工艺可能性范围的前提下，可以减少机床刀库的容量，降低机床成本，缩短换刀时间。

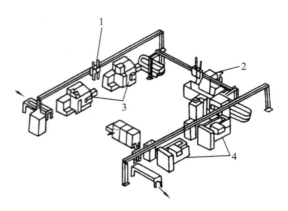

图 6-22　龙门式机械手运输系统

1—龙门式机械手；2—卧式加工中心；3—数控车床；4—数控磨床

6.3.3　柔性制造系统的设计特点

在单一产品或成组产品的生产线上，往往只能固定生产一个或一组结构和工艺相似的产品，即使是多品种可调生产线，也只能生产结构和工艺相似的产品。而柔性制造系统能加工同一类型（如箱体类、回转体类）、结构和工艺不同的工件，品种可以多达 50 种，而每种工件的批量不大，可以少到几个；还可加工那些尺寸精度和位置精度要求较高、外形结构比较复杂的零件，并能达到较高的生产效率。为此，与一般生产线设计相比，柔性制造系统设计具有以下特点。

1. 工艺方案按工序集中原则设计

在"刚性"生产线上，为了得到高生产率，必须提高生产节拍。要提高生产节拍，必须减少每台机床的加工节拍，走工序分散的路线。因此，生产节拍越高的自动线，机床台数越多，自动线越长，每台机床完成的加工工作量越少。

在柔性制造系统中，加工的工件品种繁多，没有统一的工艺流程、物流路线和生产周期。如果仍像刚性自动线那样，工序高度分散，每个工件按各自的工艺流程在生产线中流动，将使工序间工件的输送系统、线内机床的作业计划调度大大复杂化，会造成生产的极大混乱，生产效率明显降低。减少生产线内机床的台数和每个工件在生产线内更换机床的次数，可有效地改善上述问题。因此，柔性制造系统的机床台数较少，每个工件在线上仅经过为数不多的机床进行加工，工件在每台机床上完成较多的加工任务，也就是走工序高度集中的路。

2. 各设备的功能选择有一定的重叠

在柔性制造系统中，每台机床加工的工件和工序内容经常是变化的，而且各不相同，不可能有一个统一的生产节拍。因此，上一道工序机床完成工件的加工后，可完成下一道工序的机床不一定空闲，工件必须被送至缓冲存储站暂存，等到可完成下一道工序的机床腾出时间来，再从缓冲存储站转送到机床上继续进行加工。为减少工件在缓冲存储站的排队时间，柔性制造系统中各机床的功能应有一定的重叠，即工件的某些工序不必非要到某特定的机床进行加工，其他多台机床都能完成，哪台机床空闲就可上哪台机床进行加工。

3. 加工设备按机群式集中布置

如上所述，工件在柔性制造系统中进行加工不存在统一的工艺流程，也不存在统一的物流路线。从有利于刀具更换和刀具管理考虑，从有利于共用自动化上、下料装置考虑，也为了同类机床相互替代的方便,在柔性制造系统中同类加工设备常按机群方式布置,各机群先后次序的排列,则是根据柔性制造系统的总体工艺流程布置的。

4. 加工设备具有多功能、高效率、自动化和高柔性

由于柔性制造系统是按工序集中原则设计工艺过程的,各台机床应有一定的功能重叠,这就要求纳入柔性制造系统的加工设备必须是多功能的、高效率的、自动化的和高柔性的。

1) 多功能的设备

柔性制造系统的加工设备应能对安装在机床上的工件,通过自动换刀和自动转位,从工件的多个方位,对多种加工面进行多工种的加工。例如,镗铣类五面加工中心,可以对工件四个端面和一个顶面上的平面、孔和槽等进行铣削、镗削、钻削、铰削等多种加工;车削加工中心除能完成外圆车削和钻孔外,还能对回转体工件上的槽、侧孔、非轴对称面等进行钻削和铣削加工。

2) 高效率的设备

柔性制造系统适用于中、小批生产,但应达到大量、大批生产专用生产线的生产效率。为此,选用的加工设备应具有高的生产效率。工序高度集中,以减少装卸工件、测量等辅助时间,也可减少工序间的排队时间。另外,以较大的切削用量,采用多面、多刀加工也是提高生产效率的一项有效措施。多面加工中心和可换主轴箱机床就是两种典型的高生产率柔性加工设备。多面加工中心可以从多个方向同时对工件进行加工。多面加工中心通常是按模块化设计原理,由若干个通用部件和标准模块,根据工件结构特征组合而成。可换主轴箱机床是通过自动更换多刀主轴箱,来适应加工不同零件的需要。

3) 自动化的设备

柔性制造系统具有很高的自动化程度。系统中的加工设备不仅要能自动完成各种工序的加工,而且还能自动完成工件的装夹,刀具的输送与更换,刀具磨损的检测和补偿,工件精度的测量,设备运行和加工状态的监测,故障的诊断等环节,最大限度地缩短辅助时间和各项服务时间,提高柔性制造系统工作的可靠性。

4) 柔性化的设备

柔性制造系统用于中、小批生产场合,每台加工设备的加工对象一直在变化,即使是加工同一批量的工件,也较少连续地进行,中间经常需夹杂其他工件的加工。为此,加工设备的柔性要好,由系统的作业调度功能给机床下达加工任务的同时,数控加工程序也随即从系统级计算机调入该数控机床的数控系统,并根据被加工工件的要求自动进行机床的调整,以适应不同工件的加工。

6.3.4　柔性制造系统的实例

图 6-23 所示的是一个具有柔性装配功能的柔性制造系统。右部是加工系统,有一台镗铣加工中心 10 和一台车削中心 8。9 是多坐标测量仪,7 是立体仓库、14 是装夹具区。

左边是一个柔性装配系统,其中有一个装载机器人 12、三个装夹机器人 3、4、12;一个双臂机器人 5、一个手工工位 2 和传送带。柔性加工和柔性装配两个系统由一台无轨自动导引小车 15(作为运输系统)连接。测量设备也集成在总控系统范围内。

该柔性制造系统的主要特点如下。

(1) 柔性高,适应多品种中小批量产品的生产。

(2) 系统内的机床工艺能力上可以相互补充和相互替代。

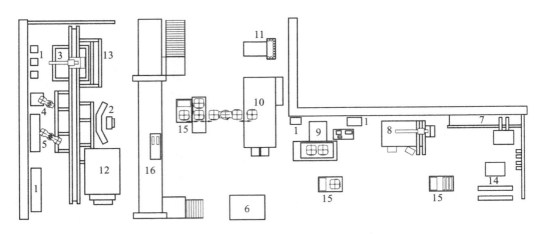

图 6-23　具有装配功能的柔性制造系统

1—控制柜;2—手工工位;3—紧固机器人;4—装配机器人;5—双臂机器人;6—清洗站;

7—仓库;8—车削加工中心;9—多坐标测量仪;10—镗铣加工中心;11—刀具预调站;

12—装配机器人;13—小件装配站;14—装夹站;15—AGV(无轨自动导引小车);16—控制区

（3）可混合加工不同的零件。

（4）系统局部调整或维修不中断整个系统的运行。

（5）多层计算机控制,可以和上层计算机联网。

（6）可进行三班无人干预生产。

习题与思考题

1. 什么为机械加工生产线? 它由哪几个基本组成部分? 它与机械加工自动线有何区别?

2. 从"刚性"和"柔性"的角度如何区分不同类型机械加工生产线?

3. 简述机械加工生产线的设计原则、设计内容及步骤。

4. 在拟定机械加工生产线工艺方案时应着重考虑哪些方面的问题,如何解决这些问题?

5. 生产线上机床设备的选择是否合理将对哪些方面产生影响? 应如何正确、合理地选择生产线上的机床设备?

6. 影响生产线经济效益的主要因素是什么? 允许生产线建线的基本条件有哪些?

7. 设计生产线的布局形式时应主要考虑哪些因素? 常见的生产线布局形式有哪些?

8. 回转体类与箱体类工件加工生产线的主要区别是什么?

9. 回转式多工位加工或装配自动线有什么特点?

10. 从刚度和精度的角度理解自动线中输送定位与加工定位的区别。

11. 什么为柔性制造系统? 它由哪几部分组成?

12. 柔性制造系统与一般生产线相比,在设计上有哪些特点?

参 考 文 献

[1]　余俊.中国机械设计大典[M].北京:机械工业出版社,2002.

[2]　杨叔子.机械加工工艺师手册[M].北京:机械工业出版社,2001.

[3]　陈矛析.机械制造工艺学[M].沈阳:辽宁科学技术出版社,1990.

[4]　王先逵.机械制造工艺学[M].北京:机械工业出版社,2002.

[5]　宾鸿赞,曾庆福.机械制造工艺学[M].北京:机械工业出版社,1990.

[6]　宾鸿赞,汤漾平.先进加工过程技术[M].武汉:华中科技大学出版社,2009.

[7]　宾鸿赞,王润孝.先进制造技术[M].北京:高等教育出版社,2006.

[8]　G 帕尔.工程设计学[M].张直明,译.北京:机械工业出版社,1992.

[9]　李贵轩.设计方法学[M].徐州:中国矿业大学出版社,2009.

[10]　冯辛安.机械制造装备设计[M].北京:机械工业出版社,2006.

[11]　郝静如.机械可靠性工程[M].北京:国防工业出版社,2008.

[12]　孟宪源,姜琪.机构构型与应用[M].北京:机械工业出版社,2004.

[13]　谢庆森.工业造型设计[M].天津:天津大学出版社,1994.

[14]　蒋国璋.工业工程基础[M].武汉:华中科技大学出版社,2010.

[15]　机电一体化技术手册编委会.机电一体化技术手册[M].北京:机械工业出版社,1994.

[16]　段正澄.光机电一体化技术手册(上册)[M].北京:机械工业出版社,2010.

[17]　蔡春源.机电液设计手册[M].北京:机械工业出版社,1997.

[18]　张建民.机电一体化系统设计[M].北京:高等教育出版社,2007.

[19]　赵松年.机电一体化机械系统设计[M].北京:机械工业出版社,1997.

[20]　刘任需.机械工业中的机电一体化技术[M].北京:机械工业出版社,1991.

[21]　周祖德.机电一体化控制技术与系统[M].武汉:华中科技大学出版社,2003.

[22]　赵为铎.金属切削机床设计[M].北京:中国工业出版社,1962.

[23]　顾熙堂.金属切削机床(上、下册)[M].上海:上海科学技术出版社,1995.

[24]　戴曙.金属切削机床[M].北京:机械工业出版社,1994.

[25]　戴曙.机床滚动轴承应用手册[M].北京:机械工业出版社,1993.

[26]　王惠方.金属切削机床[M].北京:机械工业出版社,1994.

[27]　机床设计手册编写组.机床设计手册[M].北京:机械工业出版社,1979—1986.

[28]　戴曙.机床设计分析(第一、二集)[M].北京:北京机床研究所,1985—1987.

[29]　隋秀凛,高安邦.实用机床设计手册[M].北京:机械工业出版社,2010.

[30]　华东纺织工学院.机床设计图册[M].上海:上海科学技术出版社,1979.

[31]　王君明.一种基于 PLC 的新型数控齿条插齿机[J].组合机床与自动化加工技术,2005,1.

[32]　廖效果.数字控制机床[M].武汉:华中科技大学出版社,2008.

[33]　李斌.数字技术[M].武汉:华中科技大学出版社,2010.

[34]　李金伴.实用数控机床技术手册[M].北京:化学工业出版社,2007.

[35]　吴祖育.数控机床[M].上海:上海科学技术出版社,1990.

[36]　蔡复之.实用数控加工技术[M].北京:兵器工业出版社,1995.

[37]　大连组合机床研究所.组合机床设计参考图册[M].北京:机械工业出版社,1975.

[38]　大连组合机床研究所.组合机床设计第一册(机械部分)[M].北京:机械工业出版社, 1975.

[39]　何存兴.液压传动与气压传动[M].武汉:华中科技大学出版社,2007.

[40]　薛祖德.液压传动[M].北京:中央广播电视大学出版社,1986.

[41]　黄志昌.液压与气动技术[M].北京:电子工业出版社,2006.

[42]　冯清秀.机电传动控制[M].武汉:华中科技大学出版社,2011.

[43]　稻田一郎,等.工作机械刃形状创成理论——于刃基础巴应用[M].日本:养贤堂,1997.

[44]　(日)日本机器人学会.机器人技术手册[M].宗光华,译.北京:科学出版社,1996.

[45]　熊有伦.机器人技术基础[M].武汉:华中科技大学出版社,1996.

[46]　周伯英.工业机器人设计[M].北京:机械工业出版社,1995.

[47]　何发昌,邵远.多功能机器人的原理及应用[M].北京:高等教育出版社,1996.

[48]　蔡自兴.机器人原理及其应用[M].长沙:中南工业大学,1988.

[49]　孙增沂.机器人智能控制[M].太原:山西教育出版社,1995.

[50]　(日)有本卓.口水,卜内力学七制御[M].东京:朝仓书店,1994.

[51]　Schilling Robert J. Fundamentals of Robotics——Analysis and Control[M]. New Jersey : Prentice Hall, 1990.

[52]　东北重型机械学院.机床夹具设计手册[M].2版.上海:上海科学技术出版社,1988.

[53]　徐发壬.机床夹具设计[M].重庆:重庆大学出版社,1993.

[54]　王光斗.机床夹具设计手册[M].上海:上海科学技术出版社,2000.

[55]　吴拓.现代机床夹具典型结构图册[M].北京:化学工业出版社,2011.

[56]　陆剑中,孙家宁.金属切削原理与刀具[M].北京:机械工业出版社,2011.

[57]　袁哲俊.金属切削刀具设计手册[M].北京:机械工业出版社,2008.

[58]　邓建新.数控刀具材料选用手册[M].北京:机械工业出版社,2005.

[59]　林承全.冲压模具设计[M].北京:中国轻工业出版社,2010.

[60]　王新华.冲裁模典型结构图册[M].北京:机械工业出版社,2011.

[61]　周勤芳.公差与技术测量[M].上海:上海交通大学出版社,2001.

[62]　刘巽尔.量规设计手册[M].北京:机械工业出版社,1990.

[63]　肖生苓.现代物流装备[M].北京:科学出版社,2009.

[64]　郑祖斌.通用机械设备[M].北京:机械工业出版社,2004.

[65]　赖耿阳.自动机械供输装置图集[M].台南:後漢出版社.

[66]　宋文骥.机械制造工艺过程自动化[M].昆明:云南人民出版社,1985.

[67]　吴天林,段正澄.机械加工系统自动化[M].北京:机械工业出版社,1992.

[68]　刘延林.柔性制造自动化概论[M].武汉:华中科技大学出版社,2001.

[69]　谭益智.柔性制造系统[M].北京:兵器工业出版社,1995.